高等职业教育"十二五"精品课程建设规划教材

典型焊接技术应用

主　编　李兴会
副主编　陈广涛
主　审　丁　肖

北京理工大学出版社
BEIJING INSTITUTE OF TECHNOLOGY PRESS

内 容 提 要

本书是根据对常用焊接方法焊接操作技能的要求,针对焊接专业毕业生就业岗位和未来发展需要,基于校企合作、行业论证的《人才培养方案》,参考人力资源和社会保障部制定的《焊工国家职业标准》,由江苏省徐州技师学院焊接教研室的教师与合作企业专家共同编写。

全书采用项目教学形式,共分五个项目,项目一介绍了焊接技术的历史、现状及发展趋势;项目二至项目五系统的论述了焊条电弧焊、CO_2 气体保护焊、手工钨极氩弧焊的焊接工艺知识和低碳钢板材、管材的平、立、横、仰等各种位置的焊接操作技术;项目五介绍了气割、气焊的工艺知识和操作技术,每一个项目都设计了学生学习工作页,供学生学习和教师进行指导。

本书为职业院校焊接专业的专业课教材,也可作为企业职工的焊接技能培训教材。

版权专有　侵权必究

图书在版编目（CIP）数据

典型焊接技术应用/李兴会主编. ——北京：北京理工大学出版社, 2013.8
(2019.12 重印)
ISBN 978－7－5640－8292－5

Ⅰ.①典… Ⅱ.①李… Ⅲ.①焊接工艺－高等学校－教材
Ⅳ.①TG44

中国版本图书馆 CIP 数据核字（2013）第 201339 号

出版发行/北京理工大学出版社有限责任公司
社　　址/北京市海淀区中关村南大街 5 号
邮　　编/100081
电　　话/(010) 68914775（总编室）
　　　　　82562903（教材售后服务热线）
　　　　　68948351（其他图书服务热线）
网　　址/http://www.bitpress.com.cn
经　　销/全国各地新华书店
印　　刷/北京虎彩文化传播有限公司
开　　本/710 毫米 ×1000 毫米　1/16
印　　张/17　　　　　　　　　　　　　　　责任编辑/陆世立
字　　数/319 千字　　　　　　　　　　　　文案编辑/陆世立
版　　次/2013 年 8 月第 1 版　2019 年 12 月第 4 次印刷　责任校对/周瑞红
定　　价/39.00 元　　　　　　　　　　　　责任印制/吴皓云

图书出现印装质量问题，请拨打售后服务热线，本社负责调换

前　言

本教材为江苏省徐州技师学院重点专业焊接加工专业规划教材，是根据职业教育对常用焊接方法焊接操作技能的要求，针对焊接专业毕业生就业岗位和未来发展需要，基于校企合作、行业论证的《人才培养方案》，参考中华人民共和国人力资源和社会保障部制定的《焊工国家职业标准》，由江苏省徐州技师学院焊接教研室的教师与合作企业专家共同编写。

本教材体现职业教育的特色，通过分析焊接加工的典型工作岗位、典型工作岗位所需要的能力、知识、素质要求，确定了焊接结构制造过程中常用的焊接和热切割方法的技能操作为主要内容，采用一体化教学模式，以完成项目任务的步骤为编写思路，以项目教学和任务驱动教学方式，对焊条电弧焊、CO_2 气体保护焊、钨极氩弧焊、埋弧焊、气焊和气割的操作技能按照焊接结构生产过程和认知规律，由浅入深地编排教学内容，同时融入了焊接安全生产知识，将理论知识学习、技能实训、工艺编制与实施、产品实作、生产组织管理、团队协作精神的培养等有机结合起来，培养学生的职业能力、专业能力和社会能力，为缩短毕业生就业适应期、拓展毕业生长远职业生涯打下坚实的基础。

本教材由李兴会任负责整体设计、资源整合与组织协调，项目一、项目二和项目三由李兴会编写，项目四由陈广涛编写，项目五由营良、杨波、薛勇编写，项目六由王芝玲、林颖编写，全书由李兴会统稿，由丁肖主审。

在编写过程中，本教材参阅了有关同类教材、书籍和网络资料，并得到了学校、系部领导的大力支持，在此一并致以深深的谢意！

由于编者水平有限，书中错误和不足之处在所难免，敬请广大读者批评指正。

编　者

目　　录

项目一　认识焊接技术 ·· 1
　【学习任务】 ··· 1
　【知识准备】 ··· 1

项目二　焊条电弧焊实训 ·· 7
　任务 1　认识焊条电弧焊 ··· 7
　　【学习任务】 ·· 7
　　【知识准备】 ·· 7
　　【计划】 ··· 37
　　【实施】 ··· 37
　　【学生学习工作页】 ·· 37
　　【总结与评价】 ··· 39
　任务 2　引弧实训 ·· 39
　　【学习任务】 ·· 39
　　【知识准备】 ·· 40
　　【计划】 ··· 51
　　【实施】 ··· 51
　　【学生学习工作页】 ·· 53
　　【总结与评价】 ··· 55
　任务 3　平敷焊实训 ·· 55
　　【学习任务】 ·· 55
　　【知识准备】 ·· 56
　　【计划】 ··· 70
　　【实施】 ··· 70
　　【学生学习工作页】 ·· 77
　　【总结与评价】 ··· 78
　任务 4　低碳钢板Ⅰ形坡口对接平焊实训 ·· 79
　　【学习任务】 ·· 79
　　【知识准备】 ·· 80
　　【计划】 ··· 89

【实施】 ………………………………………………………………………………… 89
　　　【学生学习工作页】 ……………………………………………………………………… 91
　　　【总结与评价】 …………………………………………………………………………… 93
　任务5　低碳钢板V形坡口对接平焊实训 ……………………………………………………… 93
　　　【学习任务】 ……………………………………………………………………………… 93
　　　【知识准备】 ……………………………………………………………………………… 94
　　　【计划】 …………………………………………………………………………………… 95
　　　【实施】 …………………………………………………………………………………… 95
　　　【学生学习工作页】 ……………………………………………………………………… 101
　　　【总结与评价】 …………………………………………………………………………… 102
　任务6　低碳钢板V形坡口对接立焊实训 ……………………………………………………… 103
　　　【学习任务】 ……………………………………………………………………………… 103
　　　【知识准备】 ……………………………………………………………………………… 104
　　　【计划】 …………………………………………………………………………………… 104
　　　【实施】 …………………………………………………………………………………… 104
　　　【学生学习工作页】 ……………………………………………………………………… 108
　　　【总结与评价】 …………………………………………………………………………… 109
　任务7　低碳钢板V形坡口对接横焊实训 ……………………………………………………… 109
　　　【学习任务】 ……………………………………………………………………………… 109
　　　【知识准备】 ……………………………………………………………………………… 110
　　　【计划】 …………………………………………………………………………………… 110
　　　【实施】 …………………………………………………………………………………… 111
　　　【学生学习工作页】 ……………………………………………………………………… 114
　　　【总结与评价】 …………………………………………………………………………… 115
　任务8　低碳钢板V形坡口对接仰焊实训 ……………………………………………………… 115
　　　【学习任务】 ……………………………………………………………………………… 115
　　　【知识准备】 ……………………………………………………………………………… 116
　　　【计划】 …………………………………………………………………………………… 116
　　　【实施】 …………………………………………………………………………………… 116
　　　【学生学习工作页】 ……………………………………………………………………… 120
　　　【总结与评价】 …………………………………………………………………………… 120
　任务9　T形接头平角焊实训 …………………………………………………………………… 121
　　　【学习任务】 ……………………………………………………………………………… 121
　　　【知识准备】 ……………………………………………………………………………… 122
　　　【计划】 …………………………………………………………………………………… 122
　　　【实施】 …………………………………………………………………………………… 122

【学生学习工作页】……………………………………………………… 126
　　【总结与评价】……………………………………………………… 127
任务 10　T形接头立角焊实训 …………………………………………… 127
　　【学习任务】………………………………………………………… 127
　　【知识准备】………………………………………………………… 128
　　【计划】……………………………………………………………… 128
　　【实施】……………………………………………………………… 128
　　【学生学习工作页】……………………………………………………… 131
　　【总结与评价】……………………………………………………… 131
任务 11　管对接垂直固定焊实训 ………………………………………… 132
　　【学习任务】………………………………………………………… 132
　　【知识准备】………………………………………………………… 133
　　【计划】……………………………………………………………… 133
　　【实施】……………………………………………………………… 133
　　【学生学习工作页】……………………………………………………… 137
　　【总结与评价】……………………………………………………… 137
任务 12　管对接水平固定焊实训 ………………………………………… 138
　　【学习任务】………………………………………………………… 138
　　【知识准备】………………………………………………………… 138
　　【计划】……………………………………………………………… 139
　　【实施】……………………………………………………………… 139
　　【学生学习工作页】……………………………………………………… 142
　　【总结与评价】……………………………………………………… 143
任务 13　插入式管板垂直固定焊实训 …………………………………… 144
　　【学习任务】………………………………………………………… 144
　　【知识准备】………………………………………………………… 145
　　【计划】……………………………………………………………… 145
　　【实施】……………………………………………………………… 145
　　【学生学习工作页】……………………………………………………… 148
　　【总结与评价】……………………………………………………… 149
任务 14　插入式管板水平固定焊实训 …………………………………… 149
　　【学习任务】………………………………………………………… 149
　　【知识准备】………………………………………………………… 150
　　【计划】……………………………………………………………… 150
　　【实施】……………………………………………………………… 150
　　【学生学习工作页】……………………………………………………… 155

【总结与评价】 …… 156

项目三　半自动 CO_2 气体保护电弧焊实训 …… 157

任务1　认识半自动 CO_2 气体保护电弧焊 …… 157
【学习任务】 …… 157
【知识准备】 …… 157
【计划】 …… 169
【实施】 …… 169
【学生学习工作页】 …… 170
【总结与评价】 …… 172

任务2　低碳钢板V形坡口对接平焊实训 …… 172
【学习任务】 …… 172
【知识准备】 …… 173
【计划】 …… 173
【实施】 …… 173
【学生学习工作页】 …… 177
【总结与评价】 …… 178

任务3　低碳钢板V形坡口对接立焊实训 …… 178
【学习任务】 …… 178
【知识准备】 …… 179
【计划】 …… 179
【实施】 …… 180
【学生学习工作页】 …… 183
【总结与评价】 …… 183

任务4　低碳钢板V形坡口对接横焊实训 …… 184
【学习任务】 …… 184
【知识准备】 …… 185
【计划】 …… 185
【实施】 …… 185
【学生学习工作页】 …… 187
【总结与评价】 …… 187

任务5　低碳钢板V形坡口对接仰焊实训 …… 188
【学习任务】 …… 188
【知识准备】 …… 188
【计划】 …… 189
【实施】 …… 189

【学生学习工作页】………………………………………………………… 191
　　　【总结与评价】………………………………………………………… 191
　　任务6　低碳钢板T形接头平角焊实训 ………………………………… 192
　　　【学习任务】………………………………………………………… 192
　　　【知识准备】………………………………………………………… 193
　　　【计划】……………………………………………………………… 193
　　　【实施】……………………………………………………………… 193
　　　【学生学习工作页】………………………………………………………… 194
　　　【总结与评价】………………………………………………………… 195

项目四　手工钨极氩弧焊实训 ………………………………………………… 196

　　任务1　认识手工钨极氩弧焊 …………………………………………… 196
　　　【学习任务】………………………………………………………… 196
　　　【知识准备】………………………………………………………… 196
　　　【计划】……………………………………………………………… 207
　　　【实施】……………………………………………………………… 208
　　　【学生学习工作页】………………………………………………………… 208
　　　【总结与评价】………………………………………………………… 210
　　任务2　V形坡口对接平焊实训 ………………………………………… 210
　　　【学习任务】………………………………………………………… 210
　　　【知识准备】………………………………………………………… 211
　　　【学生学习工作页】………………………………………………………… 215
　　　【总结与评价】………………………………………………………… 215
　　任务3　V形坡口对接立焊实训 ………………………………………… 216
　　　【学习任务】………………………………………………………… 216
　　　【知识准备】………………………………………………………… 217
　　　【计划】……………………………………………………………… 217
　　　【实施】……………………………………………………………… 217
　　　【学生学习工作页】………………………………………………………… 220
　　　【总结与评价】………………………………………………………… 220
　　任务4　V形坡口对接横焊实训 ………………………………………… 221
　　　【学习任务】………………………………………………………… 221
　　　【知识准备】………………………………………………………… 222
　　　【计划】……………………………………………………………… 222
　　　【实施】……………………………………………………………… 222
　　　【学生学习工作页】………………………………………………………… 224

【总结与评价】 225
　任务5　管对接水平固定焊实训 225
　　【学习任务】 225
　　【知识准备】 226
　　【计划】 226
　　【实施】 226
　　【学生学习工作页】 229
　　【总结与评价】 230

项目五　气焊、气割实训 231
　任务1　认识气体火焰 231
　　【学习任务】 231
　　【知识准备】 231
　　【计划】 242
　　【实施】 242
　　【学生学习工作页】 244
　　【总结与评价】 245
　任务2　薄板对接平焊实训 246
　　【学习任务】 246
　　【知识准备】 246
　　【计划】 248
　　【实施】 248
　　【学生学习工作页】 251
　　【总结与评价】 253
　任务3　厚板气割实训 253
　　【学习任务】 253
　　【知识准备】 254
　　【计划】 257
　　【实施】 258
　　【学生学习工作页】 261
　　【总结与评价】 262

项目一　认识焊接技术

【学习任务】

学习情境工作任务书

工作任务	认识焊接技术		
任务要求	1. 掌握焊接的概念，了解焊接技术的历史、现状及发展趋势； 2. 了解焊接技术特点及在金属结构制造中的重要性； 3. 认识常用焊接方法的种类、特点及应用		
教学目标	能力目标	知识目标	素质目标
	1. 认识典型的焊接结构； 2. 了解焊接结构的制造过程； 3. 能利用网络查找各种焊接资源	1. 掌握焊接的概念，了解焊接技术的历史、现状及发展趋势； 2. 了解焊接技术特点及在金属结构制造中的重要性； 3. 认识常用焊接方法的种类、特点及应用	1. 增强学生对焊接专业的了解，培养学生对焊接专业的兴趣； 2. 培养学生树立远大的职业目标； 3. 培养学生劳动保护意识

【知识准备】

一、焊接的概念、特点

1. 焊接的概念

在金属结构和机器的制造中，经常需要用一定的连接方式将两个或两个以上的零件按一定形式和位置连接起来，如图 1-1 所示。金属连接方式可分为两大类：一类是可拆卸连接，即不必毁坏零件（连接件、被连接件）就可以拆卸，如螺栓连接、键和销连接等。另一类是永久性连接，也称不可拆卸连接，其拆卸只有在毁坏零件后才能实现，如铆接、焊接和黏结等。焊接是一种常用的形成永久性连接的工艺方法。在 GB/T 3375—1994《焊接术语》中，对焊接所下的定义是："焊接是通过加热或加压，或两者并用，并且用或不用填充材料，使工件达到原子结合的一种方法。"由此可见，焊接最本质的特点就是通过焊接使焊件达到结合,从而将原来独立的物体形成永久性连接的整体。要使两部分金属材料达到永久连接的目的,就必须使分离的金属相互非常接近,使之产生足够大的结合力,才能形成牢固的接头。这对液体来说是很容易的,而对固体来说则比较困难,需要外部给予很大的能量如电能、化学能、机械能、光能、超声波能等,这就是金属焊接时必须采用加热、加压或两者并用的原因。

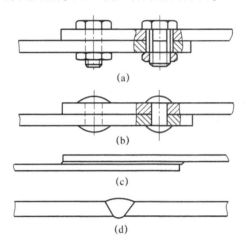

图 1-1 几种常用的连接形式
a) 螺栓连接；b) 铆接；c) 黏接；d) 焊接

按照焊接过程中金属所处的状态不同,可以把焊接方法分为熔焊、压焊和钎焊三类。

熔焊是在焊接过程中,将焊件接头加热至熔化状态,不加压力完成焊接的方法。目前熔焊应用最广,常见的气焊、电弧焊、电渣焊、气体保护电弧焊等属于熔焊,其中,电弧焊仍是当今焊接的主要方法。

压焊是在焊接过程中,必须对焊件施加压力(加热或不加热),以完成焊接的方法。如电阻焊、摩擦焊、气压焊、冷压焊、爆炸焊等属于压焊。

钎焊是采用比母材熔点低的钎料作填充材料,焊接时将焊件和钎料加热到高于钎料熔点,低于母材熔点的温度,利用液态钎料母材,填充接头间隙并与母材相互扩散实现连接焊件的方法。常见的钎焊方法有烙铁钎焊、火焰钎焊等。

2. 焊接的特点

在现代工业中,金属是不可缺少的重要材料。在工业产品的制造过程中,需要把金属材料按设计要求连接起来制成各种金属结构。焊接结构就是将各种轧制的金属材料及铸、锻等坯料采用焊接方法制成能完成一定功能的金属结构,如图1-2所示。随着国民经济的发展,钢铁作为主要金属焊接结构的应用也越来越广泛,目前各国焊接结构的用钢量均已占钢材消费量的40%~60%。焊接结构几乎渗透到国民经济的各个领域,如桥梁建筑、重型机械、压力容器、舰船、化工和石油设备、核工业设备、航天飞行器和海洋工程设备等。在许多工业部门的金属结构制造中，焊接几乎取代了铆接，不少过去一直用整铸、整锻方法生产的大型毛坯也改成了焊接结构。焊接与其他结构制造工艺相比具有以下优点：

图 1-2 焊接结构举例

1) 节省材料与工时　焊接结构经济性好

焊接结构的零件或部件可以直接通过焊接方法进行连接，不需要附加任何连接件。与铆接结构相比，可以节省 10%～20% 的金属材料，从而减轻了结构的重量。同时焊接工艺过程比较简单，生产率高，焊接既不需像铸造那样要进行制作木型、造砂型、熔炼、浇铸等一系列工序，也不像铆接那样要开孔、制造铆钉并加热等，因而缩短了生产周期。

2) 焊接质量好

由于焊接是一种原子间的连接，刚度大、整体性好，在外力作用下不会像其他机械连接因间隙变化而产生过大的变形，因此焊接接头不仅强度、刚度高，而且其他性能（物理性能、耐热性能、耐腐蚀性能及密封性）一般可达到与母材相等或相近，能够随母材承受各种载荷的作用，焊接质量好。

3) 适应性强

焊接结构制造的适用性强，可以根据需要灵活设计。外形尺寸范围特别大，不仅可以制造微型机器零件，而且可以制造大型钢结构，特别适用于几何尺寸大而形状复杂的产品，如船体、桁架、球形容器等。对大型或超大型的复杂工程，可以将结构分解，对分解后零件或部件分别进行焊接加工，再通过总体装配焊接连接成一个整体结构。此外，还可以采用焊接和铸造组成的复合工艺，用小型铸、锻设备生产大的零部件，以减轻铸锻工作量并降低成本。

4）可实现不同材料间的连接

焊接不仅可以连接各种金属材料，而且可以实现非金属及异种材料的连接，如玻璃、陶瓷、塑料、铜-铝、高速钢-碳钢、碳钢-合金钢等，因此，可以优化设计，节省材料。

5）可制造密封性构件

由于焊接接头的致密性好，能保证产品的气密性和水密性要求，可制造锅炉、压力容器、储油罐、船体等要求密封性好、工作时不渗漏的空心构件。

二、焊接技术的发展概况

焊接技术是随着金属的应用而出现的，在中国古代就应用了焊接技术，如商朝制造的铁刃铜钺就是铁与铜的铸焊件，其表面铜与铁的熔合线蜿蜒曲折，接合良好。春秋战国时期曾侯乙墓中的建鼓铜座上有许多盘龙，是分段钎焊连接而成的。

近代焊接技术是以电弧焊的出现为起点的。1885 年，俄国的别纳尔道斯发明了碳弧焊，标志着电弧作为焊接热源应用的开始。1892 年发现了金属极电弧，随之出现了金属极电弧焊；1907 年，瑞典人发明了焊条，将其用作金属极电弧焊中的电极，于是出现了焊条电弧焊。由于焊条电弧焊的电弧比较稳定，焊接熔池受到熔渣保护，焊接质量得到提高，使得焊条电弧焊进入实用阶段，特别是20 世纪 40 年代初期出现了优质电焊条后，焊接技术得到了一次飞跃。

美国的诺布尔利用电弧电压控制焊条送给速度，制成自动电弧焊机，成为焊接机械化、自动化的开端。1930 年，美国的罗宾诺夫发明使用焊丝和焊剂的埋弧焊，焊接机械化得到进一步发展。20 世纪 30 年代，为满足铝、镁合金及合金钢焊接的需要，钨极和熔化极惰性气体保护焊相继问世。

1951 年，苏联的巴顿电焊研究所发明电渣焊，它是大厚度焊件的高效焊接方法。1953 年，苏联的柳巴夫斯基等人发明 CO_2 气体保护焊，促进了气体保护电弧焊的应用和发展，此后相继出现了混合气体保护焊、药芯焊丝气渣联合保护焊和自保护电弧焊等。同年，美国的哈特发明了冷压焊。1956 年，苏联的丘季科夫发明了摩擦焊技术，也称为惯性焊。同年，美国的琼斯发明了超声波焊。1957 年，苏联的卡扎克夫发明了扩散焊。

20 世纪 40 年代，德国出现电子束焊，并在 50 年代得到应用和进一步发展；1957 年，美国的盖奇发明等离子弧焊。等离子、电子束和激光焊方法的成形标志着高能量密度熔焊的新发展，大大改善了材料的焊接性。

20 世纪 80 年代以后，人们开始对更新的焊接热源进行探索，如太阳能、微波等。历史上每一种焊接热源的出现，都伴随着新的焊接方法的问世。焊接技术发展到今天，已有近百种焊接工艺方法应用于生产中。焊接方法的发展简史见表 1-1。

表 1-1 焊接方法的发展简史

焊接方法	发明年代	发明国家	焊接方法	发明年代	发明国家
碳弧焊	1885	苏联	冷压焊	1948	英国
电阻焊	1886	美国	高频电阻焊	1951	美国
金属极电弧焊	1892	苏联	电渣焊	1951	苏联
热剂焊	1895	德国	CO_2气体保护电弧焊	1953	美国
氧乙炔焊	1901	法国	超声波焊	1956	美国
金属喷镀	1909	瑞士	电子束焊	1956	法国
原子氢焊	1927	美国	摩擦焊	1957	苏联
高频感应焊	1928	美国	等离子弧焊	1957	美国
惰性气体保护电弧焊	1930	美国	爆炸焊	1963	美国
埋弧焊	1935	美国	激光焊	1965	美国

随着工业和科学技术的发展，焊接技术也在不断进步，焊接已从单一的加工工艺发展成为综合性的先进工艺技术。焊接技术的新发展主要体现在以下几个方面：

1）提高焊接生产率，进行高效化焊接

焊条电弧焊中的铁粉焊条、重力焊条和躺焊条工艺；埋弧焊中的多丝焊、热丝焊、窄间隙焊接；气体保护电弧焊中的气电立焊、热丝 MAG 焊、TIME 焊等，是常用的高效化焊接方法。

2）提高焊接过程自动化、智能化水平

国外焊接过程机械化、自动化已达很高程度，而我国手工焊接所占比例却很大。按焊丝与焊接材料的比来计算机械化、自动化比例，1999 年日本为 80%，西欧为 74%，美国为 71%，2000 年我国为 23%。焊接机器人的应用是提高焊接过程自动化水平的有效途径，应用焊接专家系统、神经网络系统等都能提高焊接过程智能化水平。

3）研究开发新的焊接热源

焊接工艺几乎运用了世界上一切可以利用的热源，如火焰、电弧、电阻、激光、电子束等。但新的更好的更有效的焊接热源研发一直在进行，例如采用两种热源的叠加，以获得更强的能量密度，如等离子束加激光、电弧中加激光等。

三、焊接专业的职业定位

社会需求量大、技能要求高、工作环境普遍较差是焊接专业突出的特点。首先，焊接技术是一个涉及行业众多的专业，社会需求量相当大。其次，焊工是一个技术要求非常高的工种，成为一名优秀的焊工是非常不容易的，要经过大量的学习及高成本的培训。再次，焊工是一个工作条件相对艰苦的工种，对生产安全要求很高，尤其是弧光辐射、焊接烟尘对人体有一定的危害。

焊接专业的学生应积极了解社会发展趋势，及时改变就业观念，不怕吃苦，在生产一线踏踏实实的工作，不断提高自己的技能水平。随着我国焊接技术水平的提高，对焊接操作人员也提出了更高的要求，原来的学生只是掌握常用焊接方法的操作技能，缺乏理论知识。现在，要求焊接操作人员不仅能够进行技能操作，还需要有一定的理论基础知识，能够适应焊接技术的快速发展，操作高新焊接设备，快速适应、学习新的焊接技术。

讨论：

1. 你见过的焊接产品有哪些？
2. 谈谈你对焊接专业的认识？
3. 你的职业目标是什么？如何实现？
4. 你都了解哪些焊接企业？

项目二　焊条电弧焊实训

任务1　认识焊条电弧焊

【学习任务】

学习情境工作任务书

工作任务	认识焊条电弧焊		
任务要求	1. 了解焊条电弧焊的原理、特点及应用； 2. 正确穿戴防护用品，进行安全文明实训； 3. 向小组成员介绍焊条电弧焊所用的设备、工具的工作原理、技术参数及操作方法； 4. 向小组成员介绍给定焊条的组成、规格、类型、型号、牌号的含义； 5. 连接焊接设备及工具，形成焊接回路		
教学目标	能力目标	知识目标	素质目标
	1. 能熟练使用焊接设备、工具； 2. 能够掌握常用焊条的型号、牌号的含义及用途； 3. 能正确使用焊接劳动保护用品，并能进行个人安全防护	1. 了解焊条电弧焊的概念、特点及应用； 2. 掌握焊条电弧焊焊接材料、设备及工具的选择和使用方法； 3. 掌握焊条电弧焊安全文明生产知识	1. 培养劳动保护意识； 2. 培养认真负责、踏实细致的工作态度； 3. 培养团队合作能力

【知识准备】

一、焊条电弧焊的原理及特点

利用电弧作为热源的熔焊方法称为电弧焊。焊条电弧焊是用手工操作焊条进行焊接的电弧焊方法，英文缩写为SMAW。焊条电弧焊是最常用的熔焊方法之一，在国内外焊接生产中占据着重要位置。

1. 焊条电弧焊的基本原理

焊条电弧焊的焊接回路如图2-1所示，它是由弧焊电源、电弧、焊钳、焊条、焊接电缆和焊件组成。焊接电弧是负载，弧焊电源是为其提供电能的装置，焊接电缆则连接电源与焊钳和焊件。

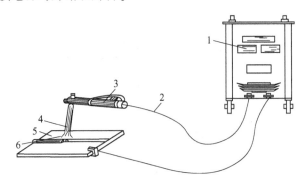

图2-1 焊条电弧焊焊接回路
1-弧焊电源；2-焊接电缆；3-焊钳
4-焊条；5-焊件；6-焊缝

焊条电弧焊是利用焊条与工件之间建立起来的稳定燃烧的电弧，使焊条和工件局部熔化，从而获得牢固焊接接头的工艺方法，其原理如图2-2所示。焊接过程中，焊条与工件之间燃烧的电弧热熔化焊条端部和工件的接缝处，在焊条端部迅速熔化的金属以细小熔滴经弧柱过渡到已经熔化的金属中，并与之融合，一起形成熔池。焊条药皮不断地分解、熔化而生成气体及熔渣，保护焊条端部、电弧、熔池及其附近区域，防止大气对熔化金属的有害污染。随着电弧向前移动，熔池的液态金属逐步冷却结晶而形成焊缝，熔渣冷却凝固成渣壳，继续对焊缝起保护作用。

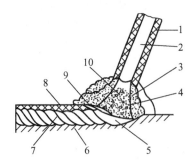

图2-2 焊条电弧焊原理
1-药皮；2-焊芯；3-保护气；4-电弧；5-熔池
6-母材；7-焊缝；8-渣壳；9-熔渣；10-熔滴

2. 焊条电弧焊的特点

焊条电弧焊与其他的熔焊方法相比，具有下列特点：

1）优点

（1）设备简单，维护方便。焊条电弧焊可用交流焊机或直流焊机进行焊接，这些设备都比较简单，设备投资少，而且维护方便。

（2）操作灵活，适应性强。电弧焊设备简单、移动方便，电缆长，焊钳轻，操作灵活，适应性强，可达性好，不受场地和焊接位置的限制，在焊条能到的地方一般都能施焊。对于复杂结构、不规则形状的构件以及单件、非定型结构的制造，不用辅助工装、夹具等就可以焊接。在安装或修理部门因焊接位置不定，焊接工作量相对较小时，更宜采用焊条电弧焊。

（3）待焊接头装配要求低。由于焊接过程由焊工手工控制，可以适时调整电弧位置和运条姿势，修正焊接参数，以保证跟踪接缝和均匀熔透。因此，对焊接接头的装配精度要求相对降低。

（4）应用范围广。焊条电弧焊广泛应用于平焊、立焊、横焊、仰焊等各种空间位置和对接、搭接、角接、T形接头等各种接头形式的焊接。选用合适的焊条不仅可以焊接碳钢、合金钢、有色金属等同种金属，而且可以焊接异种金属，还可在普通碳素钢上堆焊具有耐腐蚀等特殊性能的材料，在造船、锅炉及压力容器、机械制造、化工设备等行业中得到广泛应用。

2）缺点

（1）对焊工操作技术要求高。焊条电弧焊的焊接质量除选择合适的焊条、焊接参数及焊接设备外，主要依靠焊工的操作技术和经验保证。在相同的工艺条件下，操作技术高、经验丰富的焊工能焊出外形美观、质量优良的焊缝；而操作技术低、没有经验的焊工焊出的焊缝可能不合格。

（2）劳动条件差。焊条电弧焊主要依靠焊工的手工操作控制焊接的全过程，焊工不仅处在手脑并用、精神高度集中的状态，并且在有毒烟尘及高温烘烤的环境中工作，劳动条件较差，因此要加强劳动保护。

（3）生产效率低。焊条电弧焊与其他电弧焊相比，由于其使用的焊接电流小，熔敷速度慢，每焊完一根焊条后必须更换焊条，并残留下一截焊条头而未被充分利用，以及因清渣而停止焊接等，故这种焊接方法的生产效率低。

二、焊条

1. 焊条的组成及作用

焊条是涂有药皮的供焊条电弧焊用的焊接材料。焊条电弧焊时，焊条既作为电极，又作为填充金属，熔化后与母材熔合形成焊缝。因此，焊条的性能将直接影响到电弧的稳定性、焊缝金属的化学成分、力学性能和焊接生产率等。

焊条由焊芯和药皮组成,如图2-3所示。焊条前端药皮有45°左右的倒角,以便于引弧,在尾部有段裸焊芯,长10~35 mm,便于焊钳夹持和导电,焊条长度一般在250~450 mm之间。焊条规格是以焊芯直径来表示的,一般为φ1.6~φ8.0 mm,常用的有φ2 mm、φ2.5 mm、φ3.2 mm、φ4 mm、φ5 mm、φ6 mm等几种规格。

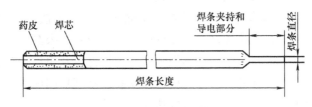

图2-3 焊条的构造

1) 焊芯

(1) 焊芯的作用。焊条中被药皮包覆的金属芯称为焊芯。焊芯一般是一根具有一定长度及直径经过特殊冶炼的金属丝。焊接时焊芯一般有两个作用:一是传导电流,产生电弧把电能转换成热能;二是焊芯本身熔化作为填充金属与液体母材金属熔合形成焊缝。

焊条电弧焊时,焊芯金属约占整个焊缝金属的50%~70%,焊芯的化学成分直接影响焊缝的质量。这种焊接专用金属丝用来制造焊条就是焊芯,如果用于埋弧焊、气体保护焊、电渣焊、气焊等作填充金属时,则称为焊丝。

(2) 焊芯的分类及牌号。焊芯应符合国家标准GB/T 14957—1994《熔化焊用钢丝》及YB/T 5092—2005《焊接用不锈钢丝》的规定,用于制造焊芯的专用钢丝可分为碳素结构钢、合金结构钢、不锈钢等三类。

焊芯的牌号的编制方法为:字母"H"表示焊接用钢丝;"H"后的一位或两位数字表示含碳量;化学元素符号及其后的数字表示该元素的近似含量,当某合金元素的含量低于1%时,可省略数字,只记元素符号;尾部标有"A"或"E"时,分别表示优质品或高级优质品,表明硫、磷等杂质含量更低。

例如:

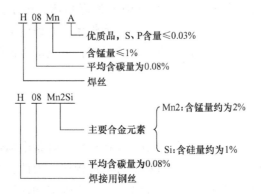

2）药皮

压涂在焊芯表面上的涂料层称为药皮。焊条药皮在焊接过程中起着极为重要的作用，是决定焊缝金属质量的主要因素之一。

（1）焊条药皮的作用：

① 机械保护作用。焊条药皮熔化或分解后产生气体和熔渣，隔绝空气，防止熔滴和熔池金属与空气接触。熔渣凝固后的渣壳覆盖在焊缝表面，可减慢焊缝金属的冷却速度，使焊缝中的气体、熔渣等易于浮出。

② 冶金处理渗合金作用。通过熔渣与熔化金属冶金反应，除去有害杂质（如氧、氢、硫、磷等）和添加有益元素，使焊缝获得合乎要求的力学性能。

③ 改善焊接工艺性能。焊接工艺性能是指焊条使用和操作时的性能，它包括稳弧性、脱渣性、全位置焊接性、焊缝成形、飞溅大小、发尘量等。好的焊接工艺性能使电弧稳定燃烧、飞溅小、焊缝成形好、易脱渣，熔覆效率高，适用全位置焊接等。

（2）焊条药皮的类型。焊条药皮是由各种矿物类、铁合金和金属类、有机物类及化工产品等原料组成。药皮组成物的成分相当复杂，一种焊条药皮，一般都由八九种以上的原料组成。

由于不同焊条的药皮组成物不同，焊条药皮的性能也有很大的差别。常用焊条药皮的类型有钛型、钛钙型、高钛钠型、高钛钾型、高纤维素钠型、高纤维素钾型、钛铁矿型、低氢钠型、低氢钾型及铁粉低氢型等。

2. 焊条的分类

1）按焊条的材料分类

根据有关国家标准，焊条可分为：碳钢焊条、低合金钢焊条、耐热钢焊条、不锈钢焊条、堆焊焊条、铸铁焊条、铜及铜合金焊条、铝及铝合金焊条、镍及镍合金焊条、特殊焊条等。

2）按焊条药皮熔化后熔渣的特性分类

（1）酸性焊条，其熔渣的成分主要是酸性氧化物，其药皮类型为钛型、钛钙型、高钛钠型、高钛钾型、高纤维素钠型、高纤维素钾型及钛铁矿型等。这类焊条的优点是工艺性好，容易引弧，并且电弧稳定，飞溅小，脱渣性好、焊缝成形美观，施焊容易。由于熔渣中含有大量酸性氧化物，焊接时易放出氧，氧化性强，因而对工件上的铁锈、油污、水分等污物不敏感，焊接时产生的有害气体少。酸性焊条可采用交流、直流焊接电源，适用于各种位置的焊接，焊前焊条的烘干温度较低。

采用酸性焊条焊缝金属的力学性能均低于采用碱性焊条形成的焊缝。酸性焊条的主要缺点是抗裂性能差，这主要是由于酸性焊条药皮氧化性强，容易烧损合金元素，并且焊缝金属具有较高的含硫量和扩散氢。由于上述缺点，酸性焊条仅适用于一般低碳钢和强度等级较低的普通低合金钢结构的焊接。

(2) 碱性焊条，其熔渣的成分主要是碱性氧化物和氟化钙，其药皮类型为低氢钠型或低氢钾型。这类焊条的优点是焊缝中含氧量较少，合金元素很少氧化，焊缝金属合金化效果好。碱性焊条药皮中碱性氧化物较多，故脱氧、脱硫、脱磷的能力比酸性焊条强。此外，药皮中的萤石有较好的去氢能力，故焊缝中含氢量低，所以又称低氢型焊条。使用碱性焊条，焊缝金属的力学性能，尤其是塑性、韧性和抗裂性都比酸性焊条好。所以这类焊条适用于合金钢和重要碳钢结构的焊接。

碱性焊条的主要缺点是工艺性差，对油污、铁锈及水分等较敏感。焊接时工艺不当，容易产生气孔。因此，除了焊前要严格烘干焊条并且仔细清理焊件坡口外，在施焊时应始终保持短弧操作。碱性焊条电弧稳定性差，不加稳弧剂时只能采用直流电源焊接。在深坡口焊接中，脱渣性不好。焊接时产生的烟尘量较多，使用时应注意保持焊接场所通风和防尘保护，以免影响人体健康。

酸性焊条和碱性焊条的特性对比见表 2-1。

表 2-1 酸性焊条和碱性焊条的特性对比

焊条性质	酸性焊条	碱性焊条
药皮类型	钛型、钛钙型、高钛钠型、高钛钾型、高纤维素钠型、高纤维素钾型及钛铁矿型等	低氢钠型、低氢钾型及铁粉低氢型等
主要特性	1. 对水、铁锈的敏感性不大，使用前经 100 ℃ ~150 ℃ 烘焙 1~2 h； 2. 电弧稳定，可用交流或直流电源施焊； 3. 焊接电流较大； 4. 可长弧操作； 5. 合金元素过渡效果差； 6. 熔深较浅，焊缝成形较好； 7. 熔渣呈玻璃状，脱渣较方便； 8. 焊缝的常、低温冲击韧度一般； 9. 焊缝的抗裂性较差； 10. 焊缝的含氢量较高，影响塑性； 11. 焊接时烟尘较少	1. 对水、铁锈的敏感性较大，使用前经 300 ℃ ~350 ℃ 烘焙 1~2 h； 2. 须用直流反接施焊；药皮加稳弧剂后，可用交流或直流电源施焊； 3. 焊接电流比同规格酸性焊条约小 10%； 4. 须短弧操作，否则易引起气孔； 5. 合金元素过渡效果好； 6. 熔深稍深，焊缝成形一般； 7. 熔渣呈结晶状，脱渣不及酸性焊条； 8. 焊缝的常、低温冲击韧度较高； 9. 焊缝的抗裂性好； 10. 焊缝的含氢量低； 11. 焊接时烟尘稍多

3) 按焊条的性能分类

按照焊条的一些特殊使用性能和操作性能，可以将焊条分为：超低氢焊条、低尘低毒焊条、立向下焊条、底层焊条、铁粉高效焊条、抗潮焊条、水下焊条、重力焊条和躺焊焊条等。

3. 焊条的型号及牌号

1) 碳钢焊条和低合金钢焊条型号

焊条型号是焊条的代号，按国家标准 GB/T 5117—2002《非合金钢及细晶粒钢焊条》和 GB/T 5118—2012《热强钢焊条》规定，碳钢焊条和低合金钢焊条型号是根据熔敷金属的力学性能、药皮类型、焊接位置和电流种类来划分的。

字母"E"表示焊条；前两位数字表示熔敷金属抗拉强度的最小值，单位为×10 MPa；第三位数字表示焊条的焊接位置，"0"及"1"表示焊条适用于全位置焊接，"2"表示焊条只适用于平焊及平角焊，"4"表示焊条适用于向下立焊；第三位数字和第四位数字组合时，表示焊接电流种类及药皮类型，见表2-2。

表2-2 碳钢和低合金钢焊条型号的第三、四位数字组合的含义

焊条型号	药皮类型	焊接位置	电流种类
E××00	特殊型	平、立、横、仰	交流或直流正、反接
E××01	钛铁矿型		
E××03	钛钙型		
E××10	高纤维素钠型		直流反接
E××11	高纤维素钾型		交流或直流反接
E××12	高钛钠型		交流或直流反接
E××13	高钛钾型		交流或直流正、反接
E××14	铁粉钛型		
E××15	低氢钠型		直流反接
E××16	低氢钾型		交流或直流反接
E××18	铁粉低氢型		
E××20	氧化铁型	平、平角	交流或直流正接
E××22			
E××23	铁粉钛钙型		交流或直流正、反接
E××24	铁粉钛型		
E××27	铁粉氧化铁型		交流或直流正接
E××28	铁粉低氢型		交流或直流反接
E××48		平、横、仰、立向下	

低合金钢焊条还附有后缀字母，为熔敷金属的化学成分分类代号，见表2-3，并以短划"-"与前面数字分开；若还有附加化学成分时，附加化学

成分直接用元素符号表示,并以短划"-"与前面后缀字母分开。

表2-3 低合金钢焊条熔敷金属化学成分分类

化学成分分类	代号
碳钼钢焊条	E××××-A_1
铬钼钢焊条	E××××-B_1~B_5
镍钢焊条	E××××-C_1~C_3
镍钼钢焊条	E××××-NM
锰钼钢焊条	E××××-D_1~D_3
其他低合金钼钢焊条	E××××-G、M、M_1、W

碳钢焊条和低合金钢焊条型号举例如下:
例如:

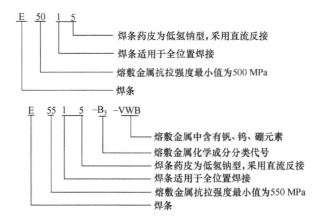

2) 不锈钢焊条型号

按国家标准 GB/T 983—2012《不锈钢焊条》规定,不锈钢焊条型号是根据熔敷金属的化学成分、药皮类型、焊接位置和电流种类来划分的。

字母"E"表示焊条;"E"后面的数字表示熔敷金属化学成分分类代号,如有特殊要求的化学成分,该化学成分用元素符号表示,放在数字后面;数字后的字母"L"表示碳含量较低,"H"表示碳含量较高,"R"表示硫、磷、硅含量较低;短划"-"后面的两位数字表示焊条药皮类型、焊接位置及焊接电流种类,见表2-4。

焊条型号举例如下:

表 2-4 焊接电流、药皮类型及焊接位置

焊条型号	焊接电流	焊接位置	药皮类型
E×××(×)-15	直流反接	全位置	碱性焊条
E×××(×)-25		平焊、横焊	
E×××(×)-16	交流或直流反接	全位置	碱性药皮或钛型、钛钙型
E×××(×)-17			
E×××(×)-26		平焊、横焊	

3)焊条牌号

焊条型号和牌号都是焊条的代号,焊条型号是指国家标准规定的各类焊条的代号,牌号则是焊条制造厂对作为产品出厂的焊条规定的代号。虽然焊条牌号不是国家标准,但考虑到多年使用已成习惯,因此,为避免混淆现将常用焊条的型号与牌号加以对照,以便正确使用。常用碳钢焊条的型号与牌号的对照见表 2-5。常用低合金钢焊条的型号与牌号的对照见表 2-6。常用不锈钢焊条的型号与牌号的对照见表 2-7。

表 2-5 常用碳钢焊条型号与牌号对照表

序号	型号	牌号	序号	型号	牌号
1	E4303	J422	5	E5003	J502
2	E4323	J422Fe	6	E5016	J506
3	E4316	J426	7	E5015	J507
4	E4315	J427			

表 2-6 常用低合金钢焊条型号与牌号对照表

序号	型号	牌号	序号	型号	牌号
1	E5015-G	J507MoNb J507NiCu	8	E5503-B1 E5515-B1	R202 R207
2	E5015-G	J557 J557Mo J557MoV	9	E5503-B2 E5515-B2	R302 R307
3	E6015-G	J607Ni	10	E551-B3-VWB	R347
4	E6015-D1	J607	11	E6015-B3	R407
5	E7015-D2	J707	12	E1-5MoV-15	R507
6	E8515-G	J857	13	E5515-C1	W707Ni
7	E5015-A1	R107	14	E5515-C2	W907Ni

表2-7 常用不锈钢焊条型号与牌号对照表

序号	型号（新）	型号（旧）	牌号	序号	型号（新）	型号（旧）	牌号
1	E410-16	E1-13-16	G202	8	E308-16	E1-23-13-15	A307
2	E410-15	E1-13-15	G207	9	E308-16	E2-26-21-16	A402
3	E410-15	E1-13-15	G217	10	E308-16	E2-26-21-15	A407
4	E308L-16	E00-19-10-16	A002	11	E308-16	E0-19-10Nb-16	A132
5	E308-16	E00-19-10-16	A102	12	E308-16	E0-19-10Nb-15	A137
6	E308-15	E00-19-10-16	A107	13	E308-16	E0-18-12Mo2-16	A202
7	E309-16	E1-23-13-16	A302	14	E308-16	E0-18-12Mo2-15	A207

4. 焊条的选用

焊条的选用应根据组成焊接结构钢材的化学成分、机械性能、焊接性、工作环境、焊接结构、受力情况和焊接设备等方面进行综合考虑，其中最重要的因素是技术要求，一般要求考虑3个重要原则：等强度原则、同等性能原则和等条件原则。

等强度原则：对于承受静载或一般载荷的工件或结构，通常选用抗拉强度与母材相同或略低于母材的焊条。

同等性能原则：在特殊环境下工作的结构如要求具有较高的耐磨、耐腐蚀、耐高温或低温等性能，应选用能保证熔覆金属的性能与母材性能相近的焊条。

等条件原则：根据焊件或焊接结构的工作条件和特点选择焊条。

1）考虑焊件的机械性能、化学成分

（1）低碳钢、中碳钢和低合金钢采用等强度原则，即按其强度等级来选用相应强度的焊条。但在焊接结构刚性大、受力情况复杂时，应选用比钢材强度低一级的焊条。这样焊接后既能保证焊缝有一定的强度，又能得到满意的塑性，以避免因结构刚度过大而使焊缝撕裂。

（2）对于不锈钢、耐热钢等在特殊环境下工作的结构要求具有较高的耐磨、耐腐蚀、耐高温或低温等性能，应采用同等性能原则，即选用能保证熔覆金属的性能与母材性能相近的焊条。

（3）对于低碳钢之间、中碳钢之间、低合金钢之间及它们相互之间的异种钢焊接，一般根据强度等级较低的母材选择相应强度等级的焊条。

2）考虑焊件的工作条件及使用性能

（1）在承受动载荷和冲击载荷情况下，除了要保证相应的强度，对冲击韧度和伸长率均有较高要求，应顺次选择低氢型、钛钙型、氧化铁型焊条。

（2）在腐蚀介质中工作时，必须分析介质的种类、浓度及工作温度，并区分是一般腐蚀还是晶间腐蚀，选用相应的不锈钢焊条。

(3) 在受磨损条件下工作时，须区分是一般磨损还是冲击磨损，是常温磨损还是高温磨损。

(4) 处于高温或低温下工作的焊接结构，应选择能保证高温或低温力学性能的焊条。

3) 考虑焊件的结构特点

(1) 形状复杂和大厚度焊件，焊缝金属冷却时收缩应力较大，容易产生裂纹，选用抗裂性好的焊条。

(2) 当受到条件限制而无法清理低碳钢焊件坡口处的铁锈、油污和氧化皮等脏物时，应选酸性焊条，以免产生气孔等缺陷。

(3) 受条件限制不能翻转的工件，选用能全位置焊接的焊条。

(4) 异种钢的焊接、不同等级的低合金钢焊接，选用与较低强度等级钢材相匹配的焊条。

4) 考虑焊接设备、改善焊接工艺和工人劳动条件、经济效果

(1) 在没有直流焊机的地方，不宜选用限于直流焊接的焊条，应选用交、直流两用的焊条。

(2) 在酸性焊条和碱性焊条都能满足产品要求时，应尽量选用酸性焊条。

(3) 在使用性能相同的情况下，选价格低的焊条，同时尽量选规格大、效率高的焊条。

5. 焊条的管理及使用

1) 焊条的验收

对于制造锅炉、压力容器等重要焊件的焊条，焊前必须进行焊条的验收，也称复验。复验前要对焊条的质量证明书进行审查，正确、齐全、符合要求者方可复验。复验时，应对每批焊条编个"复验编号"按照其标准和技术条件进行外观、理化试验等检验，复验合格后，焊条方可入一级库，否则应退货或降级使用。

2) 焊条的检验方法

(1) 焊接检验。质量好的焊条，电弧稳定，焊芯和药皮熔化均匀，飞溅少，焊缝成型好，脱渣容易。

(2) 药皮强度检验。将焊条平举 1 m 高，自由落到光滑的厚钢板上，如药皮无脱落现象，即证明药皮强度合乎质量要求。

(3) 外表检验。药皮表面应光滑细腻、无气孔和机械损伤，药皮无偏心，焊芯无锈蚀现象，引弧端有倒角，引弧剂完好，夹持端型号（牌号）标志清晰。

(4) 理化检验。当焊接重要焊件时，应对焊缝金属进行化学分析及机械性能复验，以检验焊条质量。

3) 鉴别焊条变质的方法

(1) 将焊条数根放在手掌内互相滚击，如发出清脆的金属声，即为干燥的

焊条；如有低沉的沙沙声，则为受潮的焊条。

（2）将焊条在焊接回路中短路数秒，如药皮表面出现颗粒状斑点，则为受潮焊条。

（3）受潮的焊条焊芯上常有锈痕。

（4）对于厚药皮焊条，缓慢弯曲至120°，如有大块涂料脱落或涂料表面毫无裂纹，为受潮焊条。干燥焊条在轻弯后，有小的脆裂声，继续弯至120°，在药皮受张力的一面有小的裂口出现。

（5）焊接时如药皮成块脱落，或产生多量水气而有爆裂现象，说明是受潮的焊条。

3）焊条的保管、领用和发放

焊条实行三级管理：一级库管理、二级库管理、焊工焊接时管理。焊条必须存放在通风良好、干燥的库房内。一、二级库内的焊条要按其型号牌号、规格分门别类堆放，放在离地面、离墙面300 mm以上的木架上。一级库内应配有空调设备和去湿机，库房的温度与湿度必须符合一定的要求，即温度为5 ℃～20 ℃时，相对湿度应在60%以下，温度为20 ℃～30 ℃时，相对湿度应在50%以下，温度高于30 ℃时，相对湿度应在40%以下。二级库应有焊条烘烤设备，焊工施焊时也需要妥善保管好焊条，焊条要放入保温筒内，随取随用，不可随意乱丢、乱放。焊条领用发放要建立严格的限额领料制度，"焊接材料领料单"应由焊工填写，二级库保管人员凭焊接工艺要求和焊材领料单发放，并审核其型号牌号、规格是否相符，同时还要按发放焊条根数收回焊条头。

4）焊条烘干方法及要求

焊条在存放时会从空气中吸收水分而受潮，受潮严重的焊条在使用时会使工艺性能变坏，造成电弧不稳、飞溅增大、烟尘增多等不利现象，并且还会影响焊缝内部质量，易产生气孔、裂纹等缺陷。因此焊条（特别是碱性焊条）在使用前必须烘干。焊条烘干时间、温度应严格按标准要求进行，并做好温度时间记录，烘干温度不宜过高或过低。温度过高会使焊条中一些成分发生氧化，过早分解，从而失去保护等作用。温度过低，焊条中的水分就不能完全蒸发掉，焊接时就可能形成气孔，产生裂纹等缺陷。酸性焊条由于药皮中含有结晶水物质和有机物，烘干温度不能太高，一般规定为75 ℃～150 ℃，保温时间1～2 h；碱性焊条在空气中极易吸潮且药皮中没有有机物，因此烘干温度较酸性焊条高些，一般为350 ℃～400 ℃，保温1～2 h。焊条累计烘干次数一般不宜超过三次。

焊条应放在正规的远红外烘干箱内进行烘干，如图2-4所示，而不能在炉子上烘烤，也不能用气焊火焰直接烧烤。烘干焊条时，禁止将焊条直接放入高温炉内或从高温炉中突然取出冷却，以防止焊条因骤冷骤热而产生药皮开裂、脱落，应缓慢加热、保温、缓慢冷却。经烘干的碱性焊条最好放入另一个温度控制在80 ℃～100 ℃的低温烘箱内存放，随用随取。烘干焊条时，焊条不应成垛或成捆堆放，应铺成层状，否则，焊条叠起太厚将造成温度不均匀或局部过热而使药皮脱落，而且也不利于潮气排除。焊接重要产品时，每个焊工应配备一个焊条保温筒，施焊时，将烘干的焊条放入保温筒内，桶内温度保持在 50 ℃ ~60 ℃，还可放入一些硅胶，以免焊条再次受潮。

图 2-4　焊条烘箱

三、焊条电弧焊的焊接设备及工具

焊条电弧焊的焊接设备主要有弧焊电源、焊钳和焊接电缆，此外，还有面罩、敲渣锤、钢丝刷和焊条保温筒等，后者统称为辅助设备或工具。

1. 弧焊电源

1）对弧焊电源的基本要求

弧焊电源是为电弧负载提供电能并保证焊接工艺过程稳定的装置。由于电弧是电弧焊的一个动态负载，保证获得优质焊接接头的主要因素之一是电弧能否稳定燃烧，而决定电弧稳定燃烧的首要因素是弧焊电源，因此弧焊电源除了具有一般电力电源的特点外，还必须具有引弧容易、电弧稳定、焊接规范稳定可调等适应电弧负载的一些特性，为满足上述特性，对弧焊电源有以下基本要求：

（1）对弧焊电源外特性的要求。电弧的稳定燃烧，一般是指在给定的电弧电压和电流时，电弧长时间内连续燃烧而不熄灭的状态。在稳定状态下，弧焊电源输出电压与输出电流之间的关系，称为弧焊电源的外特性。

弧焊电源的外特性亦称弧焊电源的伏安特性或静特性。弧焊电源的外特性可用曲线来表示，表示它们关系的曲线称为弧焊电源的外特性曲线。弧焊电源的外特性基本上有三种类型：一是下降外特性，即随着输出电流的增加，输出电压降低，又分为陡降外特性和缓降外特性，主要用于焊条电弧焊、钨极氩弧焊、埋弧焊和粗丝 CO_2 气体保护焊；二是平外特性，即输出电流变化时，输出电压基本不变，主要用于等速送丝的熔化极气体保护焊；三是上升外特性，即随着输出电流增大,输出电压随之上升。焊条电弧焊使用具有陡降外特性的弧焊电源。

(2) 对弧焊电源空载电压的要求。当弧焊电源接通电网而焊接回路为开路时,弧焊电源输出端电压称为空载电压。为保证焊接电弧的顺利引燃和电弧的稳定燃烧,需要焊接电源必须有一定的空载电压。有关标准规定,弧焊整流器的空载电压一般在 90 V 以下,弧焊变压器的空载电压一般在 80 V 以下。

(3) 对弧焊电源稳态短路电流的要求。弧焊电源稳态短路电流是弧焊电源所能稳定提供的最大电流,即输出端短路(电弧电压 $U_h = 0$)时的电流。

在引弧和金属熔滴过渡时,经常发生短路。如稳态短路电流过大,焊条过热,易引起药皮脱落,并增加熔滴过渡时的飞溅;稳态短路电流太小,则会因电磁收缩力不足而使引弧和焊条熔滴过渡产生困难。因此,对于下降外特性的弧焊电源,一般要求稳态短路电流为焊接电流的 1.25~1.5 倍。

(4) 对弧焊电源调节特性的要求。在焊接时,根据焊接材料的性质、厚度,焊接接头的形式、位置及焊条、焊丝直径等的不同,需要选择不同的焊接电流。这就要求弧焊电源能在一定的范围内对焊接电流作均匀、灵活的调节,以便保证焊接接头的质量。焊条电弧焊的焊接电流变化范围一般在 100~400 A 之间。

(5) 对弧焊电源动特性的要求。焊接电弧对弧焊电源来说,是一个变化着的动态负载。因为在焊接过程中,由于熔滴的过渡可能造成短路,使电弧长度、电弧电压和焊接电流产生瞬间变化。在电弧动态负载发生变化时,弧焊电源输出的电压与电流的响应过程,称为弧焊电源的动特性,即表示弧焊电源对动态负载瞬间变化的反应能力。动特性合适时,引弧容易、电弧稳定、飞溅小,焊缝成形良好,动特性是衡量弧焊电源质量的一个重要指标。

2) 弧焊电源的种类

(1) 弧焊电源的分类及特点。弧焊电源按结构原理可分为交流弧焊电源、直流弧焊电源、脉冲弧焊电源和弧焊逆变器 4 大类。按电流性质可以分为交流弧焊电源、直流弧焊电源和脉冲弧焊电源 3 类。

① 交流弧焊电源,一般也称为弧焊变压器,是一种最简单和常用的弧焊电源,作用是把网路电压的交流电变成适宜于焊条电弧焊的低压交流电。它具有结构简单、成本低、磁偏吹小、效率高等优点,但电弧稳定性较差,功率因数较低。一般用于焊条电弧焊、埋弧焊和钨极氩弧焊等。

② 直流弧焊电源,有直流弧焊发电机和弧焊整流器两种。

③ 弧焊逆变器,是把单相或三相交流电经整流后,由逆变器转变为几百至几万赫兹的中频交流电,经降压后输出交流或直流电。

3) 弧焊电源的型号及技术参数

(1) 弧焊电源的型号。根据更新:GB/T 10249—2010《电焊机型号编制方法》,弧焊电源型号采用汉语拼音字母和阿拉伯数字表示,弧焊电源型号的各项编排次序及含义如下:

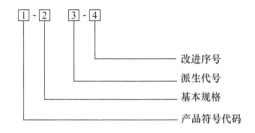

型号中的 3 项用汉语拼音字母表示；2、4 各项用阿拉伯数字表示；3、4 项如不用时，可空缺。改进序号按产品改进程序用阿拉伯数字连续编号。

产品符号代码的编排秩序及含义如下：

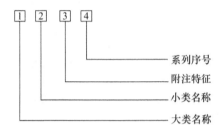

产品符号代码中 1，2，3 各项用汉语拼音字母表示；4 项用阿拉伯数字表示；附注特征和系列序号用于区别同小类的各系列和品种，包括通用和专用产品；3，4 项如不需表示时，可以只用 1，2 项；可同时兼作几大类焊机使用时，其大类名称的代表字母按主要用途选取；1，2，3 项的汉语拼音字母表示的内容，不能完整表达该焊机的功能或有可能存在不合理的表述时，产品的符号代码可以由该产品的产品标准规定。

部分产品符号代码的代表字母及序号的编制实例见表 2-8。

表 2-8 部分产品的符号代码

产品名称	第一字母		第二字母		第三字母		第四字母	
	代表字母	大类名称	代表字母	小类名称	代表字母	附注特征	数字序号	系列序号
电弧焊机	B	交流弧焊机（弧焊变压器）	X	下降特性	L	高空载电压	省略 1 2 3 4 5 6	磁放大器或饱和电抗器式 动铁芯式 串联电抗器式 动圈式 晶闸管式 变换抽头式
			P	平特性				

续表

产品名称	第一字母		第二字母		第三字母		第四字母	
	代表字母	大类名称	代表字母	小类名称	代表字母	附注特征	数字序号	系列序号
电弧焊机	A	机械驱动的弧焊机（弧焊发电机）	X P D	下降特性 平特性 多特性	省略 D Q C T H	电动机驱动 单纯弧焊发电机 汽油机驱动 柴油机驱动 拖拉机驱动 汽车驱动	省略 1 2	直流 交流发电机整流 交流
	Z	直流弧焊机（弧焊整流器）	X P D	下降特性 平特性 多特性	省略 M L E	一般电源 脉冲电源 高空载电压 交直流两用电源	省略 1 2 3 4 5 6 7	磁放大器或饱和电抗和电抗器式 动铁芯式 动线圈式 晶体管式 晶闸管式 变换抽头式 逆变式
	M	埋弧焊机	Z B U D	自动焊 半自动焊 堆焊 多用	省略 J E M	直流 交流 交直流 脉冲	省略 1 2 3 9	焊车式 横臂式 机床式 焊头悬挂式
	N	MIG/MAG焊机（熔化极惰性气体保护弧焊机/活性气体保护弧焊机）	Z B D U G	自动焊 半自动焊 点焊 堆焊 切割	省略 M C	直流 脉冲 CO_2保护焊	省略 1 2 3 4 5 6 7	焊车式 全位置焊车式 横臂式 机床式 旋转焊头式 台式 焊接机器人 变位式
	W	TIG焊机	Z S D Q	自动焊 手工焊 点焊 其他	省略 J E M	直流 交流 交直流 脉冲	省略 1 2 3 4 5 6 7 8	焊车式 全位置焊车式 横臂式 机床式 旋转焊头式 台式 焊接机器人 变位式 真空充气式

续表

产品名称	第一字母		第二字母		第三字母		第四字母	
	代表字母	大类名称	代表字母	小类名称	代表字母	附注特征	数字序号	系列序号
电弧焊机	L	等离子弧焊机/等离子弧切割机	G H U D	切割 焊接 堆焊 多用	省略 R M J S F E K	直流等离子 熔化极等离子 脉冲等离子 交流等离子 水下等离子 粉末等离子 热丝等离子 空气等离子	省略 1 2 3 4 5 8	焊车式 全位置焊车式 横臂式 机床式 旋转焊头式 台式 手工等离子
电渣焊接设备	H	电渣焊机	S B D R	丝极 板极 多用极 熔嘴				
	H	钢盘电渣压力焊机	Y		S Z F 省略	手动式 自动式 分体式 一体式		
电阻焊机	D	点焊机	N R J Z D B	工频 电容储能 直流冲击波 次级整流 低频 逆变	省略 K W	一般点焊 快速点焊 网状点焊	省略 1 2 3 6	垂直运动式 圆弧运动式 手提式 悬挂式 焊接机器人
	T	凸焊机	N R J Z D B	工频 电容储能 直流冲击波 次级整流 低频 逆变			省略	垂直运动式
	F	缝焊机	N R J Z D B	工频 电容储能 直流冲击波 次级整流 低频 逆变	省略 Y P	一般缝焊 挤压缝焊 垫片缝焊	省略 1 2 3	垂直运动式 圆弧运动式 手提式 悬挂式

续表

产品名称	第一字母		第二字母		第三字母		第四字母	
	代表字母	大类名称	代表字母	小类名称	代表字母	附注特征	数字序号	系列序号
电阻焊机	U	对焊机	N R J Z D B	工频 电容储能 直流冲击波 次级整流 低频 逆变	省略 B Y G C T	一般对焊 薄板对焊 异形截面对焊 钢窗闪光对焊 自动车轮圈对焊 链条对焊	省略 1 2 3	固定式 弹簧加压式 杠杆加压式 悬挂式
	K	控制器	D F T U	点焊 缝焊 凸焊 对焊	省略 F Z	同步控制 非同步控制 质量控制	1 2 3	分立元件 集成电路 微机
螺柱焊机	R	螺柱焊机	Z S	自动 手工	M N R	埋弧 明弧 电容储能		
摩擦焊接设备	C	摩擦焊机	省略 C Z	一般旋转式 惯性式 振动式	省略 S D	单头 双头 多头	省略 1 2	卧式 立式 倾斜式
		搅拌摩擦焊机			产品标准规定			
电子束焊机	E	电子束焊枪	Z D B W	高真空 低真空 局部真空 真空外	省略 Y	静止式电子枪 移动式电子枪	省略 1	二极枪 三极枪
光束焊接设备	G	光束焊机	S	光束			1 2 3 4	单管 组合式 折叠式 横向流动式
	G	激光焊机	省略 M	连续激光 脉冲激光	D Q Y	固体激光 气体激光 液体激光		

续表

产品名称	第一字母		第二字母		第三字母		第四字母	
	代表字母	大类名称	代表字母	小类名称	代表字母	附注特征	数字序号	系列序号
超声波焊机	S	超声波焊机	D F	点焊 缝焊			省略 2	固定式 手提式
钎焊机	Q	钎焊机	省略 Z	电阻钎焊 真空钎焊				

(2) 弧焊电源的技术参数。焊机除了有规定的型号外，在其外壳均标有铭牌，铭牌标明了主要技术参数，如负载持续率等，可供安装、使用、维护等工作参考。以 BX1-315-2 型动铁式弧焊变压器（图 2-5 所示）为例，来认识这台弧焊电源的技术参数。

弧焊变压器			
型号 BX1-315-2		电流调节范围 60~380 A	
一次电压 380 V		二次输出电压 70 V	
相数　单相		频率　50 Hz	
负载持续率　60%		质量　105 kg	
负载持续率/%	容量/(kV·A)	一次电流/A	二次电流/A
100	16	42	220
60	20.5	54	315
35	22.5	72	360
出厂日期　××××		生产厂　××××	

(a)　　　　　　　　　　　　　(b)

图 2-5　BX1-315-2 型动铁式弧焊变压器及技术参数
(a) 动铁式弧焊变压器；(b) 弧焊变压器铭牌

① 一次电压和二次电压。弧焊电源接入单相电网，铭牌上的一次电压是工厂动力电（一般为 220 V 或 380 V）电压，频率 50 Hz，弧焊电源将其降压至既保证电弧容易引燃，又便于焊工安全操作的低电压，即二次输出电压（也称空载电压），我国有关标准规定：弧焊整流器空载电压一般在 90 V 以下；弧焊变压器空载电压一般在 80 V 以下。

② 负载持续率。在焊条电弧焊过程中，经历了从引燃电弧开始焊接，直至一根焊条熔焊结束进行熄弧的全部时间为弧焊电源负载时间，接下来清理熔渣和更换焊条，再重新引弧的整个过程为一个工作周期。铭牌上的负载持续率就是指弧焊电源负载时间在这个工作周期的时间内所占的百分率，用 FS 来表示。负载持续率也称暂载率，可用公式表示如下：

$$FS = t/T$$

式中：FS——负载持续率；
  　　t——弧焊电源负载时间；
  　　T——工作时间周期。

我国对 500 A 以下焊条电弧焊电源，工作时间周期定为 5 min，如果在 5 min 内负载的时间为 3 min，那么负载持续率即为 60%。有关标准规定，焊条电弧焊机的额定负载持续率为 60%，轻便型焊机的额定负载持续率可取 15%、25% 和 35%。实际工作时的负载持续率称为实际负载持续率。

③ 额定值，即是对焊接电源规定的使用限额，如额定电压、额定电流和额定功率等。按额定值使用弧焊电源，应是最经济合理、安全可靠的，既充分利用了设备，又保证了设备的正常使用寿命。超过额定值工作称为过载，严重过载将会使设备损坏。弧焊电源铭牌上规定的额定电流，就是指在规定的环境条件下，按额定负载持续率 FS 规定的负载状态工作，即符合标准规定的温升限度下所允许的输出电流值，也是在额定负载持续率工作允许使用的最大焊接电流。与额定焊接电流相对应的工作电压为额定工作电压。

3）弧焊电源的使用和维护常识

（1）使用前必须按产品说明书或有关国家标准对弧焊电源进行检查，并尽可能详细地了解基本原理，为正确使用建立一定的知识基础。

（2）使用焊机时，电源电压等有关技术参数，必须符合焊机铭牌上的规定，禁止超载使用焊机。弧焊电源接入电网时，网路电压必须与其一次侧电压相符，弧焊电源外壳必须接地或接零；弧焊电源接入电网后或进行焊接时，不得随意移动或打开机壳的顶盖。

（3）焊前要仔细检查各部分的接线是否正确，特别是焊接电缆的接头是否拧紧，以防过热或烧损；改变极性和调节焊接电流必须在空载或切断电源的情况下进行；严格按弧焊电源的额定焊接电流和负载持续率使用，不要使其在过载状态下运行。

（4）焊机不允许长时间短路，应特别注意不要使焊钳直接与工件接触而造成短路。焊机空载运转时，首先听其声音是否正常，再检查冷却风扇是否正常鼓风，旋转方向是否正确。

（5）工作完毕或临时离开工作现场，应及时切断焊机的电源。

（6）弧焊电源应放在通风良好又干燥的地方并保持平稳，不应靠近高热地区；机内要保持清洁，定期用压缩空气吹净灰尘，定期通电和检查维修。

（7）移动焊机时，应避免焊机的剧烈震动。

（8）应经常检查焊接电缆和接线板是否损坏，接线柱的螺母是否松动，导线的绝缘层是否完好，电流调节机构是否灵活、完好。

（9）要建立必要的严格管理、使用制度。

2. 焊条电弧焊常用的工具

1）焊钳

焊钳是用于夹持焊条，并把焊接电流传输至焊条进行焊接操作的工具。焊钳既是焊接设备的组成部分，又是焊条电弧焊的主要工具。市场销售的焊钳，有300 A 和 500 A 两种规格，如图 2-6 所示。

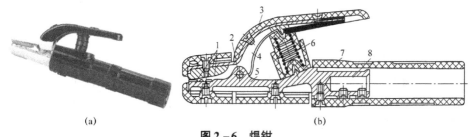

图 2-6 焊钳

（a）焊钳实物图 （b）焊钳结构图

1-钳口；2-固定销；3-弯臂罩壳；4-弯臂；
5-直销；6-弹簧；7-胶木手柄；8-焊接电缆固定处

2）焊接电缆线

焊接电缆线是二次回路中用于传导焊机和焊钳之间焊接电流的导线，如图 2-7 所示。

图 2-7 焊接电缆线

焊接电缆要避免砸伤和烧伤，若有破损应及时修补完好。焊接电缆横过道路时，应采取外加保护措施。焊接电缆采用多股细铜线电缆，其截面的选用应根据所用的焊接电流最大值和焊接电缆需要的长度来确定。

3）接地夹钳

接地夹钳是焊接导线或接地电缆接到工件上的一种器具。接地夹钳必须能形成牢固的连接，又能快速且容易地夹到工件上。对于低负载率来说，弹簧夹钳比较合适。使用大电流时需要螺丝夹钳，以便夹钳不过热并形成良好的连接。接地夹钳的形状如图 2-8 所示。

图 2-8　接地夹钳

4）管焊对口钳

焊接管子对接焊缝时，若采用管焊对口钳进行装配，可保证同轴度，焊完定位焊缝后，拆下管焊对口钳即可进行焊接。常用的管焊对口钳如图 2-9 所示，适用于 $\phi15 \sim \phi108$ mm 管子的对接。

图 2-9　管焊对口钳

5）快速接头

快速接头是一种快速方便地连接焊接电缆与焊接电源的装置，其主体采用导电性好并具有一定强度的黄铜加工而成，外套采用氯丁橡胶。具有轻便适用、接触电阻小、无局部过热、操作简单、连接快、拆卸方便等特点，如图 2-10 所示。

图 2-10　快速接头

6）防护用品

（1）面罩和护目镜。面罩是防止焊接弧光、飞溅、高温对焊工面部及颈部灼伤的一种工具。要求选用耐燃或不燃的绝缘材料制成，罩体应遮住焊工的整个面部，结构牢固，不漏光。面罩一般分为手持式和头盔式两种，如图2-11所示。

面罩正面开有长方形孔，内部安装有护目滤光片，即护目镜，起减弱弧光强度、过滤红外线和紫外线以保护焊工眼睛的作用，颜色以墨绿色和橙色为多。护目镜按亮度的深浅不同分为6个型号（7～12号），号数越大，色泽越深，焊条电弧焊一般选用7号或8号为宜。在护目镜片外侧，应加一块尺寸相同的一般玻璃，以防止护目镜被金属飞溅污损。使用面罩护目镜也给焊工操作带来了不便，目前，应用现代微电子和光控技术研制而成的光控面罩（图2-12），在弧光产生的瞬间自动变暗，在弧光熄灭的瞬间自动变亮，非常便于焊工的操作。

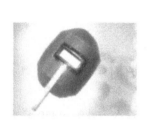

图2-11　焊工手持式面罩

图2-12　光控头盔式面罩

（2）焊工手套、劳保鞋、工作服和平光眼镜。焊工手套、绝缘胶鞋和工作服是防止弧光、火花灼伤和防止触电所必须穿戴的劳动保护用品，平光眼镜是清渣时防止熔渣损伤眼睛佩戴的，如图2-13所示。

图2-13　焊工防护用品

7) 辅助工具

(1) 常用焊接手工工具，有清渣用的敲渣锤、錾子、钢丝刷、锤子、钢丝钳、夹持钳等，以及用于修整焊接接头和坡口钝边用的锉刀、角磨机等，如图 2-14 所示。

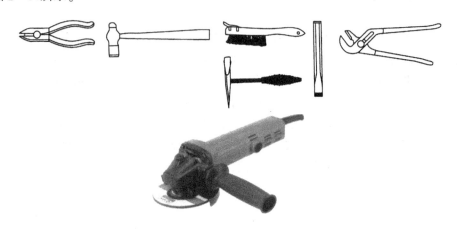

图 2-14 焊接手工工具

(2) 焊条保温筒，是盛装已烘干的焊条，且能保持一定温度以防止焊条受潮的一种筒形容器，有立式和卧式两种，如图 2-15 所示，内装焊条 2.5~5 kg。通常是利用弧焊电源一次电压对筒内加热，温度一般在 100 ℃~450 ℃ 之间。

使用低氢型焊条焊接重要结构时，焊条必须先进烘箱焙烘，烘干温度和保温时间因材料和季节而异。焊条从烘箱内取出后，应贮存在焊条保温筒内，焊工可随身携带到现场，随用随取。

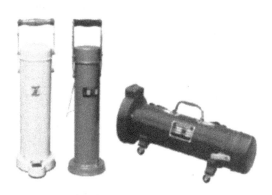

图 2-15 焊条保温筒

四、焊接安全文明生产知识及焊接劳动保护

在焊接过程中，焊工要与电、可燃及易爆的气体、易燃的液体、压力容器等接触，有时还要在高处、水下、容器设备内部等特殊环境中作业；而焊接过程中还会产生有害气体、烟尘、电弧光的辐射、焊接热源（电弧、气体火焰）的高温及高频磁场、噪声和射线等一些污染。如果焊工不熟悉相应的安全操作规程，不注意污染控制，不重视劳动保护，就可能引起触电、灼伤、火灾、爆炸、中毒、窒息等事故，这不仅会给国家造成经济损失，而且直接影响焊工及其他工作人员的人身安全。因此，必须高度重视焊接安全和文明生产，采取必要的措施防患于未然，对有害因素采取的防护措施即为劳动保护。

1. 预防触电的安全知识

在电弧焊时，作业人员接触电的机会多，如更换焊条，移动或调节焊接设备、焊钳、电缆等时。在进行焊条电弧焊时，若绝缘防护不好或违反安全操作规程，则容易发生触电伤亡事故，特别是在潮湿情况下、梅雨季节、夏季或在狭窄的空间内焊接时。因此，预防焊接时发生的触电事故，对保护工作人员的安全具有十分重要的意义。

1）触电原因

触电是指人体触及带电体，导致电流通过人体的电气事故。触电可以分为直接触电和间接触电。

（1）直接触电，即直接触及焊接设备或靠近高压电网及电气设备而发生的触电。焊工发生直接触电的原因：

① 更换焊条、电极和焊接过程中，焊工赤手或身体接触到焊条、焊钳或焊枪的带电部分，而脚或身体其他部位与地或焊件之间无绝缘防护。

② 当焊工在金属容器、管道、锅炉、船舱或金属结构内部施工时，没有绝缘防护或绝缘防护用品不合格。

③ 当焊工或辅助人员身体大量出汗，或在阴雨天中焊接施工，或在潮湿地方进行焊接作业时，没有绝缘防护用品或绝缘防护用品不合格而导致触电事故发生。

④ 在带电接线、调节焊接电流或带电移动焊接设备时，容易发生触电事故。

⑤ 登高焊接作业时，身体触及低压线路或靠近高压电网而引起的触电事故。

（2）间接触电，即触及意外带电体所发生的触电。意外带电体是指正常情况下本该不带电，由于绝缘损坏或电气设备发生故障而带电的导体。焊工发生间接触电的原因：

① 焊接设备的绝缘意外烧损或机械损伤。

② 焊机的相线及零线错接，使外壳带电。

③ 焊接过程中，人体触及绝缘破损的电缆、胶木电闸带电部分等。

④ 由于利用厂房的金属结构、轨道、管道、天车吊钩或其他金属材料拼接件，作为焊接回路而发生的触电事故

2）电流对人体的危害

电流对人体的危害形式有电击、电伤和电磁场生理伤害。电击是指电流通过

人体内部时，会破坏人的心脏、肺部以及神经系统的正常功能，使人出现痉挛、呼吸窒息、心颤、心脏骤停以至危及人的生命。电伤是指电流的热效应、化学效应或机械效应对人体的伤害，主要是直接或间接的电弧烧伤、熔化金属溅出烫伤等。电磁场生理伤害是指在高频电磁场的作用下，使人呈现头晕、乏力、记忆力减退、失眠和多梦等神经系统失调的症状。绝大部分触电死亡事故都是由电击造成的。

3）影响电击严重程度的因素

影响电击严重程度的因素主要有：流经人体的电流强度；电流通过人体的持续时间；电流通过人体的途径；电流的频率；人体的健康状况等。

（1）流经人体的电流强度。流经人体的电流强度越大，引起心室颤动所需的时间越短，致命危险性越大。因此，在有防止触电保护装置的前提下，人体允许电流一般按 30 mA 考虑。通过人体的电流强度的大小取决于外加电压和人体电阻。当皮肤潮湿多汗、带有导电粉尘、加大与带电体的接触面积和压力、皮肤破损时，人体的电阻都会下降。由于人体电阻的不确定性，流经人体的电流强度不可能事先计算出来，为确定安全条件，不按安全电流而以安全电压来估计。对于比较干燥而触电危险性较大的环境，安全电压为 30~45 V，我国规定安全电压为 36 V；对于潮湿而触电危险性较大的环境，安全电压为 19.5 V，我国规定安全电压为 12 V；对于水下或其他由于触电会导致严重事故的环境，安全电压为 3.25 V，国际电工标准会议规定为 2.5 V 以下。

（2）电流通过人体的持续时间。电流通过人体的持续时间越长，触电危险性越大。人的心脏每收缩扩张一次，中间有 0.1 s 的间歇时间，在 0.1 s 的间歇时间里，心脏对电流最为敏感，如果通过电流的持续时间超过 1 s，则必然与心脏的间歇时间重合，从而引起心室颤动，造成触电事故。另一方面，电流通过人体的时间越长，人体电阻由于出汗等原因而降低，触电危险性越大。

（3）电流通过人体的途径。手到脚是电流通过人体的危险途径，因为从手到脚电流通过心脏、肺部、中枢神经系统，电击危险性最大。其次是手到手的电流途径，再其次是脚到脚的电流途径。

（4）电流的频率。电流的频率不同，对人体的伤害程度也不同。通常采用的工频电流对人体的伤害最大。频率偏离这个范围，则电流对人体的伤害减小，如频率在 1 000 Hz 以上时，伤害程度明显减轻。但高压高频电的危险性还是很大的，如 6~10 kV，500 Hz 的设备也有电击致死的危险。

（5）人体的健康状况。不同的身体状况及精神状态对于触电伤害承受的程度是不同的。患有心脏病、结核病、精神病及内分泌器官疾病及醉酒的人，触电引起的伤害程度更加严重。

4）触电的预防和急救知识

（1）弧焊设备的外壳必须接零或接地，而且接线应牢靠，以免由于漏电而造成触电事故。

（2）弧焊设备的初级接线、修理和检查应由电工进行，焊工不可私自随便拆修，次极接线由焊工进行连接。

（3）推拉电源闸刀时，应戴好干燥的皮手套，面部不要对着闸刀，以免产生电弧火花而灼伤脸部。

（4）焊钳应有可靠的绝缘，中断工作时，焊钳应放在安全的地方，防止焊钳与焊件之间产生短路而烧坏焊机。

（5）焊工的工作服、手套、绝缘鞋应保持干燥。

（6）在容器或船舱内或其他狭小的工作场所焊接时，须两人轮换操作，其中一人留守在外面监护，以防发生意外时，立即切断电源。

（7）在潮湿的地方，应用干燥的木板或橡胶片等绝缘物作垫板。

（8）在光线暗的地方、容器内操作或夜间工作时，使用的工作照明灯的电压应不大于 36 伏。

（9）更换焊条时，不仅应带好手套，而且应避免身体与焊件接触。

（10）焊接电缆必须有完整的绝缘，不可将电缆放在焊接电弧的附近或炙热的焊缝金属上避免高温而烧坏绝缘层；同时也要避免碰撞磨损，焊接电缆如有破损应立即进行修理或调换。

（11）遇到焊工触电时，切不可用赤手去拉触电者，应先迅速将电源切断，如果切断电源后触电者呈昏迷状态，应立即施行人工呼吸，直至送到医院为止。

（12）焊工要熟悉和掌握有关电的基本知识，预防触电及触电后急救的方法等知识，严格遵守有关部门规定的安全措施，防止触电事故发生。

2. 预防火灾和爆炸的安全知识

焊接操作时需要与可燃、易爆物质和压力容器接触，同时又使用明火，因此存在着发生火灾和爆炸的危险性。焊接作业时，火灾和爆炸的主要对象为焊接设备、生产检修中的焊接动火对象、动火点周围的易燃、易爆物品等，为防止火灾及爆炸事故的发生，必须采取以下安全措施：

（1）焊接前要检查工作场地周围是否有易燃、易爆物品（如棉纱、油漆、汽油、煤油、木屑等），如有这些物品应搬离工作点 5 米以外。

（2）在高空作业时更应注意防止金属飞溅物而引起的火灾。

（3）严禁在有压力的容器和管道上进行焊接。

（4）焊补储存过易燃物的容器（如汽油箱等）时，焊前必须将容器内的介质放净，并用碱水清洗内壁，再用压缩空气吹干，应将所有的孔盖完全打开，确认安全可靠方可焊接。

（5）在进入容器内工作时，焊、割炬应随焊工同时进出，严禁将焊、割炬放在容器内而焊工擅自离去，以防混合气体燃烧和爆炸。

（6）焊条头及焊后的焊件不能随便乱扔，以免发生火灾。

(7) 每天下班时应检查工作场地附近是否有引起火灾的隐患，如确认安全才可离开。

3. 预防有害气体和烟尘中毒的安全知识

金属烟尘是电弧焊的一种主要有害物质，其主要成分是铁、硅、锰等，其中主要有毒物是锰。此外，在焊接电弧的高温和强烈的紫外线作用下，在弧焊区周围形成臭氧、氮氧化合物、一氧化碳和氟化氢等有毒气体。其主要防护措施为：排除烟尘、有毒气体和采取通风技术措施。必要时应戴静电口罩、甚至戴上防毒面具，可过滤、隔离烟尘和阻止有毒气体的侵入。对焊接作业场所一般要求如下：

(1) 采用车间整体通风或焊接工位局部通风，排除焊接中产生的烟尘和有毒气体等。

(2) 焊接有色金属时，要注意采用高效率局部排除烟尘设备。

(3) 在容器或双层底舱等狭小的地方焊接时，应注意通风排气工作，通风应用压缩空气，严禁使用氧气。

(4) 合理组织劳动布局，避免多名焊工拥挤在一起操作。

(5) 尽量扩大埋弧焊、焊接机器人等自动化焊接的使用范围，以代替手工焊。

4. 预防弧光辐射的安全知识

焊接作业时，接触的电弧光主要产生可见光、红外线、紫外线三种辐射。过强的可见光耀眼炫目；眼部受到红外线辐射时，会感到强烈的灼伤和灼痛，发生闪光幻觉；紫外线对眼睛和皮肤有较大的刺激性，能引起电光性眼炎。电光性眼炎也称为晃眼，是由于受到紫外线过度照射所引起的眼结膜、角膜的损伤。主要症状是两眼突发烧灼感和剧痛，伴畏光，流泪，眼睑痉挛，头痛，眼睑及面部皮肤潮红和灼痛感，眼睑部结膜充血、水肿，通常潜伏期6~8小时。电光性眼炎经治愈后一般不会留下任何后遗症。皮肤受到紫外线辐射时，先是痒、发红、触痛，以后变黑、脱皮。如果工作时注意防护，以上症状是可以避免的。焊接作业时，应采取以下措施预防弧光辐射：

(1) 焊工进行焊接作业时，应穿戴符合要求的作业服、鞋帽、手套、鞋盖等，以防弧光辐射和飞溅烫伤。

(2) 焊工进行焊接作业时，必须使用手持式或头盔式面罩遮挡面部，防止眼睛和皮肤受到弧光辐射的伤害。面罩应轻便、不易燃、不导电、不导热和不漏光。

(3) 在夜间工作时，焊接场所应有良好的照明，否则由于光线亮度反复剧烈变化，会引起焊工的眼睛疲劳。

(4) 操作引弧时，焊工应该注意周围工人，以免强烈弧光伤害他人的眼睛。

(5) 在厂房内和人多的区域进行焊接时，尽可能地使用屏风板，避免周围人受弧光伤害。

(6) 重力焊或装配定位焊时，要特别注意弧光的伤害，因此要求焊工或装配工应戴防光眼镜。

(7) 一旦发生弧光灼伤眼睛或电光性眼炎，应及时到医院就医，也可用人奶或牛奶每隔 1~2 min 向眼内滴一次，连续滴 4~5 次就可止泪；或用黄瓜片、土豆片等凉物盖在眼上，闭目休息 20 min，也可减轻症状。

5. 劳动保护知识

焊接劳动保护就是指为保障职工在劳动过程中的安全和健康而采取的一些相应措施。焊接劳动保护应贯穿于焊接工作的各个环节。针对劳动保护采取的措施很多，但主要应从以下几方面着手：

1) 改进工艺

提高焊接机械化、自动化程度；推广采用单面焊双面成形工艺；采用水槽式等离子弧切割台或水射流切割技术；用无污染或污染较少的焊接方法（如埋弧焊和电阻焊）来代替污染较严重的焊接方法（如焊条电弧焊、二氧化碳气体保护焊、氩弧焊和等离子弧焊等），这些方法对消除或减少污染，避免或减轻职业危害都是十分有利的。

2) 改变焊条

焊条电弧焊产生的烟尘和有害气体都来自焊条的药皮，即焊条药皮是该焊接方法的污染源。因而，改变焊条、减少发尘量和烟尘中致毒物质的含量应从焊条药皮着手，这对减少或消除焊接污染，提高劳动保护是有直接意义的。例如，用低锰焊条代替高锰焊条，可减少烟尘中致毒物质（锰）的含量；采用低尘、低毒的碱性焊条代替普通焊条，可减少总发尘量和烟尘中致毒物质的含量。

3) 实行密闭化生产

所谓密闭化生产，就是将污染源控制在一定的空间里，不让污染物向周围散发，从而起到劳动保护的作用。例如，可将等离子弧堆焊工艺置于密闭罩内进行，防止任意散发，再通过排风除尘系统进行妥善处理。

4) 使用个人防护用品

在焊接过程中，焊接操作人员必须穿戴个人防护用品，例如工作服、工作帽、电焊面罩（或送风头盔）、护目镜、电焊手套、专用口罩、绝缘鞋及套袖等。进行高空焊接作业时，还需要戴安全帽、安全带等。所有的安全防护用品必须符合国家标准。焊接操作人员要正确使用这些防护用品，不得随意穿戴，这也是加强焊工自我防护、加强焊接劳动保护的主要措施。

5) 采用通风除尘系统

在焊接过程中，焊接烟尘和有害气体是危害焊工健康的主要因素之一。因此，切实地做好施焊现场的通风除尘是焊接劳动保护的极为重要的内容。焊接的通风除尘是通过通风系统向车间送入新鲜空气，或将作业区域内的有害烟尘排出，从而降低作业区域空气中的烟尘及有害气体的浓度，使其符合国家卫生标准，进而达到改善作业环境、保护焊工健康的目的。

6. 焊接安全检查

焊工在操作时，除加强个人防护外，还必须严格执行焊接安全操作规程，掌握安全用电、防火、防爆常识，最大限度地避免安全事故的发生。

1）焊接场地、设备的安全检查

（1）焊接工作前，应事先检查焊机、设备和工具是否安全可靠，如焊机外壳的接地、焊机各接线点接触是否良好、焊接电缆的绝缘有无损坏等。

（2）改变焊机接头、更换焊件需要改接二次回路时，转移工作地点、更换熔体以及焊机发生故障需要检修时，必须在切断电源后才能进行。焊工推拉刀开关时，必须戴绝缘手套，同时头部应偏斜，以防电弧灼伤脸部。

（3）更换焊条时，焊工所戴手套必须干燥、绝缘可靠。电弧电压较高或在潮湿环境操作时，应用绝缘橡胶衬垫确保焊工与焊件绝缘。夏天焊工身体容易出汗，衣服潮湿，故要求其不得靠在焊件、工作台上，以防触电。

（4）检查焊割场地周围 10 m 范围内的各类可燃易爆物品是否清除干净，如不能清除干净，则应采取可靠的安全措施，可用水喷湿或用防火盖板、湿麻袋、石棉布等将其覆盖。

（5）在金属容器内或狭小工作场地焊接时，焊工必须采用绝缘橡胶衬垫、穿绝缘鞋、戴绝缘手套，以确保焊工身体与带电体绝缘。并要有良好的通风和照明及防火降温措施，需有两人轮换工作，互相照顾，或请他人监护，便于随时注意焊工的安全动态。

（6）室内作业时，应检查室内通风是否良好。多点焊接作业或与其他工种混合作业时，在各工位间应设防护屏。

（7）室外作业现场要检查以下内容：登高（2 m 以上）作业现场是否符合高空作业安全要求；在地沟、坑道、检查井、管段和半封闭地段等处作业时，应严格检查有无火灾、爆炸和中毒危险；对附近敞开的孔洞和地沟，应用石棉板盖严，以防止火花进入。

（8）对于带有电流、压力的导管、设备、器具等在未断电、泄压前，严禁进行焊、割作业。

（9）焊工不了解焊、割现场周围情况时，不得盲目焊接；焊工不了解焊、割件内部是否安全，在焊、割件内部未经彻底清洗时，不能进行焊、割作业。对盛装过可燃气体、液体有毒物质的各种容器，未做清洗，禁止进行焊、割作业。

2）工夹具的安全检查

为了保证焊工安全，在焊接前应对所使用的工具、夹具进行检查。

(1) 焊钳。焊接前应检查焊钳与焊接电缆接头处是否牢固。如果两者接触不牢靠，焊接时将影响电流的传导，甚至会打火花，造成焊钳发热、变烫，影响焊工的操作。

(2) 面罩和护目镜片。主要检查面罩和护目镜是否遮挡严密，有无漏光现象。

(3) 角向磨光机。要检查砂轮的转动是否正常，有没有漏电现象；砂轮片是否已经紧固牢靠，是否有裂纹、破损；防护罩是否完好，无防护罩的一面不得对准自己或有他人作业的场所，杜绝使用过程中砂轮碎片飞出伤人。

(4) 锤子要检查锤头是否松动，避免在打击中锤头甩出伤人。

(5) 扁铲、錾子。应检查其边缘有无毛刺、裂痕，若有，应及时清除，防止使用中碎块飞出伤人。

7. 安全文明实习要求

(1) 参加实训的学生一律穿工作服进入实训中心；

(2) 在进行实习时禁止进入与该课题无关的场所；

(3) 实习时要集中精神，不准嬉笑、打闹；

(4) 使用一切设备、工具，必须遵守其安全操作规程，并要爱护使用；

(5) 实习场所、工位、教室、通道应始终保持整洁，做到文明实习。

【计划】

在教师的指导下对学习情境任务书的要求进行分析，分析任务的特点，完成任务所需的理论知识、材料、工具、设备，根据学习情境任务书的要求由各学习小组成员在充分交流、讨论的基础上制订学习计划，交由指导教师审查，修改后形成最终计划，按计划实施。

【实施】

1. 通过查找资料，获取有关焊条电弧焊知识。
2. 正确穿戴防护用品，进行安全文明实训。
3. 向小组成员介绍焊条电弧焊所用的设备、工具的工作原理、技术参数及操作方法。
4. 向小组成员介绍给定焊条的组成、规格、类型、型号、牌号的含义。
5. 连接焊接设备及工具，形成焊接回路。
6. 派代表向全体同学展示成果，小组之间进行交流、讨论。

【学生学习工作页】

任务完成后，上交学生学习工作页。

学生学习工作页

班级		姓名		分组号		日期	
任务名称							

你可能需要获得以下资讯才能更好地完成任务

1. 用_____操纵焊条进行焊接的电弧焊方法，称为焊条电弧焊，其焊接回路由_____、_____、_____、_____和_____组成。

2. 焊条是_____，由_____和_____组成的，在焊条前端药皮有45°左右的倒角是为了_____，在尾部有一段裸焊芯，约为_____，作用是_____。

3. 焊芯有两个作用，一是_____，二是_____。

4. 在焊芯牌号 H08A 中的 H 表示_____，08 表示_____，A 表示_____。

5. 焊条型号 E4303 中的 E 表示_____，43 表示_____；0 表示_____，03 连在一起表示_____；这种焊条的牌号为_____。

6. E5015 焊条的药皮是_____型，其主要成分是_____和_____，其电源应选用_____。E5016 焊条的药皮属于_____型，它是在 E5015 焊条药皮基础上加入了_____，故其使用的电源既可用_____又可用_____。

7. 焊机型号 BX3－300 中的 B 表示_____，X 表示_____，3 表示_____，300 表示_____。

8. 焊机型号 ZXG－300 中的 Z 表示_____，X 表示_____，G 表示_____，300 表示_____。

9. 你所在的工位使用弧焊电源的型号是_____，调节焊接参数的开关有_____。工具有_____。

10. 焊接实训教室采用的通风方式是_____。

11. 实训时防止弧光辐射的方法是_____。

12. 实训时安全文明要求有_____。

制订你的任务计划并实施

1. 写出完成任务的步骤。
2. 小组成员向本组同学介绍所在工位的焊条、焊接设备及工具的型号的含义及使用方法。
3. 画出焊接回路连接图。

任务完成了，仔细检查，客观评价，及时反馈

1. 向小组成员介绍所在工位的焊条、焊接设备及工具的型号的含义及使用方法，按评分标准小组成员进行自检、互检进行评分，成绩为_____。
2. 各组派代表向全体同学介绍所在工位的焊条、焊接设备及工具的型号的含义及使用方法，请他们为试件评分，成绩为_____。
3. 其他组成员给你们提出哪些意见或建议，请记录在下面：

【总结与评价】

按项目评分标准进行检查。由学生自检、互检及教师检查。项目评分标准见表 2-9。

表 2-9 评分标准

项目	序号	实训要求	配分	评分标准	得分
	1	接受任务情况	10	工作任务明确,制订可行的任务计划	
	2	任务完成情况	50	按要求完成任务	
	3	基础知识掌握情况	10	按理论测试成绩	
	4	学习态度与能力	10	能独立解决问题或提出较好的见解	
	5	团队合作能力	10	自评、互评、教师评定相结合	
	6	安全文明生产	10	自评、互评、教师评定相结合	
		总分	100	总得分	

注:学习态度与安全生产不及格者,本项目不及格。

任务 2　引弧实训

【学习任务】

学习情境工作任务书

工作任务	引弧实训	
试件图	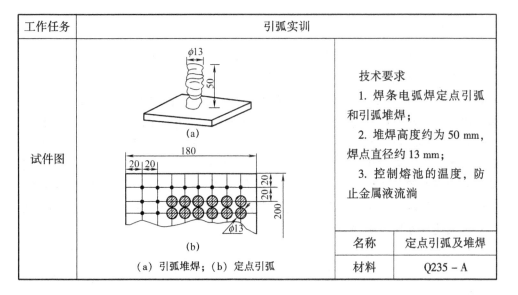 (a) 引弧堆焊;(b) 定点引弧	技术要求 1. 焊条电弧焊定点引弧和引弧堆焊; 2. 堆焊高度约为 50 mm,焊点直径约 13 mm; 3. 控制熔池的温度,防止金属液流淌
		名称　定点引弧及堆焊
		材料　Q235-A

续表

工作任务	引弧实训		
任务要求	1. 认识焊接电弧的实质、产生条件及特性； 2. 按实训任务技术要求在焊件上进行定点引弧和引弧堆焊操作； 3. 比较酸性焊条和碱性焊条的焊接工艺性能		
教学目标	能力目标	知识目标	素质目标
	1. 能够进行安全文明生产； 2. 能够熟练用焊条进行引弧操作； 3. 能够处理引弧过程中的出现的问题	1. 了解焊接电弧的概念、实质，掌握焊接电弧产生条件及特性； 2. 了解焊接电弧的稳定性的影响因素，掌握保持电弧稳定燃烧的方法； 3. 掌握接触法引弧原理及方法； 4. 酸性焊条和碱性焊条的焊接工艺性能	1. 培养学生吃苦耐劳能力； 2. 培养工作认真负责、踏实细致的意识； 3. 培养学生劳动保护意识； 4. 树立团队合作能力； 5. 培养学生的语言表达能力，增强责任心、自信心

【知识准备】

一、焊接电弧的概念

在日常生活中经常会看到电弧，例如当我们拉合电源刀开关时往往会产生明亮的火花，这就是产生了电弧。焊接时，将焊条或焊丝与焊件接触后很快拉开，在焊条端部和焊件之间也会产生明亮的电弧，前者为普通电弧，后者为焊接电弧。电弧是一种气体放电现象，它是带电粒子通过两电极之间气体空间的一种导电过程。焊接电弧与普通电弧的区别在于：焊接电弧能连续持久地产生强烈的光和大量的热量。因此我们可以说：由焊接电源供给的，具有一定电压的两电极间或电极与母材间，在气体介质中产生的强烈而持久的放电现象，称为焊接电弧，如图2-16所示。电弧焊就是依靠焊接电弧把电能转变为焊接过程所需的热能来熔化金属达到连接金属的目的。

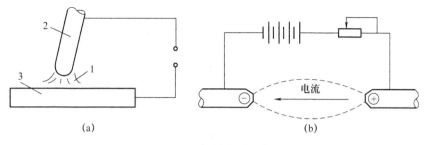

图 2-16 焊接电弧示意图
(a) 焊条与焊件之间的电弧；(b) 两电极间的电弧
1-电弧；2-焊条；3-焊件

二、焊接电弧产生的条件

焊接电弧是一种气体放电现象，它是带电粒子通过两电极或电极与母材间气体空间的一种导电过程。一般情况下，气体是良好的绝缘体，其分子和原子都处于电中性状态，要使两电极之间的气体导电，必须具备两个基本条件：①两电极之间有带电粒子；②两电极之间有电场。因此，如能采用一定的物理方法，改变两电极间气体粒子的电中性状态，使之产生带电荷的粒子，则这些带电粒子在电场的作用下运动，即形成电流，使两电极之间的气体空间成为导体，从而产生了气体放电。而获得带电粒子的方法就是气体电离和阴极电子发射，因此，气体电离和阴极电子发射是焊接电弧产生和维持的必要条件。

1）气体电离

气体是由原子（或分子）组成的，原子（或分子）在常态下呈中性。如果气体中的原子（或分子）从外面获得足够的能量，原子（或分子）中的电子就能脱离原子核的引力而成为自由电子，这时的原子（或分子）由于失去电子而成为正离子。这种使中性的气体原子（或分子）分离成正离子和自由电子的过程称为气体电离。

使中性气体粒子电离所需的最小外加能量称为电离能（或电离功、电离电位）。电离能越大，气体就越难电离。

部分元素电离能大小递增次序为：

K、Na、Ba、Ca、Cr、Ti、Mn、Fe、Si、H、O、N、Ar、F、He

在焊接电弧中，使气体介质电离的形式主要有热电离、电场作用下的电离、光电离3种。

(1) 热电离：高温下，气体原子（或分子）受热的作用而产生的电离称为热电离。温度越高，热电离作用越大。

(2) 电场作用下的电离：带电粒子在电场的作用下，做定向高速运动，产生较大的动能，当与中性原子（或分子）相碰撞时，就把能量传给中性原子（或分子），使该原子（或分子）产生电离。如两电极间的电压越高，电场作用越强，则电离作用越强烈。

（3）光电离：气体原子（或分子）在光辐射的作用下产生的电离，称为光电离。

由此可见，在含有易电离的 K、Na 等元素的气氛中，电弧引燃较容易，而在含有难电离的 Ar、He 等元素的气氛中，则电弧引燃就比较困难。因此，为提高电弧燃烧的稳定性，常在焊接材料中加入一些含电离能较低易电离的元素的物质如水玻璃、大理石等就是基于这个道理。

2）阴极电子发射

阴极金属表面的原子或分子，接收外界的能量而连续地向外发射出电子的现象，称为阴极电子发射。

一般情况下，电子是不能自由离开金属表面向外发射的，要使电子逸出电极金属表面而产生电子发射，就必须加给电子一定的能量，使它克服电极金属内部正电荷对它的静电引力。电子从阴极金属表面逸出所需要的能量称为逸出功。逸出功越小，阴极发射电子就越容易。

部分元素的电子逸出功大小递增次序为：K、Na、Ca、Mg、Ti、Mn、Fe、Al、C。

焊接时，根据所吸收的能量的不同，阴极电子发射主要有热发射，电场发射，撞击发射等。阴极发射电子后，又从焊接电源获得新的电子。

（1）热发射：焊接时，阴极表面温度很高，阴极中的电子运动速度很快，当电子的动能大于阴极内部正电荷的吸引力时，电子即冲出阴极表面产生热发射。温度越高，则热发射作用越强烈。

（2）电场发射：在强电场的作用下，由于电场对阴极表面电子的吸引力，电子可以获得足够的动能，从阴极表面发射出来。当两电极的电压越高，金属的逸出功越小，则电场发射作用越大。

（3）撞击发射：当运动速度较高，能量较大的正离子撞击阴极表面时，将能量传递给阴极而产生电子发射现象，叫做撞击发射。如果电场强度越大，在电场的作用下正离子的运动速度也越快，则产生的撞击发射作用也越强烈。

三、焊接电弧的引燃

把造成两电极间气体发生电离和阴极发射电子而引起电弧燃烧的过程称为焊接电弧的引燃（引弧）。焊接电弧的引燃有接触引弧和非接触引弧两种方式。

1）接触引弧

弧焊电源接通后，将电极（焊条或焊丝）与工件直接短路接触并随后拉开而引燃电弧的方法称为接触引弧。接触引弧是一种最常用的引弧方法。

当电极与工件短路接触时，由于电极和工件表面都不是绝对平整的，所以只是在少数突出点上接触，如图 2–17 所示。通过这些点的短路电流比正常的焊接电流要大得多，这就产生了大量的电阻热，使接触部分的金属温度剧烈地升高而熔化，甚至气化，产生热电离和热发射。随后在拉开电极瞬间，由于电弧间隙极小，使其电场强度达到很大数值，在电场的作用下使气体强烈电离及阴极发射电子，从而引燃电弧。

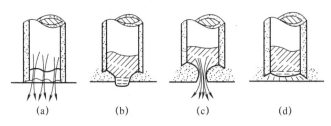

图 2-17　接触引弧过程示意图

接触引弧主要应用于焊条电弧焊、埋弧焊、熔化极气体保护焊等。

2）非接触引弧

电极与工件之间不直接接触，保持一定间隙，在电极和工件之间施以高电压击穿空气使电弧引燃的方法称为非接触引弧。非接触引弧主要应用于钨极氩弧焊和等离子弧焊。由于引弧时电极无需和工件接触，这样不仅不会污染工件上的引弧点，而且也不会损坏电极端部的几何形状，有利于电弧稳定的燃烧。

非接触引弧需利用引弧器才能实现。根据工作原理不同非接触引弧可分为高压脉冲引弧和高频高压引弧。高压脉冲引弧需高压脉冲发生器，频率一般为 50~100 Hz，电压峰值为 3~10 kV。高频高压引弧需用高频振荡器，频率一般为 150~260 Hz，电压峰值为 2~3 kV。

4. 焊接电弧的构造及温度分布

1）焊接电弧的构造

焊接电弧按其构造可分为阴极区、阳极区和弧柱区三部分，如图 2-18 所示。

（1）阴极区，是电弧紧靠负电极的区域。阴极区很窄，为 $10^{-6} \sim 10^{-5}$ cm。阴极区的阴极表面有一个明亮的斑点，称为阴极斑点。阴极斑点是阴极表面上集中发射电子的区域。焊条电弧焊直流电弧时，阴极区的温度一般达到 2 130 ℃ ~ 3 230 ℃，放出的热量占 36% 左右。

（2）阳极区，是电弧紧靠正电极的区域。阳极区较阴极区宽，为 $10^{-3} \sim 10^{-4}$ cm。阳极区的阳极表面也有一个明亮的斑点，称为阳极斑点，阳极斑点是正电极表面上集中接收电子的区域。焊条电弧焊直流电弧时，阳极区的温度一般达 2 330 ℃ ~ 3 930 ℃，放出热量占 43% 左右。

（3）弧柱区，是电弧阴极区和阳极区之间的区域。由于阴极区和阳极区都很窄，弧柱的长度基本上等于电弧长度。弧柱区的温度与弧柱中气体介质和焊接电流大小等因素有关，焊接电流越大，弧柱中的电离度越大，弧柱温度也越高。

焊条电弧焊直流电弧时,弧柱中心温度可达 5 370 ℃ ~ 7 730 ℃,放出的热量占 21% 左右。

电弧各部分的温度分布受电弧产热特性的影响,电弧轴向组成的 3 个区域产热特性不同,温度分布也有较大区别,阴极区和阳极区的温度较低,弧柱温度较高,如图 2 – 19 所示。阴极、阳极的温度则根据焊接方法的不同有所差别,见表 2 – 10。

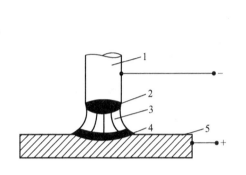

图 2 – 18　焊接电弧的构造

1 – 焊条;2 – 阴极区;3 – 弧柱区;

4 – 阳极区;5 – 焊件

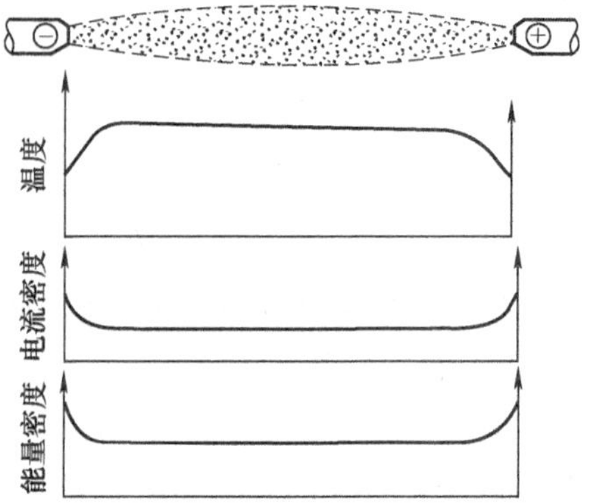

图 2 – 19　电弧轴向的温度分布

表 2 – 10　常用焊接方法阴极与阳极的温度比较

焊接方法	酸性焊条电弧焊	钨极氩弧焊	碱性焊条电弧焊	熔化极氩弧焊	CO_2 气体保护焊	埋弧焊
温度比较	阳极温度 > 阴极温度		阴极温度 > 阳极温度			

电弧径向温度分布的特点是:弧柱轴线温度最高,沿径向由中心至周围温度逐渐降低,如图 2 – 20 所示。

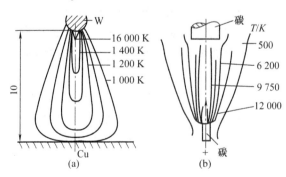

图 2 – 20　电弧径向温度分布图

直流电弧焊时,电弧阴、阳两级的温度不同,如果焊接时使用的是交流电源，因电流每秒钟正负变换达100次，所以两极温度基本一致。

（4）电弧电压。电弧两端（两电极）之间的电压降称为电弧电压。当弧长一定时，电弧电压分布如图2-21所示。电弧电压由阴极电压降U_k、弧柱电压降U_c、阳极电压降U_a组成。电弧这种不均匀的电压分布，说明电弧各区域的电阻是不同的，即电弧电阻是非线性的。弧柱区的电压与电弧长度成正比例变化。

5. 焊接电弧的静特性

在电极材料、气体介质和弧长一定的情况下，电弧稳定燃烧时，焊接电流与电弧电压变化的关系称为电弧静特性，表示它们关系的曲线叫做电弧静特性曲线，如图2-22所示。

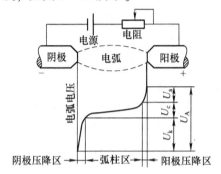

图2-21 电弧电压分布示意图

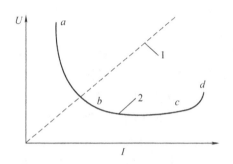

图2-22 电弧静特性曲线
1-普通电阻静特性；2-电弧静特性

焊接电弧是焊接回路中的动态负载，它与普通电路中的电阻不同，普通电阻的电阻值是常数，电阻两端的电压与通过的电流成正比，符合欧姆定律（$U=IR$），这种特性称为电阻静特性。如图中的曲线1所示。焊接电弧也是焊接回路中的负载但其电阻值不是常数，其电弧静特性曲线不遵循欧姆定律，不呈直线关系，而呈U形曲线关系。如图中的曲线2所示。

电弧静特性曲线分为三个不同的区域。当电流较小时（见图中的ab区），电弧静特性属下降特性区，即随着电流增加电压减小；当电流稍大时（见图中的bc区），电弧静特性属平特性区，即电流变化时，电压几乎不变；当电流较大时（见图中的cd区），电弧静特性属上升特性区，即随着电流增加电压增加；

电弧静特性曲线与电弧长度密切相关，当电弧电压增加时，电弧电压升高，其静特性曲线的位置也随之上升。

不同的焊接方法在一定的条件下，其静特性只是曲线的某一区域。焊条电弧焊、埋弧焊多半工作在静特性的平特性区；钨极氩弧焊、微束等离子弧焊、等离子弧焊也多半工作在平特性区，但当焊接电流较大时才工作在上升特性区；而熔化极氩弧焊、CO_2气体保护电弧焊和富氩气体保护电弧焊基本上工作在上升特性区。静特性的下降特性区由于电弧燃烧不稳定而很少采用。

6. 电弧的力学特性

在焊接过程中，电弧的机械能是以电弧力的形式表现出来的，电弧力不仅直接影响工件的熔深及熔滴过渡，而且也影响到熔池的搅拌、焊缝成形及金属飞溅等，因此，对电弧力的利用和控制将直接影响焊缝质量。电弧力主要包括电磁收缩力、等离子流力及斑点力等。

1) 电磁收缩力

由电工学可知，当电流流过相距不远的两根平行导线时，如果电流方向相同，则产生相互吸引力，这个力是由电磁场产生的，因而称为电磁力，如图 2-23 所示。它的大小与导线中流过的电流大小成正比，与两导线间的距离成反比。当电流流过导体时，电流可看成是由许多相距很近的平行同向电流线组成，这些电流线之间将产生相互吸引力，即为电磁收缩力。

电磁收缩力在电弧中首先表现为电弧内的径向压力，引起电弧直径收缩，可束缚弧柱的扩展，使弧柱能量更集中，并使电弧更具挺直性。另外，焊接电弧一般为锥形导体，电极端直径小，工件端直径大。由于不同直径处电磁收缩力的大小不同，直径小的一端收缩压力大，直径大的一端收缩压力小，因此将在电弧中产生压力差，形成由小直径端（电极端）指向大直径端（工件端）的电弧轴向推力称为电磁静压力，如图 2-24 所示。

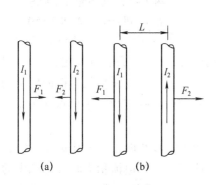

图 2-23 电磁收缩力

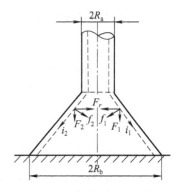

图 2-24 电磁静压力

由电弧自身磁场引起的电磁收缩力，在焊接过程中具有重要的工艺性能。它不仅使熔池下凹，同时也对熔池产生搅拌作用，有利于细化晶粒，排出气体及夹渣，形成碗状熔深焊缝形状，如图 2-25（a）所示，使焊缝的质量得到改善。另外，电磁收缩力形成的轴向推力可在熔化极电弧焊中促使熔滴过渡，并可束缚弧柱的扩展，使弧柱能量更集中，电弧更具挺直性。

2) 等离子流力

在轴向推力作用下，将把靠近电极处的高温气体推向工件方向流动。高温气体流动时要求从电极上方补充新的气体，形成有一定速度的连续气流进入电弧区。新加入的气体被加热和部分电离后，受轴向推力作用继续冲向工件，对熔池形成附加的压力。熔池这部分附加压力是由高温气流（等离子气流）的高速运动引起的，所以称为等离子流力，也称为电弧的电磁动压力，如图2-26所示。

等离子流力可增大电弧的挺直性，在熔化极电弧焊时促进熔滴轴向过渡，增大熔深并对熔池形成搅拌作用。电弧的电磁动压力形成指状熔深焊缝形状，如图2-25（b）所示。

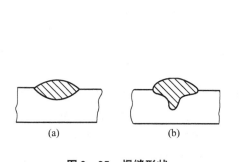

图2-25　焊缝形状
（a）碗状熔深；（b）指状熔深

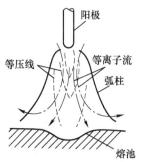

图2-26　等离子流力

3）斑点力

电极上斑点处受到带电粒子的撞击或金属蒸发的反作用而对斑点产生的压力，称为斑点压力或斑点力。阴极斑点力比阳极斑点力大。不论是阴极斑点力还是阳极斑点力，其方向总是与熔滴过渡方向相反，如图2-27所示。但由于阴极斑点力大于阳极斑点力，所以熔化极气体保护焊可通过采用直流反接减小对熔滴过渡的阻碍作用，减少飞溅。

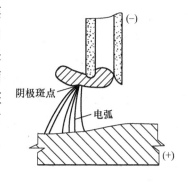

图2-27　斑点压力

7. 焊接电弧的稳定性

焊接电弧的稳定性是指电弧保持稳定燃烧（不产生断弧、飘移和偏吹等）的程度。电弧的稳定燃烧是保证焊接质量的一个重要因素，因此维持电弧的稳定性是非常重要的。电弧不稳定的原因除操作人员技术熟练程度不足外，还与下列因素有关。

1）焊接电源

（1）焊接电源的特性，它是指焊接电源以哪种形式向电弧供电。如焊接电源的特性符合电弧燃烧的要求，则电弧燃烧稳定；反之，则电弧燃烧不稳定。电弧焊时，电源必须提供一种能与电弧静特性相匹配的外特性才能保证电弧的稳定燃烧。

（2）焊接电源的种类，采用直流电源比采用交流电源焊接时，电弧燃烧稳定。

这是因为直流电弧没有方向的改变。而采用交流电源焊接时,电弧的极性是按工频(50 Hz)周期性变化的,就是每秒钟电弧的燃烧和熄灭要重复100次,电流和电压每时每刻都在变化,因此,交流电源焊接时电弧没有直流电源时稳定。

(3) 焊接电源的空载电压,具有较高空载电压的焊接电源不仅引弧容易,而且电弧燃烧也稳定。这是因为焊接电源的空载电压较高,电场作用强,场致电离及场致发射就强烈,所以电弧燃烧稳定。

2) 焊条药皮或焊剂

焊条药皮或焊剂是影响电弧稳定性的一个重要因素。焊条药皮或焊剂中有少量的低电离能的物质(如K、Na、Ca的氧化物),能增加电弧气氛中的带电粒子。酸性焊条药皮中的成形剂与造渣剂都含有云母、长石、水玻璃等低电离能的物质,因而能保证电弧的稳定燃烧。

当焊条药皮或焊剂中含有电离能比较高的氟化物(CaF_2)及氯化物(KCl、NaCl)时,它们较难电离,因而降低了电弧气氛的电离程度,使电弧燃烧不稳定。另外,焊条药皮偏心和焊条保存不好而造成药皮局部脱落等,使得焊接过程中电弧气体吹力在电弧周围分布不均,电弧稳定性也将下降。

3) 焊接电流

焊接电流越大,电弧的温度就越高,则电弧气氛中的电离程度和热发射作用就越强,电弧燃烧也就越稳定。通过实验测定电弧稳定性的结果表明:随着焊接电流的增大,电弧的引燃电压降低;同时,随着焊接电流的增大,自然断弧的最大弧长也增大。所以焊接电流越大,电弧燃烧越稳定。

4) 焊接电弧偏吹的影响

在正常情况下焊接时,电弧的中心轴线总是保持着沿焊条(丝)电极的轴线方向。即使当焊条(丝)与焊件有一定倾角时,电弧也跟着电极轴线的方向而改变,如图2-28所示。但在实际焊接时,由于气流的干扰、磁场的作用或焊条偏心的影响,会使电弧中心偏离电极轴线的方向的现象称为电弧偏吹。如图2-29所示为磁场作用引起的电弧偏吹。一旦发生电弧偏吹,电弧轴线就难以对准焊缝中心,从而影响焊缝成形和焊接质量。

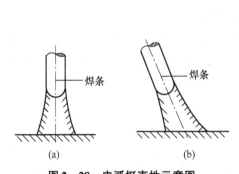

图2-28 电弧挺直性示意图
(a) 焊丝与工件垂直;(b) 焊丝与工件倾斜

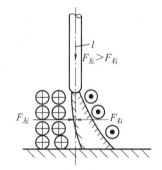

图2-29 电弧磁偏吹形成示意图

产生电弧偏吹的主要原因：

（1）焊条偏心过大产生的偏吹。焊条的偏心度是指焊条药皮沿焊芯直径方向偏心的程度。焊条偏心度过大，使焊条药皮厚薄不均匀，药皮较薄的一边比药皮较厚的一边熔化快，使电弧外露，因此焊条偏心产生的电弧偏吹偏向药皮较薄的一边。

（2）电弧周围气流产生的偏吹。电弧周围气体流动会把电弧吹向一侧而造成偏吹。造成电弧周围气体剧烈流动的因素很多，主要是大气中的气流和热对流的影响。如在露天大风中操作时，电弧偏吹状况很严重；在进行管子焊接时，由于空气在管子中流动速度较大，形成所谓"穿堂风"，使电弧发生偏吹；在开坡口的对接接头第一层焊缝的焊接时，如果接头间隙较大，在热对流的影响下也会使电弧发生偏吹。

（3）磁偏吹。直流电弧焊时，由于多种因素的影响，电弧周围磁力线均匀分布的状况被破坏，使电弧偏离焊丝（条）轴线方向，这种现象称为磁偏吹。一旦产生磁偏吹，电弧轴线就难以对准焊缝中心，导致焊缝成形不规则，影响焊接质量。

引起磁偏吹的根本原因是电弧周围磁场分布不均匀，致使电弧两侧产生的电磁力不同。焊接时引起磁力线分布不均匀的原因主要有：

① 导线接线位置。如图 2-30 所示，导线接在工件的一侧，焊接时电弧左侧的磁力线由两部分叠加组成：一部分由电流通过电弧产生；另一部分由电流通过工件产生。而电弧右侧磁力线仅由电流通过电弧本身产生，所以电弧两侧受力不平衡，偏向右侧。

② 电弧附近的铁磁物体。当电弧附近放置铁磁物体（如钢板）时，因铁磁物体磁导率大，磁力线大多通过铁磁物体形成回路，使铁磁物体一侧磁力线变稀，造成电弧两侧磁力线分布不均匀，产生磁偏吹，电弧偏向铁磁物体一侧，如图 2-31 所示。

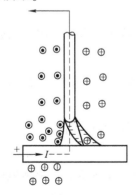

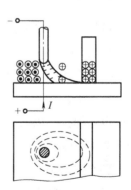

图 2-30　导线接线位置引起的磁偏吹　　图 2-31　铁磁性物质引起的磁偏吹

③ 电弧运动至钢板的端部时引起的磁偏吹。当在焊件边缘处开始焊接或焊接至焊件端部时,经常会发生电弧偏吹,而逐渐靠近焊件的中心时则电弧的偏吹现象就逐渐减小或没有。这是由于电弧运动至焊件的端部时,导磁面积发生变化,引起空间磁力线在靠近焊件边缘的地方密度增加,产生了指向焊件内部的磁偏吹,如图 2-32 所示。

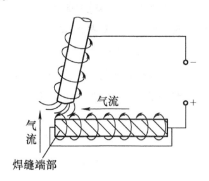

图 2-32　电弧运动至钢板的端部时引起的磁偏吹

必须注意的是,磁偏吹的方向不随着极性的改变而改变,即磁偏吹的方向与电源极性无关。

防止电弧偏吹的方法:

① 在实际生产中,为防止或减少焊接电弧偏吹的影响可优先选用交流电源;

② 采用直流电源时,则在工件两端同时接地线,以消除导线接线位置不对称所带来的磁偏吹,或在焊缝两端各加一小块附加钢板(引弧板或引出板),并尽可能在周围没有铁磁物质的地方焊接,使磁力线分布均匀;

③ 露天操作时注意对电弧进行保护;在进行管子焊接时,必须将管口堵住,以防止气流对电弧的影响,在焊接间隙较大的对接焊缝时,可在接缝下面加垫板,以防止热对流引起的电弧偏吹;

④ 焊接过程中,适当调整焊条角度,使焊条偏吹的方向转向熔池或使焊条相产生磁偏吹的方向倾斜。

⑤ 适当减小焊接电流(磁偏吹的程度与焊接电流大小有直接关系)。增加焊接电流,无法克服磁偏吹。

⑥ 采用短弧焊接,以增加电弧挺度,减小电弧磁偏吹的程度。

5) 其他影响因素

电弧长度对电弧的稳定性也有较大的影响,如果电弧太长,电弧就会发生剧烈摆动,从而破坏了焊接电弧的稳定性,而且飞溅也增大。焊接处有油漆、油脂、水分和锈层等存在时,也会影响电弧燃烧的稳定性。此外,焊条受潮或焊条药皮脱落也会造成电弧燃烧不稳定。因此焊前做好工件坡口表面及附近区域的清理工作十分重要。另外,还应选择合适的操作场所,使外界对电弧稳定性的影响尽可能降低。

【计划】

同项目二任务1。

【实施】

一、安全检查

检查同学劳动保护用品穿戴规范齐全且完好无损;清理工作场地,不得有易燃易爆物品;检查焊机、所使用的电动工具、焊接电缆、焊钳、面罩、接地线是否良好等安全操作规程的执行情况。

二、焊前准备

1. 试件准备:按图纸要求下料及坡口准备。
2. 焊接材料:E4303 或 E5015 焊条,直径为 3.2 mm 或 4 mm。
3. 焊接设备:BX3 – 300 型弧焊变压器或 ZX7 – 400 型逆变焊机。

三、焊接操作

1. 引弧操作姿势

采用平焊位置引弧。平焊时,焊工一般采用蹲式操作(见图2 – 33),两脚的夹角为70°~80°,两脚距离为240~260 mm,持焊钳的胳膊半伸开,悬空无依托操作。

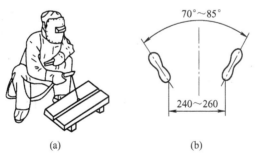

图2 – 33 平焊操作姿势示意图
(a)蹲式操作姿势;(b)两脚的位置

2. 引弧方法

引弧是手工焊条电弧焊操作中最基本的动作，如果引弧不当会产生气孔、夹渣等焊接缺陷。引弧操作时，焊工首先用防护面罩遮挡面部，然后将焊条末端对准焊件轻轻碰击，最后很快将焊条提起，这时电弧就在焊条末端与焊件之间建立起来。引弧有直击法和划擦法两种方法。正式焊接时两种引弧都要在坡口内完成，不能影响焊件的表面质量。

1) 直击法

直击法，（也称击弧法）是一种理想的引弧方法，将焊条末端垂直在焊件起焊处轻微碰击，形成短路后迅速提起 2 ~ 4 mm 的距离后电弧即引燃。直击法的优点不会使焊件表面造成划伤，又不受焊件表面的大小及焊件形状的限制，缺点是不易掌握，往往是碰击几次才能使电弧引燃和稳定燃烧。但焊接淬硬倾向较大的钢材时最好采用直击法，见图 2 - 34 所示的引弧方法。

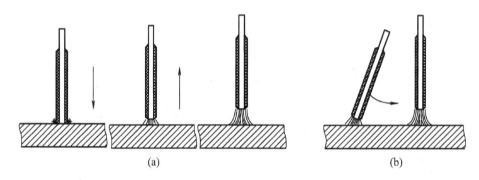

图 2 - 34 引弧方法
（a）直击引弧方法；（b）划擦引弧方法

2) 划擦法

划擦法引弧时与划火柴相似，将焊条在焊件表面上利用腕力轻轻划擦一下，划擦长度越短越好，一般控制在 10 ~ 20 mm 范围内，然后将焊条提起 2 ~ 3 mm 即可引燃电弧。这种方法的优点是电弧容易引燃，引弧成功率高，缺点是容易造成焊件表面划伤，焊接正式产品时最好少用为宜。

引弧时不得随意在焊件表面上"打火"，否则容易在焊件表面造成电弧擦伤，引起淬硬或微裂，所以引弧必须在待焊部位或坡口内。

四、操作步骤

1. 清理试件

清除试件表面上的油污、锈蚀、水分及其他污物，直至露出金属光泽。

2. 确定焊缝位置线

在试件上以 20 mm 为间距用粉笔画出焊缝位置线。

3. 引弧训练

1) 引弧堆焊

首先在焊件的引弧位置用粉笔画出直径 13 mm 的一个圆,然后用直击引弧法在圆圈内直击引弧。引弧后保持适当电弧长度,在圆圈内作划圈动作 2~3 次后灭弧。待熔化的金属凝固冷却后,再在其上面引弧堆焊,反复操作直到堆起高度为 50 mm 为止(见任务 2 学习情景工作任务书中试件图 a)。

2) 定点引弧

先在焊件上按图所示用粉笔划线,然后在直线的交点处用划擦引弧法引弧。引弧后,焊成直径 13 mm 的焊点后灭弧。这样不断地操作完成若干个焊点(见任务 2 学习情景工作任务书中试件图 b)。

注意事项:

◆初学引弧,要严格注意安全;如果多次被电弧光灼到眼睛应暂停一段时间再进行练习。对刚焊完的焊件和焊条头不要用手触摸,以免烫伤。

◆在引弧过程中,如果焊条与焊件粘在一起,应立即用力晃动焊条将其取下,如果通过晃动还不能取下焊条,则应立即将焊钳与焊条脱离,待焊条冷却后再将其扳下来。

五、焊接质量评定

引弧的质量主要用引弧的熟练程度来衡量,在规定时间内,引燃电弧的成功次数越多,引弧的位置越准确,说明越熟练。

【学生学习工作页】

任务完成后,上交学生学习工作页。

学生学习工作页

班级		姓名		分组号		日期	
任务名称							

你可能需要获得以下资讯才能更好地完成任务

1. 焊接电弧是焊接回路中的_____，弧焊电源则是为电弧负载提供_____并保证_____稳定的装置。

2. 由焊接电源供给的，具有一定_____的两电极间或电极与母材间，通过气体介质产生的_____而_____的放电现象，称为焊接电弧。

3. 焊接电弧的引燃方法有_____和_____两种，前者主要应用于_____、_____、_____等，后者主要应用于_____和_____等。焊条电弧焊引弧的方法一般有_____和_____两种。

4. 当电极材料、电源种类及极性和气体介质一定时，电弧电压的大小取决于_____。

5. 焊接电弧按其构造可分为_____、_____、_____三个区。

6. 引起电弧偏吹的原因归纳起来有三个，其中一是_____，二是_____，三是_____。

7. 焊接电弧的_____是指电弧保持稳定燃烧的程度。

8. 电弧电压是指_____。

9. 由于焊条偏心度过大产生的偏吹通常采用_____的方法来解决。

10. 电弧力主要包括_____、_____及_____等。

11. 在其他参数不变的情况下，弧焊电源_____与_____之间的关系称为弧焊电源的外特性。弧焊电源的外特性基本上有_____、_____、_____三种类型。焊条电弧焊要求采用_____的外特性。

电弧轴向组成的三个区域产热特性不同，温度分布也有较大区别，_____的温度较低，_____温度较高。电弧径向温度分布的特点是_____。

12. 改变极性和调节焊接电流必须在_____的情况下进行。

制订你的任务计划并实施

1. 写出完成任务的步骤。

2. 完成任务过程中，使用的材料、设备及工具有：

3. 在引弧堆焊过程中出现了哪些问题，你是如何解决的：

任务完成了，仔细检查，客观评价，及时反馈

1. 试件完成后按评分标准小组成员进行自检、互检进行评分，成绩为_____。

2. 将焊接试件展示给本组及其他组的同学，请他们为试件评分，成绩为_____。

3. 其他组成员提出了哪些意见或建议，请记录在下面：

【总结与评价】

按评分标准由学生自检、互检及教师检查对任务完成情况进行总结和评价。评分标准参照项目二任务 1。

任务 3　平敷焊实训

【学习任务】

学习情境工作任务书

工作任务	平敷焊实训		
试件图	试件尺寸：300×275，焊缝间距 55，板厚 10		技术要求 1. 焊缝外形均匀，基本平直； 2. 焊缝宽度 $C = 10 \pm 2$ mm，$h = 3 \pm 1$ mm
		名称	平敷焊
		材料	Q235-A
任务要求	1. 在教师的指导下掌握焊条电弧焊工艺知识及基本操作方法； 2. 选择工艺参数并按实训任务技术要求在焊件上进行平敷焊操作		
教学目标	能力目标	知识目标	素质目标
	1. 能够进行安全文明生产； 2. 能够熟练用焊条进行平敷焊操作； 3. 能够处理平敷焊过程中出现的问题	1. 了解焊条电弧焊工艺； 2. 掌握焊接工艺参数的选择方法； 3. 掌握平敷焊操作知识	1. 培养学生吃苦耐劳能力； 2. 培养工作认真负责、踏实细致的意识； 3. 培养学生劳动保护意识； 4. 树立团队合作能力； 5. 培养学生的语言表达能力，增强责任心、自信心

【知识准备】

一、焊接接头与焊缝形式

用焊接方法连接的接头称为焊接接头，它主要起连接和传递力的作用。焊接接头由焊缝、熔合区和热影响区三部分组成，如图 2-35 所示。

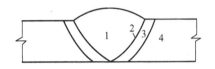

图 2-35 焊接接头组成示意图

1—焊缝；2—熔合区；3—热影响区；4—母材

1. 焊接坡口的类型与尺寸

根据设计或工艺需要，在焊件的待焊部位加工并装配成的一定几何形状的沟槽叫做坡口。开坡口是为了保证电弧能深入接头根部，使根部焊透并便于清渣，以获得较好的成形，而且坡口还能起到调节焊缝金属中母材金属与填充金属比例的作用。

1）坡口类型

焊接接头的坡口根据其形状不同可分为基本型、组合型和特殊型三类，见表 2-36。

2）坡口尺寸及符号

(1) 坡口面角度和坡口角度。待加工坡口的端面与坡口面之间的夹角叫坡口面角度，用 p 表示。两坡口面之间的夹角叫坡口角度，用 a 表示，如图 2-36 (a)、(b) 所示。坡口面为待焊件上的坡口表面。

(2) 根部间隙。焊前在接头根部之间预留的空隙叫根部间隙，用 b 表示，如图 2-36 (c) 所示。其作用在于打底焊时保证根部焊透。根部间隙又叫装配间隙。

(3) 钝边。焊件开坡口时，沿焊件接头坡口根部的端面直边部分叫钝边，用 P 表示，如图 2-36 (d) 所示。钝边的作用是防止根部烧穿。

(4) 根部半径。在 J 形、U 形坡口底部的圆角半径叫根部半径，用 R 表示，如

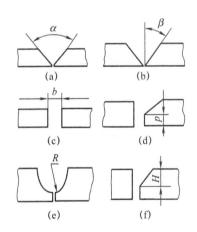

图 2-36 坡口尺寸符号

(a) 坡口角度 α；(b) 坡口面角度 β；
(c) 根部间隙 b；(d) 钝边高度 p；
(e) 根部半径 R；(f) 坡口深度 H

图 2-36（e）所示。它的作用是增大坡口根部的空间，以便焊透根部。

（5）坡口深度。焊件上开坡口部分的高度叫坡口深度，如图 2-36（f）所示。

3）坡口的选择原则

焊接接头坡口的分类及特点见表 2-11。

选择坡口时应考虑以下几条原则：

（1）保证焊接质量满足焊接质量要求是选择坡口形式和尺寸首先需要考虑的原则，也是选择坡口的最基本要求。

（2）便于焊接施工对于不能翻转或内径较小的容器，为避免大量的仰焊工作和便于采用单面焊双面成形的工艺方法，宜采用 V 形或 U 形坡口。

（3）坡口加工简单　由于 V 形坡口是加工最简单的一种，因此，能采用 V 形坡口或双 V 形坡口就不宜采用 U 形或双 U 形坡口等加工工艺较复杂的坡口类型。

表 2-11　焊接接头坡口的分类及特点

坡口类型	坡口特点	图示
基本型	形状简单，加工容易，应用普遍。主要有 I 形坡口、V 形坡口、单边 V 形坡口、U 形坡口、J 形坡口 5 种	(a) I 形坡口 (b) V 形坡口 (c) 单边 V 形坡口 (d) U 形坡口 (e) J 形坡口
组合型	由两种或两种以上的基本形坡口组合而成，如 Y 形坡口、双 Y 形坡口、带钝边 U 形坡口、双单边 V 形坡口、带钝边单边 V 形坡口等	(a) Y 形坡口　(b) 双 Y 形坡口　(c) 带钝边 U 形坡口 (d) 双单边 V 形坡口　(e) 带钝边单边 V 形坡口
特殊型	既不属于基本型又不同于组合型的特殊坡口，如卷边坡口、带垫板坡口、锁边坡口、塞焊坡口、槽焊坡口等	(a) 卷边坡口 (b) 带垫板坡口 (c) 锁边坡口　(d) 塞焊、槽焊坡口

(4) 坡口的断面面积尽可能小，这样可以降低焊接材料的消耗，减少焊接工作量并节省电能。

(5) 便于控制焊接变形不适当的坡口形式容易产生较大的焊接变形。采用双 V 形坡口比 V 形坡口可以减少焊缝金属量约一半，且焊接接头变形较少。

2. 焊接接头类型

焊接接头是焊接结构最基本的要素，一个焊接结构总是由若干个构件通过焊接接头连接而成的。焊接中，由于焊件的厚度、结构及使用条件的不同，其接头类型也不同，一般可以归纳为对接接头、T 形接头、角接接头、搭接接头和端接接头 5 种基本类型。焊接接头基本类型如图 2-37 所示。

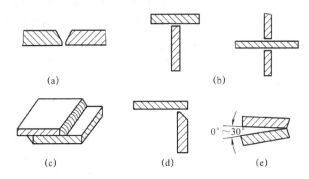

图 2-37 焊接接头基本类型

(a) 对接接头；(b) T 形（十字）接头；(c) 搭接接头；
(d) 角接接头；(e) 端接接头

1) 对接接头

这种接头是指将两个焊件的表面构成大于或等于 135°且小于或等于 180°夹角的接头。这种接头从受力的角度看，受力状况好、应力集中程度小，焊接材料消耗较少，焊接变形也较小，是比较理想的接头形式，在所有的焊接接头中，对接接头应用最广泛。一般钢板厚度在 6 mm 以下不开坡口；钢板厚度若大于 6 mm，则必须开坡口。对接接头常用的坡口形式有 V 形、Y 形、双 Y 形、U 形等。常用的对接接头形式如图 2-38 所示。

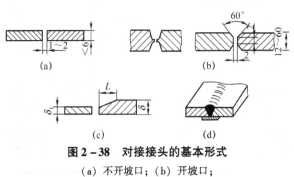

图 2-38 对接接头的基本形式

(a) 不开坡口；(b) 开坡口；
(c) 削薄；(d) 带垫板

厚度不同的钢板对接的两板厚度差 $(\delta-\delta_1)$ 不超过表 2-12 规定时，则焊缝坡口的基本形式与尺寸按较厚板的尺寸数据来选取；否则，应在厚板上作出如图 2-39 所示的单面或双面削薄；其削薄长度 $L \geqslant 3(\delta-\delta_1)$。

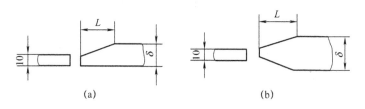

图 2-39 双面削薄

表 2-12 不同厚度钢板对接的允许厚度差

较薄板厚度 δ_1	≥2~5	>5~9	>9~12	>12
允许厚度差 $(\delta-\delta_1)$	1	2	3	4

2）T 形接头

一焊件的端面与另一焊件的表面构成直角或近似直角的接头叫 T 形接头。T 形接头是一种典型的电弧焊接头，能承受各个方向的力和力矩。T 形接头是各种箱体结构中常见的接头形式，在压力容器制造中，插入式管子与筒体、人孔、加强圈与筒体连接的接头都属于这种接头形式。常见的 T 形接头的形式如图 2-40 所示，它有焊透和不焊透两种形式。

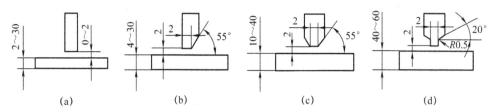

图 2-40 常见的 T 形接头

(a) I 形坡口　(b) 带钝边单边 V 形坡口
(c) 带钝边双单边 V 形坡口　(d) 带钝边双 J 形坡口

3）角接头

这种接头是指将两个焊件的端面构成大于 30°、小于 135°夹角的接头。

角接接头多用于箱形构件、骑座式管接头的连接，小型锅炉中火筒和封头的连接接头也属于这种形式。

与 T 形接头类似，单面焊的角接接头承受反向弯矩的能力较低，除了薄钢板或不重要的结构，一般应开坡口并进行双面焊，否则不能保证质量。常见的角接接头的形式如图 2-41 所示。

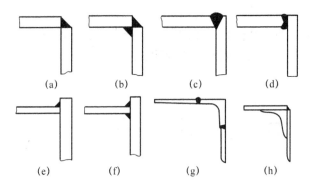

图 2-41 角接接头的基本形式

(a) 简单角接接头；(b) 双面角接接头；(c) 开 V 形坡口；
(d) 开 K 形坡口；(e)、(f) 易装配角接接头；
(g) 保证准确直角的角接接头；
(h) 不合理的角接接头

4）搭接接头

这种接头是指将两个焊件部分重叠在一起，加上专门的搭接件，用角焊缝、塞焊缝、槽焊缝或压焊缝连接起来的接头。

搭接接头的两焊件中心线不重合，受力时会产生附加弯矩，影响焊缝强度，一般锅炉、压力容器的主要受压元件的焊缝都不用搭接接头形式。

根据结构形式对强度的要求不同，可分为不开坡口 I 形、圆孔内塞焊和长孔内角焊三种形式，常见的搭接接头形式如图 2-42 所示。

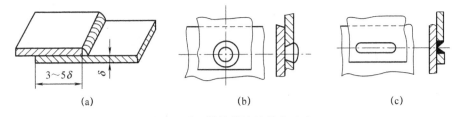

图 2-42 搭接接头的基本形式

(a) 不开坡口；(b) 圆孔内塞焊；(c) 长孔内角焊

5）端接接头

这种接头是指将两焊件重叠放置或两焊件表面之间的夹角不大于 30°，用焊接连接起来的接头。端接接头承载能力较差，多用在密封构件上，不是理想的接头形式，端接接头形式如图 2-43 所示。

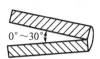

图 2-43 端接接头形式

3. 焊缝形式及形状尺寸

焊件经焊接后所形成的结合部分叫做焊缝。

1）焊缝形式

焊缝按不同分类方法可分为下列几种式：

（1）按焊缝结合形式，可分为对接焊缝、角焊缝、塞焊缝、槽焊缝和端接焊缝5种。

① 对接焊缝即在焊件的坡口面间或一零件的坡口面与另一零件表面间焊接的焊缝。

② 角焊缝即沿两直交或近直交零件的交线所焊接的焊缝。

③ 端接焊缝即构成端接接头所形成的焊缝。

④ 塞焊缝即两零件相叠，其中一块开圆孔，在圆孔中焊接两板所形成的焊缝。只在孔内焊角焊缝者不称为塞焊。

⑤ 槽焊缝即两板相叠，其中一块开长孔，在长孔中焊接两板的焊缝。只焊角焊缝者不称为槽焊。

（2）按施焊时焊缝在空间所处位置分为平焊缝、立焊缝、横焊缝及仰焊缝4种形式。

（3）按焊缝断续情况分为连续焊缝、断续焊缝和定位焊缝3种形式。

① 连续焊缝。连续焊接的焊缝为连续焊缝；

② 断续焊缝。焊接成具有一定间隔的焊缝为断续焊缝。断续角焊缝又分为交错断续角焊缝和并列断续角焊缝两种。

③ 定位焊缝。焊前为装配和固定构件接缝的位置而焊接的短焊缝为定位焊缝。通常定位焊缝都比较短小，并将其作为正式焊缝的一部分保留在焊缝中。因此，定位焊缝的质量好坏，即位置、长度和高度等是否合适，将直接影响正式焊缝的质量及焊件的变形，所以必须对定位焊予以足够的重视。

2）焊缝的形状尺寸

焊缝的形状可用一系列几何尺寸来表示，不同形式的焊缝，其形状尺寸也不一样。

（1）焊缝宽度。焊缝表面与母材的交界处叫焊趾。焊缝表面两焊趾之间的距离叫做焊缝宽度，如图2-44所示。

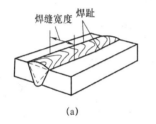
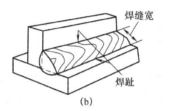

图2-44 焊缝宽度

(a) 角焊缝焊缝宽度；(b) 对接焊缝焊缝宽度焊缝宽度

（2）余高。超出母材表面连线上面的那部分焊缝金属的最大高度叫做余高，如图 2-45 所示。在动载或交变载荷下，它非但不起加强作用，反而因焊趾处应力集中易于发生脆断，所以余高不能过高。焊条电弧焊的余高值一般为 0~3 mm。

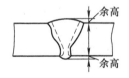

图 2-45 余高

（3）熔深。在焊接接头横截面上，母材或前道焊缝熔化的深度叫做熔深，如图 2-46 所示。

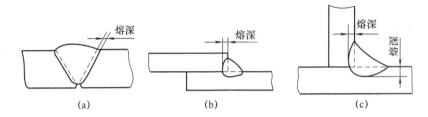

图 2-46 熔深
(a) 对接接头熔深；(b) 搭接接头熔深；(c) T 形接头熔深

（4）焊缝厚度。在焊缝横截面中，从焊缝正面到焊缝背面的距离，叫焊缝厚度，如图 2-47 所示。

焊缝计算厚度是设计焊缝时使用的焊缝厚度。对接焊缝焊透时它等于焊件的厚度；角焊缝时它等于在角焊缝横截面内画出的最大等腰直角三角形中，从直角的顶到斜边的垂线长度，习惯上也称为喉厚，如图 2-47 所示。

（5）焊脚。角焊缝的横截面中，从一个直角面上的焊趾到另一个直角面表面的最小距离，叫做焊脚。在角焊缝的横截面中画出的最大等腰直角三角形中直角边的长度叫做焊脚尺寸，如图 2-47 所示。

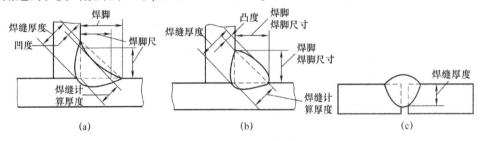

图 2-47 焊缝厚度及焊脚
(a) 凸形角焊缝；(b) 凹形角焊缝；(c) 对接焊缝的焊缝厚度

（6）焊缝成形系数。熔焊时，在单道焊缝横截面上焊缝宽度（c）与焊缝计算厚度（H）的比值（c/H）（见 GB/T 3375—1994），叫做焊缝成形系数，如图 2-48 所示。焊缝成形系数的大小对焊缝质量有较大影响，成形系数过小，焊缝窄而深，易产生气孔和裂纹；成形系数过大，焊缝宽而浅易产生焊不透等现象，所以焊缝成形系数应控制在合理数值内。

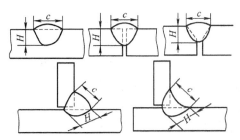

图 2-48　焊缝成形系数的计算

二、焊缝成形缺陷的产生及防止

焊接接头中存在的不符合设计图样和技术标准要求的缺陷称为焊接缺陷。电弧焊时，因受焊接方法、焊接材料及焊接工艺等因素的影响，会产生不同类型的缺陷。其中气孔、夹渣、裂纹等缺陷主要受冶金因素的影响，这部分内容的具体介绍请参见相关书籍。这里主要讲述因焊接参数选择不当或工艺因数不合适造成的焊缝成形缺陷。

1. 焊缝外形尺寸不符合要求

焊缝外形尺寸不符合要求主要有焊缝表面高低不平、焊缝波纹粗劣、纵向宽度不均匀、余高过高或过低等几种表现，如图 2-49 所示。上述不符合要求的外形尺寸，除造成焊缝成形不美观外，还影响焊缝与母材金属的结合强度。余高过高，易在焊缝与母材连接处形成应力集中；余高过低，则焊缝承载面积减小，降低接头的承载能力。

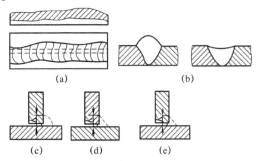

图 2-49　焊缝外形尺寸不符合要求的几种情形
(a) 焊缝高低不平、宽度不匀、波形粗劣；(b) 余高过高或过低
(c) 余高大；(d) 过渡不圆滑；(e) 合适

造成焊缝尺寸不符合要求的主要原因有：工件所开坡口角度不当，装配间隙不均匀，焊接参数选择不合适，操作人员技术不熟练等。为防止上述缺陷，应正确选择坡口角度、装配间隙及焊接参数，熟练掌握操作技术，严格按设计规定进行施工。

2. 咬边

由于焊接参数选择不当，或操作方法不正确，沿焊脚的母材部位产生的沟槽或凹陷称为咬边，如图2-50所示。咬边是电弧将焊缝边缘熔化后，没有得到填充金属的补充而留下的缺口。咬边一方面使接头承载截面减小，强度降低；另一方面造成咬边处应力集中，接头承载后易引起裂纹。

当采用大电流高速焊接或焊角焊缝时，一次焊接的焊脚尺寸过大、电压过高或焊枪角度不当，都可能产生咬边现象。可见，正确选择焊接参数、熟练掌握焊接操作技术是防止咬边的有效措施。

3. 未焊透和未熔合

焊接时，焊接接头根部未完全熔透的现象称为未焊透；焊道与母材之间或焊道与焊道之间未能完全熔化结合的现象，称为未熔合，如图2-51所示。未焊透和未熔合处易产生应力集中，使接头力学性能下降。形成未焊透和未熔合的主要原因，是焊接电流过小，焊速过高，坡口尺寸不合适及焊丝偏离焊缝中心，或受磁偏吹影响等。工件清理不良，杂质阻碍母材边缘与根部之间以及焊层之间的熔合，也易引起未焊透和未熔合。

为防止产生未焊透和未熔合，应正确选择焊接参数、坡口形式及装配间隙，并确保焊丝对准焊缝中心。同时，注意坡口两侧及焊道层间的清理，使熔敷金属与母材金属之间充分熔合。

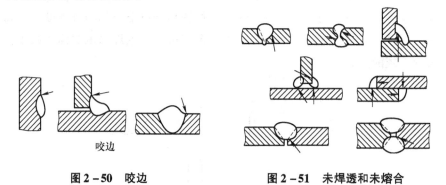

图2-50 咬边　　　　　　　图2-51 未焊透和未熔合

4. 焊瘤

焊接过程中，熔化的金属流淌到焊缝之外未熔化的母材上所形成的金属瘤称为焊瘤，如图2-52所示。焊瘤会影响焊缝的外观成形，造成焊接材料的浪费。焊瘤部位往往还存在夹渣和未焊透。

焊瘤主要是由于填充金属量过多引起的。坡口尺寸过小、焊接速度过慢、电弧电压过低、焊丝偏离焊缝中心及焊丝伸出长度过长等都可能产生焊瘤。在各种焊接位置中，平焊时产生焊瘤的可能性最小，而立焊、横焊、仰焊则易产生焊瘤。

防止产生焊瘤的主要措施是：尽量使焊缝处于水平位置，使填充金属量适当，焊接速度不宜过低，焊丝伸出长度不宜太长，注意坡口及弧长的选择等。

5. 焊穿及塌陷

焊缝上形成穿孔的现象称为焊穿。熔化的金属从焊缝背面漏出，使焊缝正面下凹、背面凸起的现象称为塌陷，如图2-53所示。

形成焊穿及塌陷的原因主要是焊接电流过大、焊接速度过小或坡口间隙过大等。在气体保护电弧焊时，气体流量过大也可能导致焊穿。

为防止焊穿及塌陷，应使焊接电流与焊接速度适当配合。例如焊接电流较大时，应适当增大焊接速度，并严格控制工件的装配间隙。气体保护焊时，还应注意气体流量不宜过大，以免形成切割效应。

通常情况下，平焊易获得良好的焊缝成形。单面焊双面成形、曲面焊缝、垂直和横向焊缝以及全位置焊接时，获得好的焊缝成形较困难，往往需要根据具体情况采取相应的措施才能达到。在后面的单元中将结合具体方法介绍焊缝成形的控制措施。

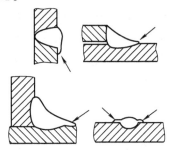

图2-52 焊瘤

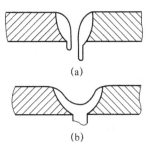

图2-53 焊穿及塌陷
(a) 焊穿；(b) 塌陷

三、焊条电弧焊工艺

1. 焊前准备

焊前准备主要包括坡口的选择与制备、焊接区域的清理、焊条烘干、工件装配定位和焊前预热等。对上述工作必须给以足够的重视，否则会影响焊接质量，严重时还会造成焊后返工或使工件报废。因工件材料不同等因素，焊前准备工作也不相同。对于碳钢及普通低合金钢一般采用以下工艺：

1）坡口的选择与制备

坡口形式取决于焊接接头形式、工件厚度以及对接头质量的要求。根据板厚不同，焊条电弧焊接头常用的坡口类型有I形、Y形、X形、U形等。

坡口制备的方法很多,应根据工件的尺寸、形状与加工条件综合考虑进行选择。目前工厂中常用剪切、气割、刨边、车削、铣、碳弧气刨等方法制备坡口。

2)焊接区域的清理

它是指焊前对接头坡口及其附近(约20 mm内)的表面被油、锈、漆和水等污染的清理。用碱性焊条焊接时,清理要求严格和彻底,否则极易产生气孔和延迟裂纹。酸性焊条对锈不很敏感,若锈蚀较轻,而且对焊缝质量要求不高,可以不清理。清理时,可根据被清物的种类及具体条件,分别选用钢丝刷刷、砂轮磨或喷丸处理等手工或机械方法,也可用除油剂(汽油、丙酮)清洗的化学方法,必要时,还可用氧乙炔焰烘烤清理的部位,以去除工件表面油污和氧化皮。

3)工件的装配定位

焊前的装配定位主要是使工件定位对正,以及达到预定的坡口形状和尺寸。装配间隙的大小和沿接头长度上的均匀程度对焊接质量、生产率及制造成本影响很大,须引起重视。

经装配各工件的位置确定之后,可以用夹具或定位焊缝把它们固定起来,然后进行正式焊接。定位焊的质量直接影响焊缝的质量,它是正式焊缝的组成部分。又因其焊道短,冷却快,比较容易产生焊接缺陷,若缺陷被正式焊缝所覆盖而未被发现,将造成隐患。一般定位焊的焊接电流应比正常焊接的电流大15%~20%。

2. 焊接工艺参数及选择

焊接工艺参数是指焊接时为保证焊接质量而选定的诸物理量的总称。焊条电弧焊的焊接参数主要包括:焊条直径、电源种类和极性、焊接电流、电弧电压、焊接速度、焊接层数等。焊接参数选择得正确与否,直接影响焊缝的形状、尺寸、焊接质量和生产率,因此选择合适的焊接参数是焊接生产中十分重要的一个问题。

1)焊条直径

焊条直径是指焊芯直径。它是保证焊接质量和效率的重要因素。生产中,为了提高生产率,应尽可能选用较大直径的焊条,但是用直径过大的焊条焊接,会造成未焊透或焊缝成形不良的现象,因此必须正确选择焊条的直径。焊条直径一般根据工件厚度选择,同时还要考虑接头形式、施焊位置和焊接层数,对于重要结构还要考虑焊接热输入的要求。焊条直径大小的选择与下列因素有关:

(1)焊件的厚度。厚度较大的焊件应选用直径较大的焊条;反之,薄焊件的焊接,则应选用小直径的焊条。焊条直径与焊件厚度之间关系,见表2-13。

表2-13 焊条直径与焊件厚度的关系   mm

工件厚度	2	3	4~5	6~12	>13
焊条直径	2	3.2	3.2~4	4~5	4~6

(2) 焊缝位置。在板厚相同的条件下焊接平焊缝用的焊条直径应比其他位置大一些,立焊时最大不超过 5 mm,而仰焊、横焊时最大直径不超过 4 mm,这样可形成较小的熔池,减少熔化金属的下淌。

(3) 焊接层次。在进行多层焊时,如果第一层焊缝所采用的焊条直径过大,会造成因电弧过长而不能焊透,因此为了防止根部焊不透,对多层焊的第一层焊道,应采用直径较小的焊条进行焊接,以后各层可以根据焊件厚度,选用较大直径的焊条。

(4) 接头形式。搭接接头、T 形接头因不存在全焊透问题,所以应选用较大的焊条直径以提高生产率。

2) 电源种类和极性

(1) 电源种类。用交流电源焊接时,电弧稳定性差。采用直流电源焊接时,电弧稳定,飞溅少,但电弧磁偏吹较交流严重。低氢型焊条稳弧性差,通常必须采用直流电源。用小电流焊接薄板时,也常用直流电源,因为引弧比较容易,电弧比较稳定。

(2) 极性。极性是指在直流电弧焊或电弧切割时,焊件的极性。焊件与电源输出端正、负极的接法,有正接和反接两种。所谓正接就是焊件接电源正极、电极接电源负极的接线法,正接也称正极性;反接就是焊件接电源负极,电极接电源正极的接线法,反接也称反极性,如图 2-54 所示。对于交流电源来说,由于极性是交变的,所以不存在正接和反接。

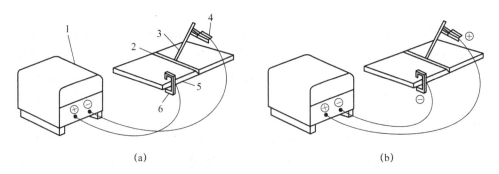

图 2-54 电源极性
(a) 直流电弧焊的正接;(b) 直流电弧焊的反接
1-焊接电源;2-焊缝金属;3-焊条;4-焊钳;5-焊件;6-地线夹头

极性的选用,主要应根据焊条的性质和焊件所需的热量来决定。焊条电弧焊时,当阳极和阴极的材料相同时,由于阳极区温度高于阴极区的温度,因此使用酸性焊条(如 E4303 等)焊接厚钢板时,可采用直流正接,以获得较大的熔深;而在焊接薄钢板时,则采用直流反接,可防止烧穿。

如果在焊接重要结构使用碱性低氢钠型焊条(如 E5015 等)时,无论焊接厚板或薄板，均应采用直流反接，因为这样可以减少飞溅和气孔，并使电弧稳定燃烧。

3）焊接电流

焊接时，流经焊接回路的电流称为焊接电流，焊接电流的大小直接影响着焊接质量和焊接生产率，焊接电流是焊条电弧焊最重要的焊接工艺参数，也是焊条电弧焊过程中唯一由焊工调节的焊接工艺参数。增大焊接电流能提高生产率，但电流过大焊接时爆裂声大，飞溅严重；运条过程中熔渣不能覆盖熔池起保护作用，而使熔池裸露在外，造成焊缝成形粗糙；熔池大，焊缝成形宽而低，容易产生焊件烧穿、焊瘤和咬边等缺陷，也会使接头的组织产生过热而发生变化。而电流过小也使焊缝窄而高，熔池浅，融合不良，会产生未焊透、未熔合、夹渣等缺陷降低焊接接头的力学性能。此外还会出现熔渣超前与液态金属不易分清，焊条与焊件时有粘接现象等。所以应适当地选择电流。焊接时决定电流的因素很多，如焊条类型、焊条直径、焊件厚度、接头形式、焊缝位置和层数等，但主要是焊条直径、焊缝位置、焊条类型和焊接层次来决定。

（1）焊条直径。焊条直径越大，熔化焊条所需要的电弧热量越多，焊接电流也越大。碳钢酸性焊条焊接电流大小与焊条直径的关系，一般可根据下面的经验公式来选择：

$$I_h = (35 \sim 55) d$$

式中　I_h—焊接电流（A）

　　　d—焊条直径（mm）

（2）焊缝位置。相同焊条直径的条件下，在焊接平焊缝时，由于运条和控制熔池中的熔化金属都比较容易，因此可以选择较大的电流进行焊接。但其他位置焊接时，为了避免熔化金属从熔池中流出，要使熔池尽可能小些，通常立焊、横焊的焊接电流比平焊的焊接电流小10%~15%，仰焊的焊接电流比平焊的焊接电流小15%~20%。

（3）焊条类型。当其他条件相同时，碱性焊条使用的焊接电流应比酸性焊条小10%~15%，否则焊缝中易形成气孔。不锈钢焊条使用的焊接电流比碳钢焊条小15%~20%。

（4）焊接层次。焊接打底层时，特别是单面焊双面成形时，为保证背面焊缝质量，常使用较小的焊接电流；焊接填充层时为提高效率，保证熔合良好，常使用较大的焊接电流；焊接盖面层时，为防止咬边和保证焊缝成形，使用的焊接电流应比填充层稍小些。

在实际生产中，焊工一般可根据焊接电流的经验公式或表2-14先选出一个大概的焊接电流，然后在钢板上进行试焊调整，直至确定合适的焊接电流。在试焊过程中，可根据下述几点来判断选择的电流是否合适：

表 2-14　各种焊条直径使用的电流参考值

焊条直径/mm	1.6	2.0	2.5	3.2	4	5	6
焊接电流/A	25~40	40~65	50~80	100~130	160~210	200~270	260~300

① 看飞溅。电流过大时，电弧吹力大，可看到较大颗粒的铁水向熔池外飞溅，焊接时爆裂声大；电流过小时，电弧吹力小，熔渣和铁水不易分清。

② 看焊缝成形。电流过大时，熔深大、焊缝余高低、两侧易产生咬边；电流过小时，焊缝窄而高、熔深浅、且母材两侧与母材金属熔合不好；电流适中时，焊缝两侧与母材金属熔合得很好，呈圆滑过渡。

③ 看焊条熔化状况。电流过大时，当焊条熔化了大半根时，其余部分均已发红；电流过小时，电弧燃烧不稳定，焊条容易粘在焊件上。

④ 当焊接电流合适时，焊接引弧容易，电弧稳定，熔池温度较高；熔渣比较稀且漂浮在表面，并向熔池后面集中；熔池较亮，表面稍下凹，且很平稳地向前移动；焊接过程中的飞溅较少，能听到很均匀、柔和的"嘶嘶"声；焊后焊缝两侧圆滑地过渡到母材，鱼鳞纹均匀漂亮，两侧熔合良好。

⑤ 当焊接电流太小时，根本不能形成焊道。如果选用的焊接电流太大，焊接时的飞溅和烟尘很大，焊条药皮成块脱落，焊条发红；由于焊机负载过重，可听到明显的"哼哼"声，焊缝鱼鳞波纹粗。

4) 电弧电压

焊条电弧焊的电弧电压主要由电弧长度来决定。电弧长，电弧电压高；电弧短，电弧电压低。焊接时电弧电压由焊工根据具体情况灵活掌握。

在焊接过程中，电弧不宜过长，电弧过长会出现下列几种不良现象：

（1）电弧燃烧不稳定，易摆动，电弧热能分散，飞溅增多，造成金属和电能的浪费。

（2）焊缝深度线，容易产生咬边、未焊透、焊缝表面高低不平、焊波不均匀等缺陷。

（3）对熔化金属的保护差，空气中氧、氮等有害气体容易侵入，使焊缝产生气孔的可能性增加，焊缝金属的力学性能降低。

因此在焊接时应力求使用短弧焊接，相应的电弧电压为 16~25V。在立、仰焊时弧长应比平焊时更短一些，以利于熔滴过渡，防止熔化金属下淌。碱性焊条焊接时应比酸性焊条弧长短些，以利于电弧的稳定并防止气孔。所谓短弧一般认为是焊条直径的 0.5~1.0 倍。

5) 焊接速度

单位时间内完成的焊缝长度称为焊接速度。焊接速度应该均匀适当，既要保证焊透又要保证不烧穿，同时还要使焊缝宽度和高度符合图样设计要求。

如果焊接速度过慢，使高温停留时间增长，热影响区宽度增加，焊接接头的晶粒变粗,力学性能降低,同时使变形量增大。当焊接较薄焊件时,则易烧穿。如果焊接速度过快,熔池温度不够,易造成未焊透、未熔合、焊缝成型不良等缺陷。

焊接速度直接影响焊接生产率,所以应该在保证焊缝质量的基础上,采用较大的焊条直径和焊接电流,同时根据具体情况适当加快焊接速度,以保证在获得焊缝的高低和宽窄一致的条件下,提高焊接生产率。

6)焊接层数

在中厚板焊接时,一般要开坡口并采用多层多道焊。对于低碳钢和强度等级低的普低钢的多层多道焊时,每道焊缝厚度不宜过大,过大时对焊缝金属的塑性不利,因此对质量要求较高的焊缝,每层厚度最好不大于 4~5 mm。同样每层焊道厚度不宜过小,过小时焊接层数增多不利于提高劳动生产率,根据实际经验,每层厚度约等于焊条直径的 0.8~1.2 倍时,生产率较高,并且比较容易保证质量和便于操作。焊接层数主要根据钢板厚度、焊条直径、坡口形式和装配间隙等来确定,可作如下近似估算:

$$n = \delta/(0.8 \sim 1.2)d$$

式中,n——焊接层数;

δ——工件厚度(mm);

d——焊条直径(mm)。

【计划】

同项目二任务 1

【实施】

平敷焊是将焊件置于平焊位置,在焊件上堆敷焊道的操作方法。它不是将两块分离的钢板焊接在一起,而仅仅是在一块钢板的表面用熔化焊条的方法堆敷出一条焊道,这是焊条电弧焊中一种最基本的操作方法。

一、安全检查

同项目二任务 2。

二、焊前准备

同项目二任务 2。

三、确定焊接工艺参数

平敷焊焊接参数见表 2-15。

表2-15 平敷焊焊接参数

焊接层次	焊条直径/mm	焊接电流/A	电弧电压/V
平敷焊	3.2	100~120	22~24
平敷焊	4.0	140~160	22~24

四、操作技术

1. 运条方向和角度

电弧引燃以后，就进入正常的焊接过程，此时焊条以一定角度向下运动、纵向运动、横向摆动三个方向运动的合成。运条方向和角度见图2-55。

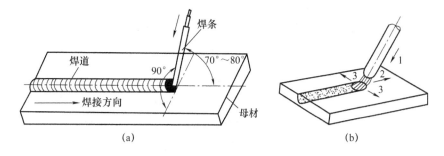

图2-55 平敷焊操作及运条方法
(a) 平敷焊操作图；(b) 运条方法

(1) 焊条向下运动，如图2-55(b)方向1。随着焊条不断被电弧熔化，为保持一定的弧长，就必须使焊条沿其中心线向下送进。焊条下送速度应与焊条熔化速度相同。

(2) 焊条纵向运动，如图2-55(b)方向2。焊接时焊条还应沿着焊缝方向做纵向移动，用以形成焊缝。移动速度即焊接速度，应根据焊缝尺寸的要求（主要是焊道高度）、焊条直径、焊接电流、焊件厚薄和焊接位置等来决定。

(3) 焊条横向摆动，如图2-55(b)方向3。焊条做横向摆动主要是为了增加焊缝的宽度和调整熔池形状。

2. 运条的方法

运条的方法很多，但其作用是相同的，就是通过合适的运条方法达到调整熔池温度，控制熔池形状，最终实现良好焊缝成形的目的。这些方法包括运弧形状、运弧速度、电弧高低变化和两侧停留时间的长短等。选用运条方法时应根据接头形式、装配间隙、焊缝的空间位置、焊接电流及焊工技术水平等方面确定。常用运条方法（见图2-56）及适用范围如下：

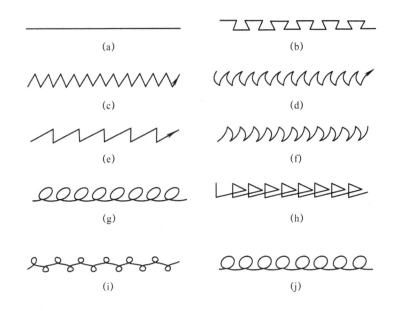

图 2–56 运条方法

(a) 直线形；(b) 直线往返形；(c) 锯齿形；(d) 月牙形；(e) 斜锯齿形
(f) 反月牙形；(g) 斜圆圈形；(h) 三角形；(i) 八字形；(j) 圆圈形

(1) 直线运条法：焊条端头不做横向摆动，保持一定的焊接速度，且焊条沿着焊缝的方向前移，一般用于薄板 I 形接头的焊接和多层多道焊或多层焊打底焊。

(2) 直线往返形运条法：焊条端头不做横向摆动只沿着焊缝前进方向来回移动。一般用于薄板或间隙较大的对接平焊。

(3) 锯齿形运条法：焊条端头做锯齿形横向摆动，并在焊缝两侧稍作停留，根据熔池形状及熔孔大小来控制焊条的前进速度，适用于根部焊道、全位置焊接角接接头立焊。

(4) 月牙形运条法：焊条端头做月牙形横向摆动，并在焊缝两侧稍作停留，沿着焊缝方向前移。

(5) 斜锯齿形运条法：适用于横焊缝、45°焊缝的各层道焊接。

(6) 反月牙形运条法：用途较广，适用除横焊缝、斜焊缝和某些角焊缝外的各层次的焊接。

(7) 斜圆圈形运条法：焊条端头做连续斜圆圈形摆动并沿着一定方向移动。

(8) 三角形运条法：适用于某些焊缝打底焊，如角焊缝、平焊缝、立焊缝和仰焊缝等，也适用于其他层次的焊接。

(9) 八字形运条法：适用于坡口间隙大的打底焊和较宽的一次盖面成形的双鱼鳞焊缝。

(10) 圆圈形运条法：适用于平焊的填充和盖面的焊接。焊条端头沿着一定方向移动并做连续圆圈运动。

重点提示：

在焊接过程中，通过运条来达到下面3个目的：

◆通过运条调整熔池温度，使其中间与两侧的温差缩小，避免咬边、焊缝两侧未熔合的产生，有利于焊缝成形。

◆搅拌焊接熔池有利于熔渣、气体浮出表面。

◆控制熔池形状，使焊缝外形达到要求的尺寸。

3. 焊缝的起头、收弧和接头

1）焊缝的起头

焊缝起头时由于焊件的温度很低，引弧后又不能迅速地使其温度升高，容易出现余高高、熔深浅，甚至熔合不良和产生夹渣缺陷。因此引弧后应稍拉长电弧对焊件进行预热，然后压低电弧进行正常焊接。平焊和碱性焊条多采用回焊法，从距离始焊点10 mm左右处引弧，返回到始焊点，如图2-57所示，逐渐压低电弧，同时焊条做微微摆动，从而达到所需要的宽度，然后进行正常的焊接。

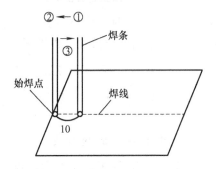

图2-57 焊缝的起头

为了减少气孔操作时可采用跳弧焊，即电弧有规律地瞬间离开熔池，把熔滴甩掉，但焊接电弧并未中断。也可以加引弧板和收弧板，如图2-58所示。

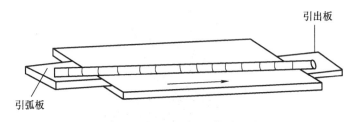

图2-58 引弧板和引出板

2）焊缝的收尾

焊缝的收尾是焊接过程中的关键动作，是整条焊缝的结束，收尾时不仅是熄灭电弧，还要将弧坑填满。如果操作不当，可能会产生弧坑、缩孔和弧坑裂纹等焊接缺陷。所以焊缝应进行收弧处理，也就是逐渐填满弧坑后再熄弧，以维持正常的熔池温度，保证连续的焊缝外形。

收尾一般有反复断弧收尾法、划圈收尾法、回焊收尾法3种。

（1）反复断弧收尾法是焊到焊缝终端时，在熄弧处反复进行起弧、断弧的动作，直到填满弧坑为止。收弧时必须将电弧拉向坡口边缘或焊缝中间再熄弧。此法不适用于碱性焊条，如图2-59所示。

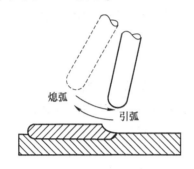

图2-59 反复断弧收尾法

（2）划圈收尾法是焊到焊缝终端时，焊条做圆圈形摆动，并稍作停留，待弧坑填满后将电弧在熔池边缘慢慢向前方拉长，再熄灭电弧，如图2-60所示。

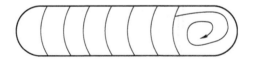

图2-60 划圈收尾法

（3）回焊收尾法是焊到焊缝终端时在收弧处稍作停顿，然后改变焊条角度向后回焊20~30 mm，再将焊条拉向一侧熄弧，此法适用于碱性焊条，如图2-61所示。

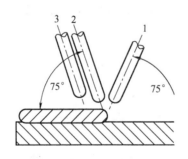

图2-61 回焊收尾法

4. 焊缝的接头

焊条电弧焊时，由于受到焊条长度的限制，在焊接过程中产生焊缝接头的情况是不可避免的。常用的施焊接头的连接形式大体可以分为两类:一类是焊缝与焊缝之间的接头连接,一般称为冷接头;另一类是焊接过程中由于自行灭弧或更换焊条时,熔池处在高温红热状态下的接头连接,称为热接头。根据不同的接头形式,可采用不同的操作方法,下面是酸性焊条的接头方法:

1) 冷接头操作方法

焊缝冷接头操作方法见图2-62,冷接头在施焊前,应使用砂轮机或机械方法将焊缝被连接处打磨出斜坡形过渡带头前方10 mm处引弧,电弧引燃后稍微拉长一些,然后移到接头处,稍作停留,待形成熔池使接头得到必要的预热,保证熔池中气体的逸出,防止填满后,慢慢地将焊条拉向弧坑一侧熄弧。

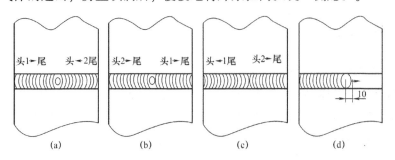

图2-62 冷接头操作法示意图

(a)、(b)、(c) 接头形式;(d) 接头操作方法
1-先焊焊缝;2-后焊焊缝

2) 热接头操作方法

焊缝热接头操作方法见图2-63,其接头的操作方法可分为两种:

一种是快速接头法;另一种是正常接头法。快速接头法是在熔池熔渣尚未完全凝固的状态下,将焊条端头与熔渣接触,在高温热电离的作用下重新引燃电弧后的接头方法。这种接头方法适用于厚板的大电流焊接,这种接头方法要求焊工更换焊条的动作要特别迅速而准确。正常的接头方法是在熔池前方10 mm左右处引弧,然后将电弧迅速拉回熔池,按照熔池的形状摆动焊条后正常焊接,如果等到收弧处完全冷却后再接头,则以采用冷接头操作方法为宜。

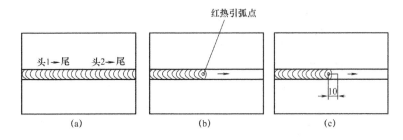

图2-63 热接头操作法示意图

五、操作步骤

(1) 清理试件。清除试件表面上的油污、锈蚀、水分及其他污物,直至露出金属光泽。

(2) 确定焊缝位置线。在试件上以 55 mm 为间距用粉笔画出焊缝位置线。

(3) 用直径为 3.2 mm 和 4.0 mm 的焊条,按焊接参数,以焊缝位置线为运条轨迹,采用直线运条法、月牙形运条法、正圆圈形运条法和 "8" 字形运条法练习。

(4) 进行焊缝的起头、接头、收尾的操作练习。

(5) 每条焊缝焊完后,清理焊渣、总结经验,再进行下一道焊缝的焊接。

六、焊接质量检验

1. 焊缝检验尺的使用

焊缝检验尺又称焊缝万能量规,是一种精密量规,可用来测量焊件、焊缝的坡口角度、装配间隙、错边及焊缝的余高、焊缝宽度和角焊缝焊脚等。焊缝检验尺测量示意见图 2-64。

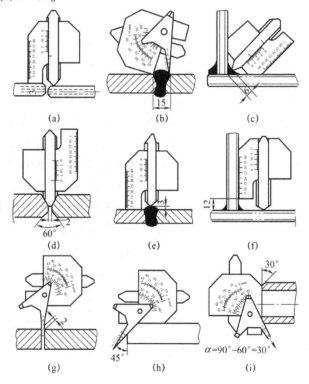

图 2-64 焊缝检验尺用法举例

(a) 测量错度;(b) 测量焊缝宽度;(c) 测量角焊缝厚度;(d) 测量双 Y 形坡口角度;(e) 测量焊缝余高;(f) 测量角焊缝焊脚;(g) 测量坡口间隙;(h) 测量坡口角度;(i) 测量管道坡口角度

注意：使用时应避免磕碰划伤，保持尺面清洁，用毕放入封套内。

2. 焊缝质量评定

按评分标准对焊缝进行检查评定。平敷焊的评分标准见表2-16。

表2-16 平敷焊的评分标准

序号	考核要求	分值	评分标准	检测结果	得分
1	焊缝的起头和连接处应平滑过渡，无局部过高现象	10	不平滑过渡每处扣2分		
2	无焊瘤	10	每处焊瘤扣5分		
3	其咬边深度≤0.5 mm，且长度不超过焊缝有效长度的15%	10	深度>0.5 mm，累计长15 mm扣1分		
4	无夹渣	5	每处夹渣扣0.5分		
5	焊缝表面焊波均匀、无未熔合	20	未熔合累计长10 mm，扣3分		
6	焊缝起头、接头、收尾无缺陷	30	起头、收尾过高、脱节、收尾弧坑每处各扣3分		
7	在任意30 mm连续焊缝长度内，焊缝边缘的直线度≤3 mm	15	焊缝宽度变化>3 mm，累计长30 mm，不得分		
	合计	100			

【学生学习工作页】

任务完成后，上交学生学习工作页。

学生学习工作页

班级		姓名		分组号		日期	
任务名称							

你可能需要获得以下资讯才能更好地完成任务

1. 平敷焊是将焊件置于_____位置，在焊件上_____的操作方法。
2. 焊接工艺参数是指_____。焊条电弧焊的焊接工艺参数有_____、_____、_____、_____、_____、_____。
3. 短弧是指电弧长度为焊条直径的_____倍。
4. 当焊接电流太小时，_____。如果选用的焊接电流太大，焊接时的_____很大，焊条药皮_____，焊条_____；由于焊机负载过重，可听到明显的_____声，焊缝鱼鳞波纹_____。
5. 焊接时，焊条的运动方向有_____、_____、_____。
6. 焊条运条的方法有_____、_____、_____、_____等。
7. 焊缝的起头为防止缺陷的产生可采用_____方法。
8. 焊缝的接头有_____和_____。
9. 焊缝的收尾一般有_____、_____、_____三种。
10. 焊缝检验尺又称_____，是一种精密量规，可用来测量焊件、焊缝的_____、_____、及焊缝的_____、_____和角焊缝_____等。
11. 焊缝的外观缺陷有_____，你所焊接的焊缝出现了_____缺陷，你认为产生的原因是_____。

制订你的任务计划并实施

1. 写出完成任务的步骤。
2. 完成任务过程中，使用的材料、设备及工具有：
3. 你焊接的试件出现了哪些缺陷，请分析产生的原因并找出防止的方法。

任务完成了，仔细检查，客观评价，及时反馈

1. 试件完成后按评分标准小组成员进行自检、互检进行评分，成绩为_____。
2. 将焊接试件展示给本组及其他组的同学，请他们为试件评分，成绩为_____。
3. 其他组成员提出了哪些意见或建议，请记录在下面：

【总结与评价】

按评分标准由学生自检、互检及教师检查，对任务完成情况进行总结和评价。评分标准参照项目二任务1。

任务4 低碳钢板I形坡口对接平焊实训

【学习任务】

学习情境工作任务书

工作任务	低碳钢板I形坡口平对接焊实训		
试件图	（试件图：300×300板，厚度12，间隙标注111，长度150）		技术要求 1. 采用双面焊，间隙 b 为 3~4 mm； 2. 焊缝表面清理干净，并保持原始状态
		名称	I形坡口对接平焊
		材料	Q235-A
任务要求	1. 按实训任务技术要求在焊件上进行I形坡口对接平焊试件的焊接； 2. 进行焊缝外观检验，分析焊接缺陷产生原因，找出解决方法		
教学目标	能力目标	知识目标	素质目标
	1. 能够识读I形坡口对接平焊焊接图纸； 2. 能够选择I形坡口对接平焊焊接工艺参数； 3. 能够正确运用焊条角度，熟练进行I形坡口对接平焊操作。 4. 解决在I形坡口对接平焊操作中出现的问题	1. 掌握焊接识图知识； 2. I形坡口对接平焊焊接工艺参数的选择； 3. 掌握焊接缺陷有关知识	1. 培养学生吃苦耐劳能力； 2. 培养工作认真负责、踏实细致的意识； 3. 培养学生劳动保护意识； 4. 树立团队合作能力； 5. 培养学生的语言表达能力，增强责任心、自信心

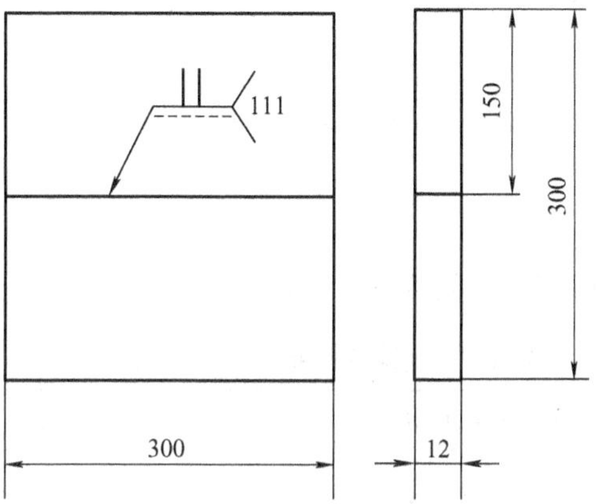

【知识准备】

一、焊缝符号及焊接方法代号

焊缝符号和焊接方法代号是供焊接结构图样上使用的统一符号和代号,也是一种工程语言,在我国焊缝符号和焊接方法代号分别由国家标准 GB 324—2008《焊缝符号表示法》和 GB/T 5185—2005《焊接及相关工艺代号方法》规定。通过焊缝符号与焊接方法代号配套使用就能简单明了地在图样上表示焊缝的焊接方法、焊缝形式、焊缝尺寸、焊缝表面状态、焊缝位置等内容。

1. 焊缝符号

焊缝符号一般由基本符号、辅助符号、补充符号、焊缝尺寸符号和指引线组成。

1) 基本符号

基本符号是表示焊缝横截面形状的符号,见表 2-17。

表 2-17 基本符号

序号	焊缝名称	焊缝横截面形状	符号
1	I 形焊缝		‖
2	V 形焊缝	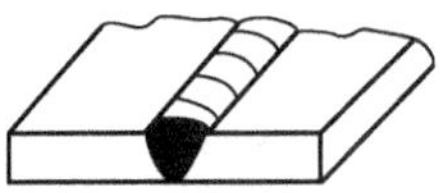	 ∨
3	带钝边 V 形焊缝	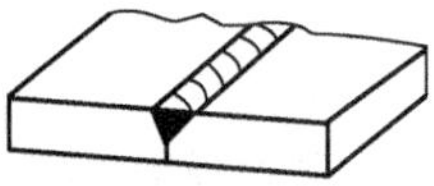	 Y
4	单边 V 形焊缝	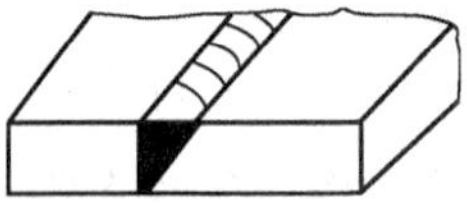	⊻
5	钝边单边 V 形焊缝		 ⊬
6	带钝边 U 形焊缝		 ⊻

续表

序号	焊缝名称	焊缝横截面形状	符号
7	封底焊缝	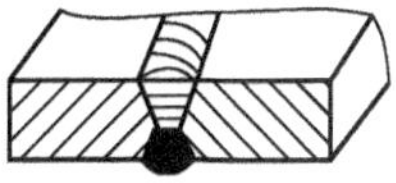	 ⌣
8	角焊缝	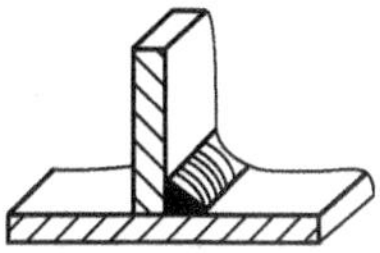	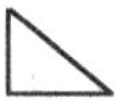 ◺
9	槽焊缝或塞焊缝	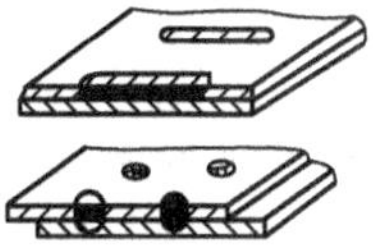	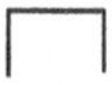 ⊓
10	喇叭形焊缝	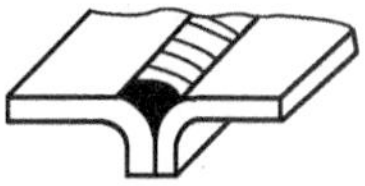	 ⋎
11	点焊缝	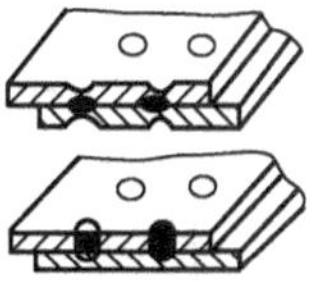	 ○
12	缝焊缝	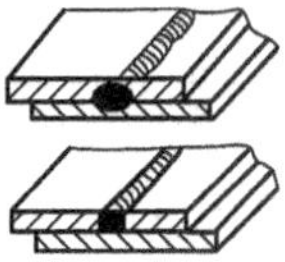	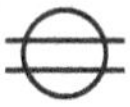 ⊖

2）辅助符号

辅助符号是表示焊缝表面形状特征的符号。

如不需要确切地说明焊缝的表面形状时，可以不用辅助符号。辅助符号的应用示例见表 2-18。

表 2-18 辅助符号

序号	名称	焊缝辅助形式	符号	说明
1	平面符号		—	表示焊缝表面平齐

续表

序号	名称	焊缝辅助形式	符号	说明
2	凹面符号	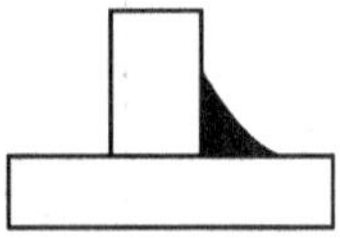	 ‿	表示焊缝表面凹陷
3	凸面符号	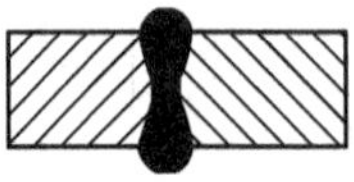	 ⌒	表示焊缝表面凸出

3) 补充符号

补充符号是为了补充说明焊缝的某些特征而采用的符号,见表 2-19。

表 2-19 补充符号

序号	名称	示意图	符号	说明
1	带垫板符号	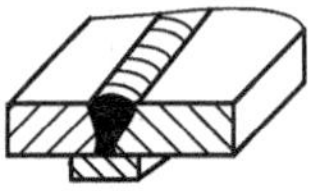	▭	表示焊缝底部有垫板
2	三面焊缝符号	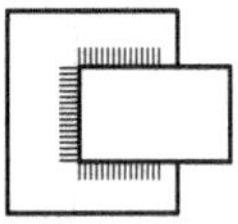	 ⊐	表示三面焊缝和开口方向
3	周围焊缝符号	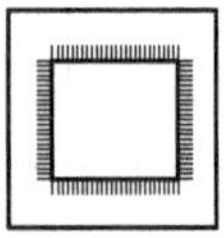	 ○	表示环绕工件周围焊缝
4	现场符号		▐	表示在现场或工地上进行焊接
5	尾部符号		 <	指引线尾部符号可参照 GB/T 5185—2005 标注焊接方法

4) 焊缝尺寸符号

焊缝尺寸符号是表示焊接坡口和焊缝尺寸,见表 2-20。

表 2-20 焊缝尺寸符号

序号	名称	符号	示意图	标注示例
	工件厚度 坡口角度 坡口深度 根部间隙 钝边高度	δ α H B p		
	焊缝段数 焊缝长度 焊缝间隙 焊角尺寸	n l e K		
	熔核直径	d		
	相同焊缝 数量符号	N		

5) 指引线

指引线一般由带有箭头的指引线（简称箭头线）和两条基准线（一条为实线，另一条为虚线）两部分组成，如图 2-65 所示。有时在基准线实线末端加一尾符号，作其他说明（如焊接方法等）。基准线的虚线可以画在基准线的实线下侧或上侧虚线在实线上下侧有何不同？请说明基准线一般应与图样的底边相平行，但在特殊情况下也可以与底边相垂直。

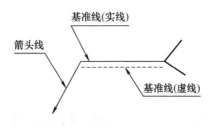

图 2-65 指引线

2. 焊缝符号和焊接方法代号在图样上的标注位置

完整的焊缝表示方法包括基本符号、辅助符号、补充符号、指引线、一些尺寸符号和数据。

1) 指引线的标注位置

带箭头的指引线相对焊缝的位置一般没有特殊要求，箭头线可以标在有焊缝一侧，也可以标在没有焊缝一侧，如图 2-66（a）、(b) 所示。但是在标注 V、Y、J 形焊缝时，箭头线应指向带有坡口侧的工件，如图 2-66（c）、(d) 所示。必要时，允许箭头线弯折一次，如图 2-67 所示。

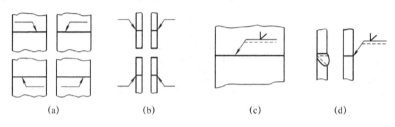

图 2-66 箭头线的位置

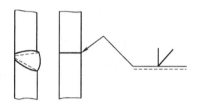

图 2-67 弯折的箭头线

（1）如果焊缝在箭头线所指的一侧（接头的箭头侧）时，则将基本符号标在基准线的实线侧，如图 2-68（a）所示。

（2）如果焊缝在箭头线所指的背面（接头的非箭头侧）时，则将基本符号标在基准线的虚线侧，如图 2-68（b）所示。

（3）标注对称焊缝及双面焊缝时，可不加虚线，如图 2-68（c）、(d) 所示。交错断续焊缝的标注方法见图 2-69 所示。

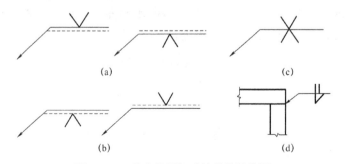

图 2-68 基本符号相对基准线的位置

(a) 焊缝在接头的箭头侧；(b) 焊缝在接头的非箭头侧；(c) 对称焊缝；(d) 双面焊缝

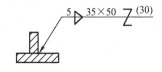

图 2-69　交错断续焊缝的标注

2) 辅助符号、补充符号的标注位置

辅助符号、补充符号的标注位置见表 2-18、表 2-19。

3) 尺寸符号的标注位置

焊缝尺寸符号的标注位置如图 2-70 所示。

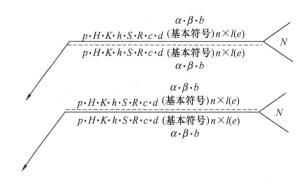

图 2-70　焊缝尺寸符号及数据的标注原则

(1) 基本符号的左侧标注。焊缝横截面上的尺寸数据，如坡口深度 H、焊角高度 K、焊缝有效厚度 S、根部半径 R、钝边高度 p、余高 h、焊缝宽度 c、熔核直径 d 等尺寸，必须标注在基本符号的左侧。

(2) 基本符号的右侧标注。焊缝长度方向的尺寸数据，如焊缝长度 l、焊缝间距 e、焊缝段数 n 等尺寸，必须标注在基本符号的右侧。

(3) 基本符号的上侧或下侧标注。焊缝的坡口角度 α、坡口面角度 β、根部间隙 b 等尺寸，必须标注在基本符号的上侧或下侧。

(4) 相同焊缝数量符号 N 的标注在指引线的尾部，标注表示焊接方法的数字代号或相同焊缝的个数。焊条电弧焊或没有特殊要求的焊缝，可以省略尾部符号和标注。

(5) 其他标注。当需要标注的尺寸数据较多又不易分辨时，可在数据前面增加相应的尺寸符号。当箭头方向变化时，上述原则不变。

4) 焊缝符号的简化标注方法

为了使图样清晰和减轻绘图工作量，可按国家标准《焊缝符号表示法》中规定的焊缝符号表示焊缝，即标注法。

(1) 当同一图样上全部焊缝所采用的焊接方法完全相同时，焊缝符号尾部表示焊接方法的代号可省略不注,但必须在技术要求或其他技术文件中注明"全部焊缝均采用××焊"等字样;当大部分焊接方法相同时,也可在技术要求或其他技术文件中注明"除图样中注明的焊接方法,其余焊缝均采用××焊"等字样。

(2)在焊缝符号中标注交错对称焊缝的尺寸时,允许在基准线上只标注一次。

(3)当断续焊缝、对称断续焊缝和交错断续焊缝的段数无严格要求时,允许省略焊缝段数,如图2-71所示。

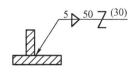

图2-71 断续焊缝、交错焊缝的标注

(4)当同一图样中全部焊缝相同且已用图示法明确表示其位置时,可统一在技术要求中用符号表示或用文字说明,如"全部焊缝为5"。当部分焊缝相同时,也可采用同样的方法表示,但剩余焊缝应在图样中明确标注。

(5)在同一图样中,当若干条焊缝的坡口尺寸和焊缝符号均相同时,可采用集中标注的方法;当这些焊缝在接头中的位置相同时,也可采用在焊缝符号的尾部加注相同焊缝数量的方法简化标注,但其他形式的焊缝,仍需分别标注,如图2-72所示。

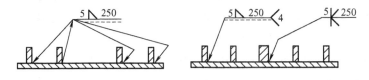

图2-72 焊缝的集中标注

5)识别焊缝代号的基本方法

(1)根据箭头的指引方向了解焊缝在焊件上的位置。

(2)看图样上焊件的结构形式(即组焊焊件的相对位置)识别出接头形式。

(3)通过基本符号可以识别焊缝形式(即坡口形式),基本符号上下标有坡口角度及装配间隙。

(4)通过基准线的尾部标注可以了解采用的焊接方法、对焊接的质量要求以及无损检验要求。

4.焊缝标注典型示例

焊缝标注典型示例见表2-21。

表 2-21 焊缝标注典型示例

焊缝形式	焊缝示意图	标注方法	焊缝符号意义
对接焊缝			坡口角度为 60°、根部间隙为 2 mm、钝边为 3 mm 且封底的 V 形焊缝，焊接方法为焊条电弧焊
角焊缝			上面为焊脚为 8 mm 的双面角焊缝，下面为焊脚为 8 mm 的单面角焊缝
对接焊缝与角焊缝组合焊缝			表示双面焊缝，上面为坡口面角度 45°、钝边为 3 mm、根部间隙为 2 mm 的单边 V 形对接激发，下面是焊脚为 8 mm 的角焊缝
角焊缝			表示 35 段、焊脚为 5 mm、间距为 30 mm、每段长为 50 mm 的交错断续角焊缝

二、焊接位置

熔焊时，焊件接缝所处的空间位置叫焊接位置。焊接位置可用焊缝倾角和焊缝转角来表示。有平焊、立焊、横焊和仰焊位置等。

焊缝倾角，即焊缝轴线与水平面之间的夹角，如图2-73所示。

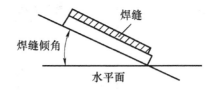

图2-73 焊缝倾角

焊缝转角，即焊缝中心线（焊根和盖面层中心连线）和水平参照面y轴的夹角，如图2-74所示。

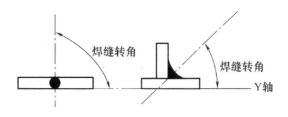

图2-74 焊缝转角

1. 平焊位置

平焊位置是焊缝倾角0°、焊缝转角90°的焊接位置，如图2-75(a)所示。

2. 横焊位置

横焊位置是焊缝倾角0°或180°，焊缝转角0°或180°的对接位置，如图2-75(b)所示。

3. 立焊位置

立焊位置是焊缝倾角90°（立向上）或270°（立向下）的焊接位置，如图2-75(c)所示。

4. 仰焊位置

仰焊位置是对接焊缝倾角0°或180°、转角270°的焊接位置，如图2-75(d)所示。

此外，对于角焊位置还规定了另外两种焊接位置：

5. 平角焊位置

平角焊位置是焊缝倾角0°或180°、转角45°或135°的角焊位置，如图2-75(e)所示。

6. 仰角焊位置

仰角焊位置是倾角0°。或180°、转角225°或315°的角焊位置，如图2-75(f)所示。

在平焊位置、横焊位置、立焊位置、仰焊位置进行的焊接分别称为平焊、横焊、立焊、仰焊。T形（十字）接头和角接接头处于平焊位置进行的焊接称为船形焊。在工程上常用的水平固定管的焊接，由于管子在360°的焊接中，有仰焊、立焊、平焊，所以称全位置焊接。当焊件接缝置于倾斜位置（除平、横、立、仰焊位置以外）时进行的焊接称为倾斜焊。

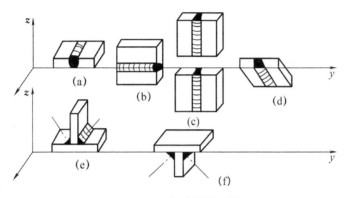

图2-75 各种焊接位置

（a）平焊；（b）横焊；（c）立焊；（d）仰焊；（e）平角焊；（f）仰角焊

【计划】

同项目二任务1。

【实施】

对接平焊是在平焊位置上焊接对接接头的一种操作方法。当板厚小于6 mm时采用I形坡口，也就是不开坡口的对接焊。焊件装配时应保证两板对接处平齐，当板厚为3～6 mm时，一般留有1～2 mm间隙；当板厚小于或等于3 mm时，为避免烧穿往往不留间隙。

一、安全检查

同项目二任务2。

二、焊前准备

同项目二任务2。

三、焊接工艺参数

低碳钢I形坡口对接接头的焊接参数见表2-22。

表 2-22　I 形坡口对接接头的焊接参数

焊件厚度/mm	正面焊缝		反面焊缝	
	焊条直径/mm	焊接电流/A	焊条直径/mm	焊接电流/A
3	3.2	90~120	3.2	90~120
4	3.2	100~120	3.2	100~130
	4	140~160	3.2	150~170
5	4	140~170	4	160~190
6	4	160~170	4	200~210

四、试件装配

1. 清理

试件装配前用角向磨光机、锉刀、砂布和钢丝刷等清理坡口正反两面各 20 mm 区域。

2. 背面封底焊

背面焊缝焊接时的焊接参数见表 2-22。此时可适当加大焊接电流。焊接时，焊条应直线形前进，运条速度可慢一些或者焊条做微微摆动，焊条与焊件的倾斜角见图 2-76。焊接时，若发现液态金属和熔渣混合不清（易产生夹渣），可适当加大焊接电流或把电弧稍微拉长一些，同时将焊条向前倾斜，并作往熔池后面推送熔渣的动作，将熔渣推向熔池后面，动作要快捷，以避免熔渣超前而产生夹渣等缺陷，见图 2-77。也可以采用熄弧，将焊道清理干净从引弧处进行焊接。

图 2-76　焊条角度　　　　　图 2-77　推送熔渣的方法

五、焊接质量评定

按评分标准对焊缝进行检查评定，I 形坡口对接平焊的评分标准见表 2-23。

表 2-23 I 形坡口对接平焊的评分标准

序号	考核内容及要求	评分标准	配分
1	两面焊缝不允许有裂纹、未熔合、烧穿、焊瘤等缺陷	有任何一种缺陷扣 15 分	15
2	咬边深度≤0.5 mm，焊缝两侧咬边总长度≤48 mm	咬边深度≤0.5 mm 累计长度每 3 mm 扣 1 分；咬边深度>0.5mm 扣 12 分。	12
3	未焊透深度≤1 mm	未焊透深度≤1 mm 累计长度每 3 mm 扣 1 分；未焊透深度>1 mm 扣 10 分	10
4	凹坑、接头脱节	每处扣 2 分	6
5	背面焊缝余高	余高≤2 mm 得 5 分；≤3 mm 得 3 分；>3 mm 得 0 分	5
6	背面焊缝成形	优得 10 分，良得 7 分，中得 4 分，差得 1 分	10
7	气孔、夹渣	气孔每处扣 1 分，夹渣每处扣 4 分	4
8	正面焊缝余高 0~3 mm；正面焊缝余高差 0~2 mm	任何一种尺寸超差扣 2 分	6
9	正面焊缝宽度比坡口每侧增宽 0.5~2 mm，宽度差≤2 mm	任何一种尺寸超差扣 2 分	6
10	正面焊缝成形	优得 10 分，良得 7 分，中得 4 分，差得 1 分	10
11	角变形≤3°	超标扣 5 分	5
12	错边量	错边量≤0.5 mm，超标扣 5 分	5
13	安全文明生产	工作服，卫生，工具摆放，一样不合格扣 2 分	6

【学生学习工作页】

任务完成后，上交学生学习工作页。

学生学习工作页

班级		姓名		分组号		日期	
任务名称							

你可能需要获得以下资讯才能更好地完成任务

1. 焊接接头的坡口根据其形状不同可分为_____、_____和_____3类。
2. 焊接接头的基本型坡有_____、_____、_____、_____、_____5种。
3. 待焊件上的_____称为坡口面，两坡口面之间的夹角为_____。
4. 焊件开坡口时，沿焊件接头坡口根部的_____部分叫钝边，钝边的作用是_____。
5. _____叫根部间隙，又称为_____，其作用是_____。
6. 两焊件表面构成大于或等于_____、小于或等于_____夹角的接头，叫对接接头。两焊件端部构成大于_____、小于_____夹角的接头，称为角接接头。
7. 一焊件的端面与另一焊件表面构成_____的接头，称为T形接头。两焊件部分重叠构成的接头称为_____。
8. 焊缝表面与母材的_____叫焊趾，焊缝表面两焊趾之间的距离叫____。
9. 超出母材表面连线上面的那部分焊缝金属的最大高度叫_____。
10. 角焊缝的横截面中，从一个直角面上的焊趾到另一个直角面表面的最小距离称为_____。在角焊缝的横截面中画出的最大等腰直角三角形中_____的长度叫焊脚尺寸。
11. 熔焊时，焊件接缝所处的空间位置叫_____，可用_____和_____来表示。
12. 用_____方法连接的接头称为焊接接头，焊接接头由_____、_____、_____3部分组成。
13. 焊接接头的5种基本类型是_____、_____、_____、_____和_____。
14. 对接接头常用的坡口形式有_____、_____、_____。
15. 常用的坡口加工方法有_____、_____、_____等，较难加工的坡口形式是_____坡口。
16. 按施焊时焊缝在空间所处的位置不同，可将其分为_____、_____、_____、_____4种形式。
17. 按焊缝结合形式不同可分为_____、_____、_____、_____和_____5种。
18. 焊缝符号一般由_____、_____、_____、_____和_____组成。
19. 解释下列焊缝符号的含义

续表

班级		姓名		分组号		日期	
任务名称							

制订你的任务计划并实施
1. 写出完成任务的步骤。
2. 完成任务过程中，使用的材料、设备及工具有：
3. 你焊接的试件出现了哪些缺陷，请分析产生的原因并找出防止的方法。

任务完成了，仔细检查，客观评价，及时反馈
1. 试件完成后按评分标准小组成员进行自检、互检进行评分，成绩为_____。
2. 将焊接试件展示给本组及其他组的同学，请他们为试件评分，成绩为_____。
3. 其他组成员提出了哪些意见或建议，请记录在下面：

【总结与评价】

按评分标准由学生自检、互检及教师检查对任务完成情况进行总结和评价。评分标准参照项目二任务1。

任务5　低碳钢板V形坡口对接平焊实训

【学习任务】

学习情境工作任务书

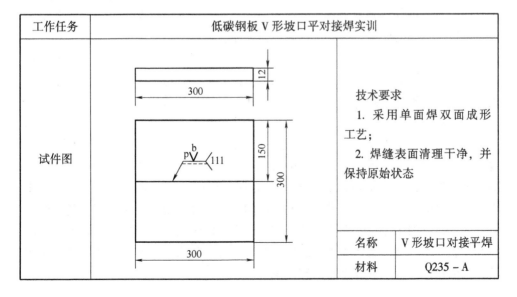

续表

工作任务	低碳钢板V形坡口平对接焊实训		
任务要求	1. 按实训任务技术要求运用单面焊双面成形技术进行V形坡口对接平焊试件的焊接； 2. 进行焊缝外观检验，分析焊接缺陷产生原因，找出解决方法		
教学目标	能力目标	知识目标	素质目标
	1. 能够识读V形坡口对接平焊焊接图纸； 2. 能够选择V形坡口对接平焊焊接工艺参数； 3. 能够正确运用焊条角度，熟练进行V形坡口对接平焊单面焊双面成形操作； 4. 解决在V形坡口对接平焊操作中出现的问题	了解单面焊双面成形知识； 2. 掌握V形坡口对接平焊焊缝的特点； 3. 掌握V形坡口对接平焊焊接工艺参数的选择； 4. 掌握焊接缺陷有关知识	1. 培养学生吃苦耐劳能力； 2. 培养工作认真负责、踏实细致的意识； 3. 培养学生劳动保护意识； 4. 树立团队合作能力； 5. 培养学生的语言表达能力，增强责任心、自信心

【知识准备】

一、单面焊双面成形技术的特点

单面焊双面成形技术是以单面施焊的方式，获得双面成形焊缝的操作手法。焊接时，不采取任何辅助措施，在具有V形或U形坡口的焊件上，在组装定位焊时需留出适当的间隙，当在试件坡口正面用普通焊条进行焊接时，就会在坡口的正、反面都得到均匀、整齐、成形良好、符合质量要求的焊缝。它与双面焊相比，可省去翻转焊件及对背面清根等工序，尤其适用于那些无法进行双面施焊的锅炉、压力容器的焊接，也是某些重要焊接结构所必须采用的焊接技术。单面焊双面成形操作技术常作为焊工技能培训和考核的重要内容之一。

单面焊双面成形的操作较难掌握。一般焊接操作时，要求在背面形成焊缝，也就是要有控制、有目的地让部分电弧在熔池前端形成"穿透性的小孔"，但熔融金属不能从焊缝背面流出去。要在背面形成焊缝，只有在焊接第一层才能实现，即打底焊道；同时还要有合适的装配间隙。另外，由于是单面焊，所以要控制好变形，一般采用反变形法，其反变形量需控制恰当。打底焊时，熔孔不易观察和控制，焊缝背面易造成未焊透或未熔合；在电弧吹力和熔化金属的重力作用下，背面易产生焊瘤或焊缝超高等缺陷。

二、单面焊双面成形操作要领

在单面焊双面成形过程中,应牢记"眼精、手稳、心静、气匀"八个字。所谓"眼精"就是在焊接过程中,焊工的眼睛要时刻注意观察焊接熔池的变化,注意"熔孔"的尺寸,每个焊点与前一个焊点重合面积的大小,熔池中熔化金属与熔渣的分离等。所谓"手稳"是指焊工的眼睛看到哪儿,焊条就应该按选用的运条方法、合适的弧长、准备无误地送到哪儿,保证正、背两面焊缝表面成形良好。所谓"心静"是要求焊工在焊接过程中,专心焊接,别无他想,任何与焊接无关的杂念都会使焊工分心,在运条、断弧频率、焊接速度等方面出现差错,从而导致焊缝产生各种焊接缺陷。所谓"气匀"是指在焊接过程中,无论是站位焊接、蹲位焊接还是躺位焊接,都要求焊工能保持呼吸平稳均匀,既不要大憋气,以免焊工因缺氧而烦躁,影响发挥焊接技能;也不要大喘气,使焊工身体因上下浮动而影响手稳。这八个字是经过多年实践总结而得到的经验总结,在指导焊工进行单面焊双面成形操作时收效很大。"心静、气匀"是前提,是对焊工思想素质上的要求,在焊接岗位上,每个焊工都要专心从事焊接工作,否则,不仅焊接质量不能提高,而且容易出安全事故。只有做到"心静、气匀",焊工的"眼精、手稳"才能发挥作用,所以这八个字既有各自独立的特性,又有相互依托的共性,需要焊工在焊接实践中仔细体会其中的奥秘。

【计划】

同项目二任务 1。

【实施】

一、安全检查

同项目二任务 2。

二、焊前准备

同项目二任务 2。

三、焊接工艺参数

V 形坡口对接平焊的焊接参数选择,见表 2-24。

表 2-24　V 形坡口对接平焊的焊接参数

焊接层次	焊条直径/mm	焊接电流/A	电弧电压/V
打底焊	3.2	90~110	22~24
填充焊	4.0	170~180	22~24
填充焊	4.0	160~180	22~24
盖面焊	4.0	160~170	22~24

四、试件装配

1. 清理

同项目二任务 4。

2. 装配

装配间隙始端为 3.2 mm，终端为 4.0 mm，即一头窄一头宽，以抵消焊缝的横向收缩而使焊缝末端间隙变小而不利于背面成形，以保证熔透坡口根部。错边量 ≤1~2 mm。

定位焊采用与焊接试件相同牌号的焊条，在试件两端坡口内进行定位焊，其焊缝长度为 10~15 mm，见图 2-78。始端可少焊些，终端应多焊一些，以防止在焊接过程中由于收缩造成的未焊段坡口间隙变窄而影响焊接。

预置反变形量为 3°，如图 2-79 所示。反变形角度的对边高度 Δ 为：

$$\Delta = b\sin\theta = 100\sin 3° = 5.23 \text{ mm}$$

获得反变形量的方法是，两手拿住其中一块钢板的两边，轻轻磕打另一块钢板，如图 2-80 所示。

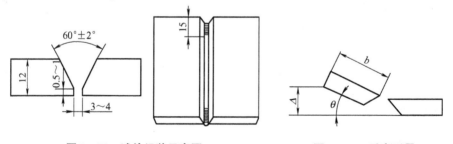

图 2-78　试件组装示意图　　图 2-79　反变形量

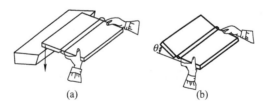

图 2-80　平板定位焊时预置的反变形量

重点提示：

◆ 试件装配时，可分别用直径为 3.2 mm 和 4.0 mm 的焊条夹在试件两端，用一直尺搁在被弯置的试件两侧，中间的空隙能通过一根带药皮的焊条，如图 2 – 81 所示（钢板宽度 δ = 100 mm 时，可放置直径 3.2 mm 的焊条；宽度 b = 125 mm 时，可放置直径 4.0 mm 的焊条）。这样预置的反变形量待试件焊后其变形角均在合格范围内。

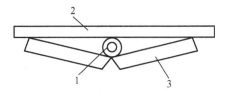

图 2 – 81　反变形量经验测定法
1 – 焊条；2 – 直尺；3 – 焊件

五、操作技术

1. 打底焊

将装配好的试板放在用槽钢或角钢制作的工装上，使试板焊缝下面悬空。间隙小的一端放在左侧，并从该侧进行焊接。单面焊双面成形中，关键在于打底层的焊接。它主要有 3 个重要环节，即引弧、收弧和接头。

打底焊的焊接方式有断弧法和连弧法两种。

1）断弧法

断弧法又分为两点击穿法和一点击穿法两种手法。焊接时，主要是依靠电弧时燃时灭的时间长短来控制熔池的温度、形状及填充金属的薄厚，以获得良好的背面成形和内部质量。现在主要介绍断弧法的两点击穿法。

（1）引弧。在始焊端前方 10 ~ 15 mm 处的坡口上引燃电弧，然后将电弧拉回始焊处，并略抬高电弧稍作预热，当坡口根部产生微熔化的"汗珠"时，立即将焊条压低，待 1 ~ 2 s 后，可听到电弧穿透坡口而发出的"噗噗"声，当看到定位焊缝以及相接坡口两侧金属开始熔化，并形成第一个熔池时立即灭弧。此时熔池前端应有熔孔，深入两侧母材 0.5 ~ 1 mm，如图 2 – 82 所示，此处所形成的熔池是整条焊道的起点。当熔池边缘变成暗红、熔池金属尚未完全凝固、熔池中心处于半熔化状态时，在护目镜下观察到呈亮黄颜色时，应立即重新引燃电弧，并在该熔池左前方靠近根部的坡口面上，焊条以一定倾角略向下轻微的压一下，击穿焊件根部，击穿时先以短弧对焊件根部加热 1 ~ 2 s，然后再迅速将焊条逆焊接方向挑划，当听到焊件被击穿的"噗噗"声时，应迅速地使用一定长的弧柱带着熔滴穿过熔孔，打开熔孔后立即灭弧；大约经过 1 s 以后，在上述左侧坡口根部熔池尚未完全凝固时再迅速引弧，并迅速将电弧移向第一个熔池的右前方靠近根部的坡口面上，按照上述击穿左侧坡口的方法来击穿右侧坡口根部，然后迅速灭弧。这种连续不断地反复在坡口根部左右两侧交叉击穿的运条方法，称为两点击穿法。

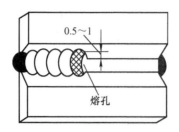

图 2-82　V 形坡口对接平焊时的熔孔

一点击穿法操作时，建立第一个熔池的方法与两点法相同。所不同的是当第一个熔池边缘变成暗红，熔池中间仍处于熔融状态时，可立即在熔池中间引燃电弧，此时应使电弧同时熔化两侧钝边，听到"噗噗"声后果断灭弧。

断弧焊法每引燃、熄灭电弧一次，就完成一个焊点的焊接，其节奏控制在每分钟 45~60 次之间，以防止产生缩孔。施焊过程中每个焊点与前一个焊点重叠 2/3，另外 1/3 作用在熔池的前方，用来熔化和击穿坡口根部形成熔池。

（2）焊缝的收弧。收弧前，应在熔池前方做一个熔孔，然后回焊 10 mm 左右，再灭弧，或向末尾的根部送进 2~3 滴熔滴，然后灭弧，以使熔池缓慢冷却避免接头时出现冷缩孔。

（3）焊缝的接头。焊缝的接头可采用热接法。更换焊条时的熄弧与接头也是单面焊双面成形技术的关键之一。为防止因熄弧不当而产生的冷缩孔，熄弧前应在熔池边缘迅速地连续点焊，使焊条滴下 2~3 滴熔滴，以达到填满熔池并使其缓慢冷却的目的，然后再将电弧压低并移至某一坡口面，再迅速灭弧。在迅速更换焊条后，先在距焊道端头 10~15 mm 处的任一侧坡口面上引弧，然后在将电弧回拉的过程中，使电弧从坡口面侧绕至接头端加热，随后再将电弧送入根部，使其形成更换焊条后的第一个熔池，最后即转入正常操作。

更换焊条时的电弧轨迹如图 2-83 所示。电弧在图中①的位置重新引弧，沿焊道至接头处②的位置，做长弧预热来回摆动。摆动几下（③~⑥）之后，在⑦的位置压低电弧。当出现熔孔并听到"噗噗"声时，迅速灭弧。这时更换焊条的操作结束，可转入正常的断弧焊法焊接。

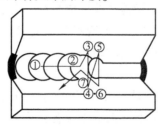

图 2-83　更换焊条时的电弧运行轨迹

重点提示：

◆断弧法要求每一个熔滴都要准确送到欲焊位置，控制好电弧燃烧、断弧节奏。若节奏过快，坡口根部熔不透；反之节奏过慢，熔池温度过高，焊件背后焊缝会超高，甚至出现焊瘤和烧穿现象。要求每形成一个熔池都要在其前面出现一个熔孔，熔孔的轮廓由熔池边缘和坡口两侧被熔化的缺口构成。

2）连弧法

用连弧焊法操作时，即在焊接过程中电弧始终燃烧，焊条做连续、有规则的摆动，因此必须保证坡口质量，要采取较小的根部间隙，选用较小的焊接电流，使熔滴均匀地过渡到熔池中，得到致密、平整、均匀的背面焊缝。

（1）引弧。连弧焊时从定位焊缝上引弧，焊条在坡口内侧作"U"形运条，如图2-84所示。电弧从坡口两侧运条时均稍停顿，焊接频率约为每分钟50个熔池，并保证熔池间重叠2/3，熔孔明显可见，每侧坡口根部熔化缺口为0.5~1 mm左右，同时听到击穿坡口的"噗噗"声。一般直径3.2 mm的焊条可焊接约100 mm长的焊缝。

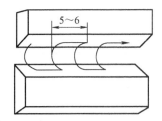

图2-84 连弧法焊接的电弧运行轨迹

（2）接头。焊缝的接头时，更换焊条应迅速，在接头处的熔池后面约10 mm处引弧。焊至熔池处，应压低电弧击穿熔池前沿，形成熔孔，然后向前运条，以2/3的弧柱压在熔池上，1/3的弧柱压在焊件背面燃烧为宜。收尾时，将焊条运到坡口面上缓慢向后提起收弧，以防止在弧坑表面产生缩孔。

2. 填充焊

填充焊之前，要清理前层焊道的焊渣、夹角和飞溅物，将凸起处修平，特别是死角处更要清理干净。填充焊采用直径4 mm的焊条，焊条横摆运弧或反月牙形运弧，填充焊时应注意以下几点：

（1）焊条摆动到两侧坡口处要稍做停留，做到两边停中间快，这是控制熔池温度的一种手段，其用意是提高焊缝两侧温度，保证两侧有一定的熔深，防止中间温度过高，使填充焊道略向下凹。

（2）填充焊时不得击穿根部焊道，焊层高度要低于母材坡口表面1 mm左右，要注意不能熔化坡口两侧的棱边，以便于盖面焊时掌握焊缝宽度，如图2-85所示。

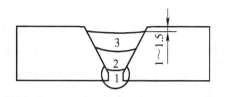

图 2-85　盖面焊前焊层高度示意图

3. 盖面焊

采用直径 4.0 mm 焊条，焊条与焊接方向的夹角应保持在 75°左右；采用月牙形运条法和"八"字形运条法；焊接电流应稍小一点，运弧的幅度稍大些，以坡口两侧熔合 0.5~1 mm 为宜，运弧时应遵循两边慢中间快的原则，焊条摆动到坡口边缘时应稍做停顿，以免产生咬边。熔池形状是平直的，见图 2-86，最后成形才是平滑过渡。

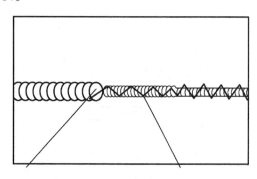

图 2-86　熔池各段焊道形示意图

更换焊条收弧时应对熔池稍填熔滴，迅速更换焊条，并在弧坑前 10 mm 左右处引弧，然后将电弧退至弧坑的 2/3 处，填满弧坑后进行正常焊接。接头时应注意，若接头位置偏后，则接头部位焊缝过高；若偏前，则焊道脱节。焊接时应注意保证熔池边缘不得超过表面坡口棱边 2 mm；否则焊缝超宽。盖面层的收弧采用划圈法和回焊法，最后填满弧坑使焊缝平滑。

六、焊接质量评定

按评分标准对焊缝进行检查评定，V 形坡口对接平焊的评分标准见表 2-25。

表 2-25　V 形坡口对接平焊的评分标准

序号	考核内容及要求	评分标准	配分
1	两面焊缝不允许有裂纹、未熔合、烧穿、焊瘤等缺陷	有任何一种缺陷扣 15 分	15
2	咬边深度≤0.5 mm，焊缝两侧咬边总长度≤48 mm	咬边深度≤0.5 mm 累计长度每 3 mm 扣 1 分；咬边深度>0.5 mm 扣 12 分	12
3	未焊透深度≤1mm	未焊透深度≤1 mm 累计长度每 3 mm 扣 1 分；未焊透深度>1 mm 扣 10 分	10
4	凹坑、接头脱节	每处扣 2 分	6
5	背面焊缝余高	余高≤2 mm 得 5 分；≤3 mm 得 3 分；>3 mm 得 0 分	5
6	背面焊缝成形	优得 10 分，良得 7 分，中得 4 分，差得 1 分	10
7	气孔、夹渣	气孔每处扣 1 分，夹渣每处扣 4 分	4
8	正面焊缝余高 0~3 mm；正面焊缝余高差 0~2 mm	任何一种尺寸超差扣 2 分	6
9	正面焊缝宽度比坡口每侧增宽 0.5~2 mm，宽度差≤2 mm	任何一种尺寸超差扣 2 分	6
10	正面焊缝成形	优得 10 分，良得 7 分，中得 4 分，差得 1 分	10
11	角变形≤3°	超标扣 5 分	5
12	错边量	错边量≤0.5 mm，超标扣 5 分	5
13	安全文明生产	工作服，卫生，工具摆放，一样不合格扣 2 分	6

【学生学习工作页】

任务完成后，上交学生学习工作页。

学生学习工作页

班级		姓名		分组号		日期	
任务名称							

你可能需要获得以下资讯才能更好地完成任务

1. 单面焊双面成形技术是以_____施焊的方式，获得_____成形焊缝的操作手法。焊接时，不采取任何_____，在具有V形或U形坡口的焊件上，在组装定位焊时需留出适当的_____，当在试件坡口正面用普通焊条进行焊接时，就会在坡口的正、反面都得到均匀、整齐、成形良好、符合质量要求的焊缝。

2. 单面焊双面成形中，要求焊缝正、反面都能得到均匀整齐而无缺陷的焊道。其关键在于____的焊接。它主要有3重要环节，即____、____和____。打底焊的焊接方式有_____和_____两种。

3. 在单面焊双面成形过程中，应牢记_____八个字。

4. 装配间隙始端为____mm，终端为____mm，两边不一样的原因是_____。

5. 通过调整焊条角度变化和焊接速度的调整，可以控制熔孔尺寸，使熔孔的形状和大小始终保持一致。

6. 为了保证背面能焊透，装配组对时必须留有适当的间隙。根据不同的焊接位置和操作习惯，装配间隙在焊芯直径的_____倍的范围内选取；连弧焊时，则在焊芯直径的_____倍范围内选取。

制订你的任务计划并实施

1. 写出完成任务的步骤。
2. 完成任务过程中，使用的材料、设备及工具有：
3. 你焊接的试件出现了哪些缺陷，请分析产生的原因并找出防止的方法。

任务完成了，仔细检查，客观评价，及时反馈

1. 试件完成后按评分标准小组成员进行自检、互检进行评分，成绩为_____。
2. 将焊接试件展示给本组及其他组的同学，请他们为试件评分，成绩为_____。
3. 其他组成员提出了哪些意见或建议，请记录在下面：

【总结与评价】

按评分标准由学生自检、互检及教师检查对任务完成情况进行总结和评价。评分标准参照项目二任务1。

任务6 低碳钢板V形坡口对接立焊实训

【学习任务】

学习情境工作任务书

工作任务	低碳钢板V形坡口对接立焊实训		
试件图	（试件图，标注：111、p、b、300、150、300、12、60°）	技术要求 1. 采用单面焊双面成形工艺； 2. 焊缝表面清理干净，并保持原始状态	
		名称	V形坡口对接立焊
		材料	Q235-A
任务要求	1. 按实训任务技术要求运用单面焊双面成形技术进行V形坡口对接立焊试件的焊接； 2. 进行焊缝外观检验，分析焊接缺陷产生原因，找出解决方法		
教学目标	能力目标	知识目标	素质目标
	1. 能够识读V形坡口对接立焊焊接图纸； 2. 能够选择V形坡口对接立焊焊接工艺参数； 3. 能够正确运用焊条角度，熟练进行V形坡口对接立焊单面焊双面成形操作； 4. 解决在V形坡口对接立焊操作中出现的问题	1. 了解焊接识单面双面成形知识； 2. 掌握V形坡口对接立焊焊缝的特点； 3. 掌握V形坡口对接立焊焊接工艺参数的选择； 4. 掌握焊接缺陷产生原因及防止方法	1. 培养学生吃苦耐劳能力； 2. 培养工作认真负责、踏实细致的意识； 3. 培养学生劳动保护意识； 4. 树立团队合作能力； 5. 培养学生的语言表达能力，增强责任心、自信心

【知识准备】

立焊是在垂直方向进行焊接的一种操作方法。立焊时熔池金属和熔渣受重力作用而下坠，当熔池温度过高或体积过大时，液态金属易下淌形成焊瘤，焊缝成形困难，焊缝不如平焊时美观。

为了减小和防止液态金属下淌而产生焊瘤，焊接时须采用较小的焊接参数。对于薄件一般选用跳弧法施焊，电弧离开熔池的距离尽可能短些，跳弧的最大弧长应不大于6 mm。对中厚板或较薄板可采用小月牙形或锯齿形跳弧运条法。对于厚板采用多层焊，层数则由焊件的厚度来确定。在打底焊时，应选用直径较小的焊条和较小的焊接电流，采用小三角形运条法，各层焊缝都应及时清理焊渣，并检查焊缝质量。盖面焊接的运条方法按所需焊缝高度的不同来选择，运条的速度必须均匀，在焊缝两侧稍作停留，这样有利于熔滴的过渡，防止产生咬边等缺陷。

立焊有两种操作方法。一种是由下向上施焊，简称向上立焊，它是目前生产在最常用的方法；另一种是由上向下施焊，简称向下立焊，这种方法要求专用的向下立焊焊条才能保证焊缝质量。

【计划】

同项目二任务1。

【实施】

一、安全检查

同项目二任务2。

二、焊前准备

同项目二任务2。

三、焊接工艺参数

板V形坡口对接向上立焊的焊接参数选择见表2－26。

表2－26 板V形坡口对接向上立焊的焊接参数

焊接层次	焊条直径/mm	焊接电流/A	电弧电压/V
打底焊（1）	3.2	90~110	22~24
填充焊（2、3）	3.2	100~110	22~26
盖面焊（4）	3.2	100~110	22~24

四、试件装配

同项目二任务 5。

五、操作技术

1. 握焊钳的方法

焊接时握焊钳有正握法和反握法,如图 2-87 所示。在焊接位置操作较为方便的情况下,均用正握法;当焊接部位距离地面较近,采用正握法焊条难以摆正时,则采用反握法。正握法在焊接时较为灵活,活动范围较大,尤其立焊位置利用手腕的动作,便于控制焊条摆动的节奏。因此,正握法是常用的握焊钳的方法。

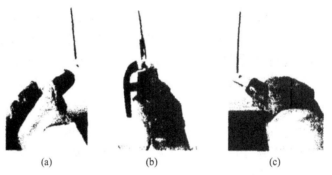

图 2-87 握焊钳的方法
(a)、(b) 正握法;(c) 反握法

2. 打底焊

1) 引弧

将焊件垂直固定在离地面一定距离的工装上,间隙小的一端在下面,由下向上焊接。打底焊时可采用断弧法。在定位焊缝上引弧,当焊至定位焊缝尾部时,应稍加预热,将焊条向根部顶一下,听到"噗噗"声,表明坡口根部已被熔透,此时第一个熔池已经形成,熔池前方应有熔孔,该熔孔向坡口两侧各深入 0.5~1 mm。当第一个熔池形成后,立即熄弧,使熔池金属有瞬时凝固的机会,熄弧时间应视熔池液态金属凝固的状态而定,当液态金属的颜色由明亮变暗时,立即送入焊条施焊,进而形成第二个熔池。依次重复操作,直至完成打底焊道。打底焊采用月牙形或锯齿形横向运条方法,短弧操作(弧长小于焊条直径)。焊条的下倾角为 60°~80°,如图 2-88 所示。

2) 接头

打底焊道需要更换焊条而停弧时,先在熔池上方做一个熔孔,然后回焊 10~15 mm 熄弧,并使其形成斜坡形。接头可分为热接和冷接两种方法。

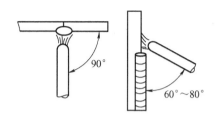

图2-88 板对接向上立焊时的焊条角度

（1）热接法。当弧坑还处在红热状态时，在弧坑下方10~15 mm处的斜坡上引弧，并焊至收弧处，使弧坑根部温度逐步升高，然后将焊条沿预先做好的熔孔向坡口根部顶一下，使焊条与试件的下倾角增大到90°左右，听到"噗噗"声后，稍作停顿，恢复正常焊接。停顿时间一定要适当，若过长，易使背面产生焊瘤；若过短，则不易接上头。另外焊条更换的动作越快越好，落点要准。

（2）冷接法。当弧坑已经冷却，用砂轮和扁铲在已焊的焊道的收弧处打磨一个10~15 mm的斜坡，在斜坡上引弧并预热，使弧坑根部温度逐步升高，当焊至斜坡最低处时，将焊条沿预先做好的熔孔向坡口根部顶一下，听到"噗噗"声后，稍作停顿，再提起焊条进行正常焊接。

3. 填充焊

（1）对打底焊缝仔细清渣，应特别注意死角处焊渣的清理。

（2）在距离焊缝始端10 mm左右处引弧后，将电弧拉回到始端施焊。每次都应按此法操作，以防止出现缺陷。

（3）采用横向锯齿形或月牙形运条法摆动，焊条摆动到两侧坡口处要稍作停顿，以利于熔合及排渣，并防止焊逢两边产生死角，如图2-89所示。

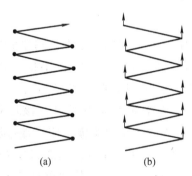

图2-89 锯齿形运条示意图

(a) 电弧两侧稍作停顿；(b) 电弧两侧稍作上、下摆动

（4）焊条与试件的下倾角为70°~80°。

（5）最后一层的厚度，应使其比母材表面低0.5~1.0 mm，且应呈凹形，不得熔化坡口棱边，以利于盖面层保持平直。

4. 盖面焊

（1）盖面焊焊道的引弧与填充焊相同。试件与焊条的下倾角为 60°～70°，运条方法可根据焊缝余高的不同要求加以选择。如要求余高较大，焊条采用月牙形摆动；如要求稍平，则可作锯齿形摆动。

（2）如图 2-90 所示，焊条摆动坡口边缘 a、b 两点时，要压低电弧并稍作停留，这样有利于熔滴过度和防止咬边，摆动到焊道中间时要快些，防止熔池外形凸起产生焊瘤。

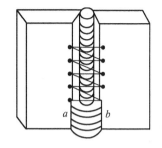

图 2-90　盖面层焊接运条法

（3）可采用比表所示稍大的焊接电流，用快速摆动法采用短弧运条，使焊条末端紧靠熔池快速摆动，并在坡口边缘稍作停留，以防咬边。前进速度要均匀一致，使每个新熔池覆盖前一个熔池的 2/3～3/4，以获得薄而细腻的焊缝波纹。

（4）更换焊条前收弧时，应对熔池填满熔滴，迅速更换焊条后，再在弧坑上方 10 mm 左右的填充层焊缝金属上引弧，并拉至原弧坑处填满弧坑后，继续施焊。

六、焊接质量评定

按评分标准对焊缝进行检查评定，V 形坡口对接立焊的评分标准见表 2-27。

表 2-27　V 形坡口对接立焊的评分标准

序号	考核内容及要求	评分标准	配分
1	两面焊缝不允许有裂纹、未熔合、烧穿、焊瘤等缺陷	有任何一种缺陷扣 10 分	10
2	咬边深度≤0.5 mm，焊缝两侧咬边总长度≤48 mm	咬边深度≤0.5 mm 累计长度每 3 mm 扣 1 分；咬边深度>0.5mm 扣 12 分。	12
3	未焊透深度≤1 mm	未焊透深度≤1 mm 累计长度每 3 mm 扣 1 分；未焊透深度>1 mm 扣 10 分	10
4	凹坑、接头脱节	每处扣 2 分	6
5	背面焊缝余高	余高≤2 mm 得 5 分；≤3 mm 得 3 分；>3 mm 得 0 分	5
6	背面焊缝成形	优得 10 分，良得 7 分，中得 4 分，差得 1 分	10
7	气孔、夹渣	气孔每处扣 1 分，夹渣每处扣 5 分	5
8	正面焊缝余高 0～3 mm；正面焊缝余高差 0～2 mm	任何一种尺寸超差扣 4 分	

续表

序号	考核内容及要求	评分标准	配分
9	正面焊缝宽度比坡口每侧增宽 0.5~2 mm，宽度差≤2 mm	任何一种尺寸超差扣 4 分	8
10	正面焊缝成形	优得 10 分，良得 7 分，中得 4 分，差得 1 分	10
11	角变形≤3°	超标扣 5 分	5
12	错边量	错边量≤0.5 mm，超标扣 5 分	5
13	安全文明生产	工作服，卫生，工具摆放，一样不合格扣 2 分	6

【学生学习工作页】

任务完成后，上交学生学习工作页。

学生学习工作页

班级		姓名		分组号		日期	
任务名称							

你可能需要获得以下资讯才能更好地完成任务

1. 立焊是在_____方向进行焊接的一种操作方法。立焊时熔池金属和熔渣受_____等作用下坠，当熔池温度过高或体积过大时，液态金属易_____形成焊瘤，焊缝成形困难，焊缝不如平焊时美观。为了减小和防止液态金属下淌而产生焊瘤，焊接时须采用较小的_____。对于薄件一般选用_____法施焊，对中厚板或较薄板可采用_____法。对于厚板采用_____法。

2. 立焊有两种操作方法。一种是由下向上施焊，简称_____，它是目前生产在最常用的方法；另一种是由上向下施焊，简称_____，这种方法要求专用的向下立焊焊条才能保证焊缝质量。

3. 立焊焊接时握焊钳有_____和_____，在焊接位置操作较为方便的情况下，均用_____；当焊接部位距离地面较近，采用正握法焊条难以摆正时，则采用_____。

4. 板对接立焊的操作要领可以归纳为"一看、二听、三准"。就是在焊接时注意观察_____和_____，并基本保持一致。熔池形状为_____，熔池前端应有一个深入母材两侧坡口根部约_____的熔孔。当熔孔过大时，应减小_____；当熔孔过小时，应_____。

5. 注意听电弧击穿坡口根部发出的_____声，如果没有这种声音，就是没焊透。施焊时，焊条的中心要始终对准熔池前端与母材的交界处，使每个熔池与前一熔池搭接_____左右，并始终保证弧柱有_____在背面燃烧，以加热和击穿坡口根部，保证背面焊缝的熔合。

续表

班级		姓名		分组号		日期	
任务名称							
制订你的任务计划并实施 1. 写出完成任务的步骤。 2. 完成任务过程中，使用的材料、设备及工具有： 3. 你焊接的试件出现了哪些缺陷，请分析产生的原因并找出防止的方法。							
任务完成了，仔细检查，客观评价，及时反馈 1. 试件完成后按评分标准小组成员进行自检、互检进行评分，成绩为_____。 2. 将焊接试件展示给本组及其他组的同学，请他们为试件评分，成绩为_____。 3. 其他组成员提出了哪些意见或建议，请记录在下面：							

【总结与评价】

按评分标准由学生自检、互检及教师检查对任务完成情况进行总结和评价。评分标准参照项目二任务1。

任务7 低碳钢板 V 形坡口对接横焊实训

【学习任务】

学习情境工作任务书

工作任务	低碳钢板 V 形坡口对接横焊实训	
试件图	（试件图：300×150，板厚12，V形坡口60°，p b 1:1）	技术要求 1. 采用单面焊双面成形工艺； 2. 焊缝表面清理干净，并保持原始状态
	名称	V 形坡口对接横焊
	材料	Q235 - A

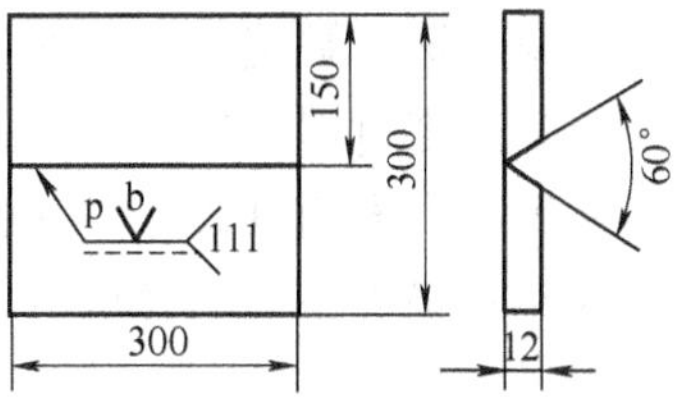

工作任务	低碳钢板 V 形坡口对接横焊实训		
任务要求	1. 按实训任务技术要求运用单面焊双面成形技术进行 V 形坡口对接横焊试件的焊接； 2. 进行焊缝外观检验，分析焊接缺陷产生原因，找出解决方法		
教学目标	能力目标	知识目标	素质目标
	1. 能够识读 V 形坡口对接横焊焊接图纸； 2. 能够选择 V 形坡口对接横焊焊接工艺参数； 3. 能够正确运用焊条角度，熟练进行 V 形坡口对接横焊单面焊双面成形操作； 4. 解决在 V 形坡口对接横焊操作中出现的问题	1. 了解焊接识单面焊双面成形知识； 2. 掌握 V 形坡口对接横焊焊缝的特点； 3. 掌握 V 形坡口对接横焊焊接工艺参数的选择； 4. 掌握焊接缺陷产生原因及防止方法	1. 培养学生吃苦耐劳能力； 2. 培养工作认真负责、踏实细致的意识； 3. 培养学生劳动保护意识； 4. 树横团队合作能力； 5. 培养学生的语言表达能力，增强责任心、自信心

【知识准备】

横焊是在垂直面上焊接水平焊缝的一种操作方法。由于熔化金属受重力的作用，容易下淌而产生各种缺陷，所以应采用短弧焊接，并选用较小直径的焊条、较小的焊接电流及适当的运条方法。较薄板焊接时可以采用 I 形坡口，直线往复式运条、短弧直线或小斜圆圈形运条，以得到合适的熔深。厚板采用 V 形或 K 形坡口，其特点是下板不开坡口或下板开坡口角度小于上板，这样有利于焊缝成形。

V 形坡口对接横焊时，熔滴和熔渣受重力作用而下淌，容易产生焊缝上侧咬边、焊缝下侧金属下坠、焊瘤、夹渣、未焊透等缺陷。为克服重力的影响，避免上述缺陷的产生，要避免焊接过程中运条速度过慢、熔池体积过大、焊接电流过大和电弧过长等不正确操作。宜用短弧焊接，多道堆焊，并根据焊道的不同位置调整合适的焊条角度。打底层焊应选择小直径焊条、断弧频率要适宜，电弧在坡口根部停留时间要得当。

【计划】

同项目二任务 1。

【实施】

一、安全检查

同项目二任务2。

二、焊前准备

同项目二任务2。

三、焊接工艺参数

低碳钢板材对接横焊的焊接参数见表2-28。

表2-28 低碳钢板材对接横焊的焊接参数

焊接层次	焊条直径/mm	焊接电流/A	电弧电压/V
定位焊	3.2	85~90	22~24
打底焊	3.2	100~110	22~24
填充焊	3.2	120~130	22~24
盖面焊	3.2	115~125	22~24

四、试件装配

同项目二任务5。

五、操作技术

1. 打底焊

将试件垂直固定于焊接架上，并使焊接坡口处于水平位置，将试件小间隙的一端处于左侧，并从该侧开始焊接。焊前检查焊件的清理、定位和焊件固定的高度是否合适。第一层为打底焊，可采用断弧焊或连弧焊，以后各层采用多层多道连弧焊接法。

1) 断弧焊法的打底焊

打底焊时，采用直径3.2 mm 的焊条焊接，焊前调试好焊接参数，在始焊端定位焊缝上中段处引弧，以连弧焊作小锯齿形或圆圈形运弧，焊至定位焊缝的终端，放慢焊接速度压低电弧，对准坡口根部中心，将焊条向背面顶送并稍作停顿，当听到电弧击穿坡口根部的"噗"声时，形成第一个熔池立即熄灭。运弧时从上钝边到下钝边，要有一定的斜度，上下两钝边先后熔化焊透形成搭桥，前面有熔孔出现，后面有熔池，电弧回带一下即停（灭）弧，待熔池金属凝固的同时再起弧，引弧的位置在坡口内上钝边处，钝边熔化的同时，电弧稍作深入0.5~1 mm，随后移到下钝边，下钝边熔化的同时电弧要达到底部深入0.5~1 mm，上下钝边熔化连接形成熔池，并有新的熔孔即熄弧。依次反复进行焊接可顺利地进行断弧打底焊。要控制好电弧在上下钝边的停留时间，若快了熔合不好或背部咬边，反之慢了则熔化金属会跟下来，焊道形成下坠。要运用好引弧、运弧、熄弧的时间，要求后一个熔池覆盖前一个熔池的1/3左右，断弧焊运弧至下钝边时电弧要适当短些。

2）连弧焊法的打底焊

连弧焊打底焊一般用于碱性焊条。引弧方法与断弧焊相同，焊接速度视焊透和焊缝成形情况而定。及时调整焊条角度、运弧方法和焊接速度。焊条的前进角度为75°~85°，左右角度即下倾角为70°~80°。

连弧焊打底，电弧不间断，焊接速度快，运弧方法一般都是以小锯齿形或斜圆圈形。施焊过程中要采用短弧，使电弧的1/3在熔池前，用来击穿和熔化坡口根部，2/3覆盖在熔池上，用来保护熔池，防止产生气孔。

连弧焊运条时首先向下坡口摆动，熔化下坡口根部，然后再熔化上坡口根部，使熔孔呈斜椭圆形，下半圆在前，上半圆在后，如图2-91所示。

2. 填充焊

填充焊一般为多层多道焊，焊前彻底清理好前层焊接的飞溅物、焊渣、夹角和凸起处，多层多道焊的排列如图2-92所示。图2-93为各层焊道的焊条角度示意图。

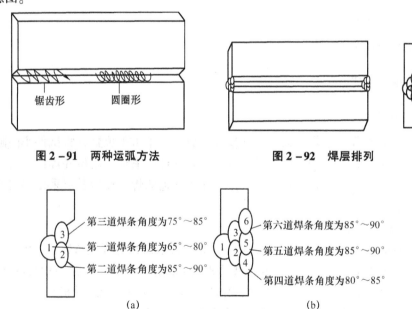

图2-91 两种运弧方法　　　　　图2-92 焊层排列

图2-93 焊层与焊条角度

（a）三层三道焊；（b）多层多道焊

多层多道焊接，对焊条的角度很重要，焊条下压紧而灵活，运条的幅度很小，焊道与焊道之间应平滑过渡，避免产生沟槽、棱角。各层次焊接停弧时，均应增加焊接速度、熔池衰减并停在熔池的前方，焊缝的接头引弧时应在接头前20~30 mm处引燃电弧，以较快的焊接速度回焊移至接头处，接头后再继续前行焊接。收弧时，因是板材对接焊缝，只能用回焊法或用断弧焊填满弧坑收弧。

填充层焊完后，焊缝表面应距下坡口棱边约1.5 mm，距上坡口棱边约0.5 mm，注意不要破坏坡口两侧棱边，若填充层焊道有凹凸处应在盖面前予以补平，为盖面焊做好准备。

3. 盖面焊

盖面层焊接也采用多道焊（图2-93中第4、5、6道），依次从下往上堆焊，焊条与焊件角度见图2-93。

施焊时采用直线形运条法，焊条微微向前移动，运条速度要均匀，短弧焊接。上、下边缘焊道施焊时，运条应稍快些，焊道尽可能细、薄一些，可避免出现咬边缺陷，这样有利于盖面焊缝与母材圆滑过渡。盖面焊缝的实际宽度以上下坡口边缘各熔化1.5~2 mm为宜。

如果焊件较厚，焊缝较宽时，盖面焊缝也可以采用大斜圆圈形运条法焊接，一次盖面成形。

六、焊接质量评定

按评分标准对焊缝进行检查评定，V形坡口对接横焊的评分标准见表2-29。

表2-29 V形坡口对接横焊的评分标准

序号	考核内容及要求	评分标准	配分
1	两面焊缝不允许有裂纹、未熔合、烧穿、焊瘤等缺陷	有任何一种缺陷扣15分	15
2	咬边深度≤0.5 mm，焊缝两侧咬边总长度≤48 mm	咬边深度≤0.5 mm累计长度每3 mm扣1分；咬边深度>0.5 mm扣12分。	12
3	未焊透深度≤1 mm	未焊透深度≤1 mm累计长度每3 mm扣1分；未焊透深度>1 mm扣10分	10
4	凹坑、接头脱节	每处扣2分	4
5	背面焊缝余高	余高≤2 mm得5分；≤3 mm得3分；>3 mm得0分	5
6	背面焊缝成形	优得10分，良得7分，中得4分，差得1分	10

续表

序号	考核内容及要求	评分标准	配分
7	气孔、夹渣	气孔每处扣2分,夹渣每处扣6分	6
8	正面焊缝余高0~3 mm; 正面焊缝余高差0~2 mm	任何一种尺寸超差扣3分	6
9	正面焊缝宽度比坡口每侧增宽0.5~2 mm,宽度差≤2 mm	任何一种尺寸超差扣3分	6
10	正面焊缝成形	优得10分,良得7分,中得4分,差得1分	10
11	角变形≤3°	超标扣5分	5
12	错边量	错边量≤0.5 mm,超标扣5分	5
13	安全文明生产	工作服,卫生,工具摆放,一样不合格扣2分	6

【学生学习工作页】

任务完成后,上交学生学习工作页。

学生学习工作页

班级		姓名		分组号		日期	
任务名称							

你可能需要获得以下资讯才能更好地完成任务

1. 横焊是在_____上焊接_____焊缝的一种操作方法。由于熔化金属受重力的作用,容易下淌而产生各种缺陷,所以应采用_____焊接,并选用较小_____的焊条、较小的_____及适当的_____。

2. V形坡口对接横焊时,熔滴和熔渣受重力作用而下淌,容易产生焊缝_____、焊缝下侧_____、_____、_____、_____等缺陷。为克服重力的影响,避免上述缺陷的产生,要避免焊接过程中运条速度过____、熔池体积过____、焊接电流过____和电弧过____等不正确操作。

3. 横焊时,因上坡口面受热条件_____下坡口面,故操作时电弧要照顾_____的熔化,从上坡口到下坡口时,运条速度_____,保证填充金属与焊件熔合良好;从下坡口到上坡口时,运条速度_____,以防止熔池金属液下淌。

续表

班级		姓名		分组号		日期	
任务名称							
制订你的任务计划并实施 1. 写出完成任务的步骤。 2. 完成任务过程中，使用的材料、设备及工具有： 3. 你焊接的试件出现了哪些缺陷，请分析产生的原因并找出防止的方法。							
任务完成了，仔细检查，客观评价，及时反馈 1. 试件完成后按评分标准小组成员进行自检、互检进行评分，成绩为_____。 2. 将焊接试件展示给本组及其他组的同学，请他们为试件评分，成绩为_____。 3. 其他组成员提出了哪些意见或建议，请记录在下面：							

【总结与评价】

按评分标准由学生自检、互检及教师检查对任务完成情况进行总结和评价。评分标准参照项目二任务1。

任务8　低碳钢板V形坡口对接仰焊实训

【学习任务】

学习情境工作任务书

工作任务	低碳钢板V形坡口对接仰焊实训	
试件图	(试件图：300×300，坡口150，板厚12，钝边P，间隙b，坡口角度111°)	技术要求 1. 采用单面焊双面成形工艺 2. 焊缝表面清理干净，并保持原始状态
	名称	V形坡口对接仰焊
	材料	Q235-A

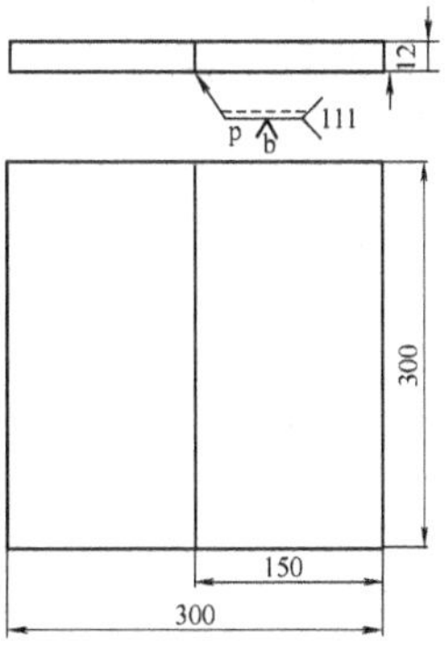

续表

工作任务	低碳钢板 V 形坡口对接仰焊实训		
任务要求	1. 按实训任务技术要求运用单面焊双面成形技术进行 V 形坡口对接仰焊试件的焊接； 2. 进行焊缝外观检验，分析焊接缺陷产生原因，找出解决方法		
教学目标	能力目标	知识目标	素质目标
	1. 能够识读 V 形坡口对接仰焊焊接图纸； 2. 能够选择 V 形坡口对接仰焊焊接工艺参数； 3. 能够正确运用焊条角度，熟练进行 V 形坡口对接仰焊单面焊双面成形操作； 4. 解决在 V 形坡口对接仰焊操作中出现的问题	1. 了解焊接识单面焊双面成形知识； 2. 掌握 V 形坡口对接仰焊焊缝的特点； 3. 掌握 V 形坡口对接仰焊焊接工艺参数的选择； 4. 掌握焊接缺陷产生原因及防止方法	1. 培养学生吃苦耐劳能力； 2. 培养工作认真负责、踏实细致的意识； 3. 培养学生劳动保护意识； 4. 树立团队合作能力； 5. 培养学生的语言表达能力，增强责任心、自信心

【知识准备】

仰焊是指焊条位于焊件下方，焊工仰视焊件所进行的焊接，仰焊是在焊缝倾角 0°或 180°、焊缝转角 270°的焊接位置。

仰焊是各种位置焊接中最困难的一种，由于熔池倒悬在焊件下面，液体金属靠自身表面张力作用保持在焊件上，如果熔池温度过高，表面张力则减小，熔池体积增大，则重力作用加强，这些都会引起熔池金属下坠，甚至成为焊瘤，背面则会形成凹陷，使焊缝成形较为困难。因此仰焊时应采用短弧焊接，熔池体积要尽可能小，运条速度要快，焊道成形应该薄且平整。

【计划】

同项目二任务 1。

【实施】

一、安全检查

同项目二任务 2。

二、焊前准备

同项目二任务2。

三、焊接工艺参数

低碳钢板材对接仰焊的焊接参数见表2-30。

表2-30 低碳钢板材对接仰焊的焊接参数

焊接层次	焊条直径/mm	焊接电流/A	电弧电压/V
定位焊	3.2	85~95	22~24
打底焊	3.2	120~130	22~24
填充焊	4.0	120~140	22~24
盖面焊	4.0	120~140	22~24

四、试件装配

同项目二任务5。

五、操作技术

1. 打底焊

打底层焊可采用连弧焊法，也可以采用断弧焊击穿法。

1）连弧焊手法

（1）焊缝的引弧。用连弧焊打底焊时，焊条的前进角度为80°~90°，左右角度为90°，焊条端头对准焊缝中心，在定位焊缝上引弧前移，并使焊条在坡口内作轻微横向快速摆动焊至定位焊缝末端时，应稍作预热，将焊条上顶击穿焊缝根部（钝边）形成第一个熔池，此时需使熔孔向坡口两侧各深入0.5~1 mm而前进焊接。焊接过程中，熔池始终是跟着电弧走（即托着走）。

（2）焊缝的停弧。焊接速度稍快停在熔池前方一侧，先在熔池前方作一熔孔，然后将电弧向后回带10 mm左右，再熄弧，使其形成斜坡状。

（3）焊缝的接头。焊缝接头时采用热接法。在弧坑（停弧处）后面15~20 mm处引弧，然后迅速移至熔池接头处，应缩小焊条与焊接方向夹角，同时将焊条顺着原先熔孔向坡口根部顶一下，听到扑"噗噗"声后稍作停顿，继续前进焊接，更换焊条要快。

（4）焊接要点。采用直线往返形或锯齿形运条法，短弧施焊，焊条与试板夹角为90°，与焊接方向夹角为60°~70°，见图2-94。利用焊条角度和电弧吹力把熔化金属拖住，并将部分熔化金属送到试件背面。操作中注意使新熔池覆盖前一熔池的 1/2～1/3，并适当加快焊接速度，以减少熔池面积和形成薄焊道，从而达到减轻焊缝金属自重的目的。

2）断弧焊击穿法

（1）焊缝的引弧。断弧时焊条直接在焊件定位焊缝试处引燃电弧，预热片刻，将焊条拉到坡口间隙处做轻微快速横向摆动，然后将焊条向上送进，当听到"噗噗"声后，表明坡口根部已被击穿，第一个熔孔已经形成，此时将焊条向斜下方熄弧，当熔池颜色由明变暗时，重新燃弧形成熔孔后再熄弧，如此不断地使每个新形成的熔池覆盖前一熔池的 1/3～1/2。

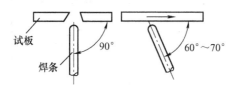

图 2-94 仰焊操作示意图

（2）焊缝的接头。焊缝的接头在更换焊条前，应在熔池前方做一熔孔，然后回带 10 mm 左右再熄弧。更换焊条要快，在弧坑后面 10 mm 坡口内引弧，向接头部位焊去，当焊至弧坑处，沿预先做好的熔孔向坡口根部顶一下，听到"噗噗"声后，稍停，在熔池中部斜下方熄弧，随即恢复正常的断弧打底焊。

（3）焊接要点。焊接过程中熔池体积应小一些，焊道应薄一些，焊条少做横向摆动，避免焊道表面出现凸形。熄弧动作要快，干净利落，并使焊条总是向上探，利用电弧吹力可有效地防止背面焊缝内凹。

2. 填充焊

填充焊时先将前一层焊道的焊渣、飞溅物清除干净，若有焊瘤应修磨平整，然后进行填充焊接。此时选用直径为 4.0 mm 的焊条，焊接电流要相应的加大。可采用直线形或小锯齿形运条，以后各层采用锯齿形运条，摆动幅度可逐渐加大。摆动到坡口两侧时，焊条可稍作停顿，必须保证坡口有一定的熔深，并使填充焊道表面稍向下凹，同时要控制好最后一道填充焊道的高度应低于母材表面约 0.5～1 mm，保证坡口的棱边不被熔化，以便盖面时容易控制焊缝宽度。每层焊道应控制在 3～4 mm 的厚度范围内；各层之间的焊接方向要相反，其接头相互错开 30 mm，同时要控制层间温度不要太高，以保证焊接接头的力学性能。

3. 盖面焊

盖面层焊接前需仔细清理焊渣及飞溅物。焊接时可用短弧、月牙形或锯齿形运条法。焊条与焊接方向的夹角为 85°～90°，焊条摆动幅度比填充焊时大，运条要均匀，同时观察坡口两侧的熔化情况，焊条需在坡口两侧稍作停顿，以坡口边缘熔化 1～2 mm 为准，防止咬边。注意保持熔池外形平直，如有凸形出现，可使焊条在坡口两侧停顿时间稍长一些，必要时做熄弧动作。一根焊条焊完后，电弧要收在焊缝中间，迅速更换焊条后，在熔池前方 10 mm 左右处引弧，引燃的电弧要迅速拉向熔池处划一小圆圈，待熔池金属重新熔化后，再继续向前摆动施焊完成盖面层的焊接。

六、焊接质量评定

按评分标准对焊缝进行检查评定，V 形坡口对接平焊的评分标准见表 2-31。

表 2-31 V 形坡口对接横焊的评分标准

序号	考核内容及要求	评分标准	配分
1	两面焊缝不允许有裂纹、未熔合、烧穿、焊瘤等缺陷	有任何一种缺陷扣 10 分	10
2	咬边深度≤0.5 mm，焊缝两侧咬边总长度≤48 mm	咬边深度≤0.5 mm 累计长度每 3 mm 扣 1 分；咬边深度>0.5 mm 扣 12 分	12
3	未焊透深度≤1 mm	未焊透深度≤1 mm 累计长度每 3 mm 扣 1 分；未焊透深度>1 mm 扣 10 分	10
4	凹坑、接头脱节	每处扣 2 分	6
5	背面焊缝余高	余高≤2 mm 得 5 分；≤3 mm 得 3 分；>3 mm 得 0 分	5
6	背面焊缝成形	优得 10 分，良得 7 分，中得 4 分，差得 1 分	10
7	气孔、夹渣	气孔每处扣 1 分，夹渣每处扣 5 分	5
8	正面焊缝余高 0~3 mm；正面焊缝余高差 0~2 mm	任何一种尺寸超差扣 4 分	8
9	正面焊缝宽度比坡口每侧增宽 0.5~2 mm，宽度差≤2 mm	任何一种尺寸超差扣 4 分	8
10	正面焊缝成形	优得 10 分，良得 7 分，中得 4 分，差得 1 分	10
11	角变形≤3°	超标扣 5 分	5
12	错边量	错边量≤0.5 mm，超标扣 5 分	5
13	安全文明生产	工作服、卫生、工具摆放，一样不合格扣 2 分	6

【学生学习工作页】

任务完成后，上交学生学习工作页。

学生学习工作页

班级		姓名		分组号		日期	
任务名称							

你可能需要获得以下资讯才能更好地完成任务

1. 仰焊是指焊条位于焊件_____，焊工_____所进行的焊接。仰焊是各种位置焊接中_____的一种，由于熔池_____在焊件下面，液体金属靠自身_____作用保持在焊件上，如果熔池温度过高，_____则减小，熔池体积增大，则重力作用加强，这些都会引起熔池金属下坠，甚至成为_____，背面则会形成_____，使焊缝成形较为困难。因此仰焊时应采用_____焊接，熔池体积要尽可能_____，运条速度要_____，焊道成形应该_____。

2. 仰焊打底焊时，应使用_____法进行焊接操作，碱性焊条易采用_____进行打底焊。焊接电流宜选用比正常焊接时的稍_____，否则易产生粘连。形成熔孔后，焊条尽可能地向上_____，始终保持_____的电弧在背面燃烧，同时，新的熔池要覆盖前一个熔池的_____，乃至更多。

制定你的任务工作计划并实施它

1. 写出完成任务的步骤。
2. 完成任务过程中，使用的材料、设备及工具有：
3. 你焊接的试件出现了哪些缺陷，请分析产生的原因并找出防止的方法。

任务完成了，仔细检查，客观评价，及时反馈

1. 试件完成后按评分标准小组成员进行自检、互检进行评分，成绩为_____。
2. 将焊接试件展示给本组及其他组的同学，请他们为试件评分，成绩为_____。
3. 其他组成员提出了哪些意见或建议，请记录在下面：

【总结与评价】

按评分标准由学生自检、互检及教师检查对任务完成情况进行总结和评价。评分标准参照项目二任务1。

任务9　T形接头平角焊实训

【学习任务】

学习情境工作任务书

工作任务	T形接头平角焊实训		
试件图	(试件图示)	技术要求 1. T字接头焊后应保持相互垂直； 2. 角焊缝截面为直角等腰三角形； 3. 焊脚尺寸K可根据焊接层数或训练要求来选定； 4. 焊缝表面清理干净，并保持焊缝原始状态	
		名称	T形接头平角焊
		材料	Q235-A
任务要求	1. 按实训任务技术要求完成T形接头平角焊试件的焊接； 2. 进行焊缝外观检验，分析焊接缺陷产生原因，找出解决方法		
教学目标	能力目标	知识目标	素质目标
	1. 根据焊件图纸的技术要求选择焊接工艺参数； 2. 能够正确运用焊条角度，熟练进行平角焊缝的焊接。 3. 解决在平角焊缝焊接操作中出现的问题	1. 掌握焊接识图知识； 2. 掌握角焊缝焊接工艺参数的选择； 3. 掌握T形接头平角焊缝的技术要求和操作要领； 4. 掌握焊接缺陷有关知识	1. 培养学生吃苦耐劳能力； 2. 培养工作认真负责、踏实细致的意识； 3. 培养学生劳动保护意识； 4. 培养学生团队合作能力； 5. 培养学生的语言表达能力

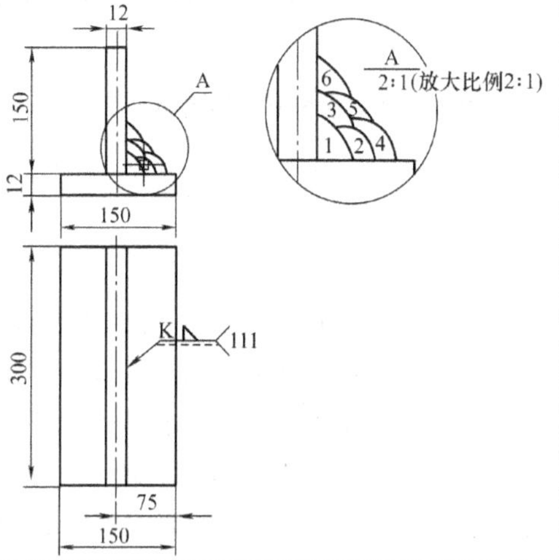

【知识准备】

平角焊是在角接焊缝倾角 0°或 180°或 135°的角接焊位置的焊接。平角焊又称为 T 形焊缝,由于两块钢板之间有一定的夹角,降低了熔覆金属和熔渣的流动性,同时整个接头散热快,容易产生未焊透、焊偏、夹渣和咬边等缺陷,特别是立板容易咬边。为防止缺陷的产生,应选择大一些的焊接电流,当两板厚度不同时,应将电弧的能量更集中对准厚板一侧。

为保证焊接接头的结构强度,焊脚尺寸应随焊件厚度的增大而增大。焊脚尺寸与钢板厚度的关系见表 2-32。

表 2-32 焊脚尺寸与钢板厚度的关系　　　　mm

钢板厚度	≥2~3	3~6	6~9	9~12	12~16	16~23
最小焊角尺寸	2	3	4	5	6	8

角接接头的焊脚尺寸决定焊接层数和焊道数量。一般当焊脚尺寸在 5 mm 以下时,采用单层焊;焊脚尺寸在 6~10 mm 之间时,采用多层焊;焊脚尺寸大于 10 mm 时,采用多层多道焊。焊条直径视板厚不同在直径 3.2~5 mm 之间选取。

为克服平角焊时立板易产生咬边和焊脚尺寸不均匀的缺陷,在生产实际中尽可能将焊件翻转 45°使焊条处于垂直位置的焊接称船形焊,如图 2-95 所示。

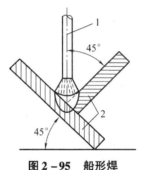

图 2-95　船形焊
1—焊条;2—焊件

【计划】

同项目二任务 1。

【实施】

一、安全检查

同项目二任务 2。

二、焊前准备

同项目二任务 2。

三、焊接工艺参数

低碳钢板平角焊焊接参数的选择见表 2-33。

表 2-33 低碳钢板平角焊的焊接参数

焊接层次	焊条直径/mm	焊接电流/A	电弧电压/V
装配定位焊	3.2	120~130	22~24
打底焊	3.2	120~130	22~24
盖面焊	3.2	115~125	22~24

四、试件装配

定位焊采用与焊接试件相同牌号的焊条,定位焊的位置应在试件两端的对称处,将试件组焊成十字形接头,四条定位焊缝长度均为 10~15 mm。每条焊缝的左右两端处理成斜坡并有适当的反变形,见图 2-96。组装后应矫正焊件,保证立板与平板间的垂直度,并且清理干净坡口周围 30 mm 内的铁锈、油污,按合适的高度固定在操作架上待焊。

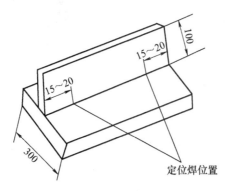

图 2-96 定位焊位置及长度

五、操作技术

1. 引弧位置

焊接时,引弧的位置超前 10 mm,电弧燃烧稳定后,再回到焊缝的起头处,如图 2-97 所示。由于电弧对起头处有预热作用,可以减少起头处熔合不良的缺陷,也能够消除引弧的痕迹。

2. 单层焊的操作

焊脚尺寸小于 5 mm 时可采用单层焊。根据焊件厚度不同，选择直径 3.2 mm 或 4.0 mm 的焊条。由于电弧的热量向焊件三个方向传递，散热快，所以焊接电流要大一些。保持焊条角度与水平焊件成 45°的夹角，与焊接方向成 60°~80°角。若角度过小，会造成根部熔深不足；若角度过大，熔渣容易跑到熔池前面而产生夹渣。操作时，可以将焊条端头的药皮套筒边缘靠在焊缝上，并轻轻压住它。当焊条熔化时，套筒会逐渐沿着焊接方向移动，这样不仅操作方便，而且熔深大，焊缝外形美观。当两板厚度不等时，要相应地调整焊条角度，使电弧偏向厚板的一侧，厚板所受热量增加，厚、薄两板受热比例趋于均匀，以保证接头良好的熔合及焊脚高度和宽度相同。

焊脚尺寸为 5~8 mm 时，可采用斜圆圈形运条法，运条规律如图 2-98 所示，即由图所示的 $a \rightarrow b$ 要慢速，以保证水平焊件的熔深；由 $b \rightarrow c$ 时稍快，以防止熔化金属下淌，在 c 点稍做停留，以保证垂直立板的熔深，避免产生咬边；由 $c \rightarrow d$ 时稍慢，以保证根部焊透和水平焊件的熔深，防止产生夹渣；由 $d \rightarrow e$ 时稍快，到 e 点稍作停留，按以上规律反复运条，采用短弧操作，在焊缝收尾时注意填满弧坑，以防产生弧坑裂纹。

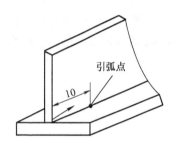

图 2-97 平角焊起头的引弧位置

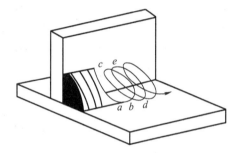

图 2-98 平角焊时的斜圆圈形运条法

3. 多层焊的操作要点

当焊脚尺寸为 8~10 mm 时，宜采用两层两道焊法。第一层采用直径 3.2 mm 焊条，焊接电流可稍大（120~130 A），以获得较大的熔深。运条时采用直线形运条法，收弧时应填满弧坑或略高一些。以便在第二层焊接收尾时，不会因焊缝温度增高而产生弧坑过低的现象。

第二层施焊前应清理第一层的焊渣，若发现有夹渣时，用小直径焊条修补后方可焊第二层，这样才能保证层与层之间紧密熔合。第二层焊接时，采用斜圆圈形运条法，焊接电流不宜过大，否则会产生咬边现象。如果发现第一层焊道有咬边时，则第二层焊道覆盖上去时应在咬边处多停留片刻，以消除咬边缺陷。

4. 多层多道焊的操作要点

当焊脚尺寸为 10~12 mm 时，采用两层三道焊法，如图 2-99 所示。焊接第一条焊道时,可采用直径 3.2 mm 的焊条,焊接电流可稍大些,采用直线形运条法,收弧时填满弧坑,焊后彻底清渣。焊条与水平板夹角仍为 45°焊接第二条焊道时,应覆盖第一条焊道的 2/3,焊条与水平焊件的夹角为 45°~55°,如图 2-99 中的 2,以使熔化金属与水平板焊件能够较好地熔合,焊条与焊接方向的夹角仍为 65°~80°,运条时采用斜圆圈形运条法,运条速度与多层焊接时基本相同,所不同的是在 c、e 两点位置(见图 2-98)不需停留。

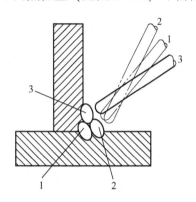

图 2-99　多层多道焊的焊条角度
1、2、3—焊接层数

焊接第三条焊道时,应对第二条焊道覆盖 1/3~1/2,焊条与水平板的夹角为 40°~45°,如图 2-99 中的 3 所示。如夹角太大易产生焊脚下偏现象,仍用直线形运条。若希望焊道薄一些时,可以采用反运条法。如果第二条焊道覆盖第一条的太少时,第三条焊道可采用斜圆圈形运条法时在立板上稍作停留,以防止产生咬边,并弥补由于第二条焊道覆盖过少而产生的未焊透现象。最终整条焊缝应宽窄一致,平整圆滑,无咬边、夹渣和焊脚下偏等缺陷。

如果焊脚尺寸大于 12 mm 时,可以采用三层六道、四层十道焊接。脚尺寸越大,焊接层次、道数就越多。操作仍可按上述方法进行。

重点提示:

◆焊条端部距立板焊根部要有一定距离,这样可消除焊道中间高和焊脚尺寸大小不等的缺陷。

◆当两板板厚不等时,要相应地调整焊条角度,使电弧偏向厚板一侧,厚板所受热量增加,厚、薄两板受热比例趋于均匀,以保证接头良好地熔合及焊脚尺寸和宽度相同。

六、焊接质量评定

按评分标准对焊缝进行检查评定,角焊缝的评分标准见表 2-34。

表 2-34　角焊缝评分标准

序号	考核内容要求及评分标准	配分
1	焊缝表面不得有裂纹、未熔合、气孔、夹渣、焊瘤等缺陷,任何一种缺陷扣 15 分	15
2	焊脚尺寸 $K=10\sim15$ mm,$K\leqslant15$ 并 $K\geqslant12$ 扣 5 分,超标为 0 分	10
3	焊脚凹凸度 $\leqslant\pm1.5$ mm,超标为 0 分	15
4	咬边深度 $\leqslant0.5$ mm 得 10 分,超标为 0 分	10
5	两侧咬边总长度 <45 mm 得 10 分,>45 mm 累计长度每 3 mm 扣 1 分	10
6	接头(焊波)脱节 <2 mm,每超一处扣 3 分	9
7	表面成形,优得 15 分,良得 10 分,中得 5 分,差得 0 分	15
8	焊后角变形 <3°,超标扣 5 分	5
9	实际操作时间每超过时间 5 min 扣 2 分,不足 5 min 的按 5 min 计算	5
10	安全文明生产工作服穿戴,工位卫生,工具摆放,一样不合格扣 2 分	6

【学生学习工作页】

任务完成后,上交学生学习工作页。

学生学习工作页

班级		姓名		分组号		日期	
任务名称							

你可能需要获得以下资讯才能更好地完成任务

1. 平角焊是＿＿＿＿＿＿＿＿＿＿＿＿＿＿＿＿。平角焊时,由于两块钢板之间有一定的夹角,降低了熔覆金属和熔渣的＿＿＿＿＿＿＿,同时整个接头的＿＿＿＿＿＿＿,容易产生＿＿＿＿＿＿＿、＿＿＿＿＿＿＿、和＿＿＿＿＿＿＿等缺陷,特别是立板容易＿＿＿＿＿＿＿。为防止缺陷的产生,应选择＿＿＿＿＿＿＿一些的焊接电流,当两板厚度不同时,应将电弧的能量更集中对准＿＿＿＿＿＿＿一侧。

2. 角接接头的焊脚尺寸决定焊接层数和焊道数量。一般当焊脚尺寸在 5 mm 以下时,采用＿＿＿＿＿＿＿;焊脚尺寸在 6~10 mm 之间时,采用＿＿＿＿＿＿＿;焊脚尺寸大于 10 mm 时,采用＿＿＿＿＿＿＿。

3. 厚度为 8 mm 的钢板进行平角焊时,焊脚尺寸最小为＿＿＿＿＿＿＿ mm

续表

班级		姓名		分组号		日期	
任务名称							
制订你的任务计划并实施 1. 写出完成任务的步骤。 2. 完成任务过程中，使用的材料、设备及工具有： 3. 你焊接的试件出现了哪些缺陷，请分析产生的原因并找出防止的方法							
任务完成了，仔细检查，客观评价，及时反馈 1. 试件完成后按评分标准小组成员进行自检、互检进行评分，成绩为_____。 2. 将焊接试件展示给本组及其他组的同学，请他们为试件评分，成绩为_____。 3. 其他组成员提出了哪些意见或建议，请记录在下面：							

【总结与评价】

按评分标准由学生自检、互检及教师检查对任务完成情况进行总结和评价。评分标准参照项目二任务1。

任务10　T形接头立角焊实训

【学习任务】

学习情境工作任务书

工作任务	T形接头立角焊实训	
试件图	（试件图：立板 12×300，横板 150×150×12，焊脚 K，标注 111）	技术要求 1. 焊缝表面平直，焊波均匀，无咬边现象； 2. 焊脚尺寸 $K = 10 \pm 1$，截面为等腰直角三角形； 3. 焊缝表面清理干净，并保持焊缝原始状态
	名称	T形接头立角焊
	材料	Q235-A

续表

工作任务	T形接头立角焊实训		
任务要求	1. 按实训任务技术要求完成T形接头立角焊试件的焊接； 2. 进行焊缝外观检验，分析焊接缺陷产生原因，找出解决方法		
教学目标	能力目标	知识目标	素质目标
	1. 根据焊件图纸的技术要求选择焊接工艺参数； 2. 能够正确运用焊条角度，熟练进行立角焊缝的焊接。 3. 解决在立角焊缝焊接操作中出现的问题	1. 掌握焊接识图知识； 2. 掌握角焊缝焊接工艺参数的选择； 3. 掌握T形接头立角焊缝的技术要求和操作要领； 4. 掌握焊接缺陷有关知识	1. 培养学生吃苦耐劳能力； 2. 培养工作认真负责、踏实细致的意识； 3. 培养学生劳动保护意识； 4. 培养学生团队合作能力； 5. 培养学生的语言表达能力

【知识准备】

立角焊是在角接焊缝倾角90°（向上立焊）、转角45°或135°的角焊位置的焊接。立焊时，焊缝处于两板的夹角处，熔池成形容易控制，但是，在重力作用下熔池中的液体金属容易下淌，甚至会产生焊瘤以及在焊缝两侧形成咬边等缺陷，所以立角焊使用的焊接电流小于平焊时的焊接电流。立角焊一般采用多层焊，具体焊缝的层数根据焊件的厚度来确定。

【计划】

同项目二任务1。

【实施】

一、安全检查

同项目二任务2。

二、焊前准备

同项目二任务2。

三、焊接工艺参数

低碳钢立角焊的焊接参数见表 2-35。

表 2-35 低碳钢板立角焊的焊接参数

焊接层次	焊条直径/mm	焊接电流/A	电弧电压/V
打底焊（1）	3.2	100~110	22~24
盖面焊（2）	4.0	130~150	22~24

四、试件装配

同项目二任务 9。

五、操作技术

1. 控制焊条角度

焊接时，为了使两焊件能够均匀受热、保证熔池和提高效率，焊条应处于两焊件的交线坡口处，与两焊件的夹角左右相等，焊条与焊缝中心线保持在 75°~90°范围内，如图 2-100 所示。利用电弧对熔池向上的推力作用托住熔池，使熔滴顺利过渡。

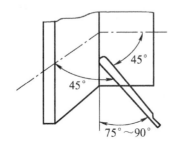

图 2-100　立角焊的角度

2. 熔化金属的控制

立角焊的关键是如何控制熔池金属，焊条要按熔池金属温度情况作有节奏的向上运条并左右摆动。在施焊过程中，当引弧后出现第一个熔池时把焊条摆向一边，稍加停留，然后快速摆向另一侧，摆动的速度根据焊条直径及焊接电流来决定。要使焊道形成一个完整的熔池。以后周而复始。中间焊的快，两侧稍作停留，停留的目的是为了使焊道两侧熔合好，也是为了把上一层焊道咬肉的弧坑填满。要注意的是，如果前一个熔池尚未冷却到一定程度，就过急下压焊条，会造成熔滴之间熔合不良；如果电弧的位置不对，会使焊波脱节，影响焊波成形和焊接质量。

3. 运条

根据不同板厚和焊脚尺寸的要求选择适当的运条方法。对于焊脚尺寸较小的焊缝，焊接第一层焊道时可采用挑弧法，其要领是将电弧引燃后，拉长预热始焊端的定位焊缝，适时压弧开始焊接。当熔滴过渡到熔池后，立即将电弧向焊接方向（向上）挑起，弧长不超过 6 mm，见图 2 - 101，但电弧不熄灭，使熔池金属凝固，等熔池颜色由亮变暗时，将电弧立刻拉回到熔池，当熔滴过渡到熔池后，再向上挑起电弧，如此不断地重复直至焊完第一层焊道。

当焊脚尺寸较大时，一般选用三角形和反月牙形运条法（见图 2 - 101）。立角焊因液体金属的自重，焊缝会出现中间高，两侧低的现象，因此可采用两侧慢，中间快的运条手法，使焊道两边缘的温度得到适当提高，防止中间温度过高，应控制焊缝金属下坠。焊接时一般第一层（打底层）采用三角形运条法，第二层采用反月牙形运条方法，根据熔池和两侧温度，需要适当控制电弧在两侧的停留时间，提高两侧温度，以达到焊道成形平整光滑无缺陷。立角焊时焊条摆动方法见图。

焊接时还可用"八"字形运条法，"八"字形运条弧电弧两侧要稍长些，而运至中间要短些，这样两侧温度不低、不咬边，中间温度不高、焊道平整，焊缝波纹又会出现双鱼鳞状，美观而焊脚尺寸基本一样大。用"八"字形运条法时，有电弧高低的变化和速度的变化，如图 2 - 102 所示。粗线条为电弧短而稍慢，细线条为电弧长而稍快。

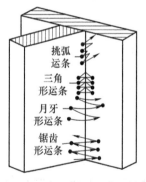

图 2 - 101　立角焊时焊条摆动方向

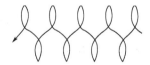

图 2 - 102　"八"字运条法

六、焊接质量评定

按评分标准对焊缝进行检查评定，焊缝的评分标准参照项目二任务9。

【学生学习工作页】

任务完成后，上交学生学习工作页。

学生学习工作页

班级		姓名		分组号		日期	
任务名称							

你可能需要获得以下资讯才能更好地完成任务

1. 立角焊是_____。立焊时，焊缝处于两板的_____处，熔池成形容易控制，但是，在重力作用下熔池中的液体金属容易下淌，甚至会产生_____以及在焊缝两侧形成_____等缺陷，所以立角焊使用的焊接电流_____平焊时的焊接电流。立角焊一般采用_____，具体焊缝的层数根据焊件的_____来确定。

2. 立角焊的运条方法有_____。对于焊脚尺寸较小的焊缝，焊接第一层焊道时可采用_____；当焊脚尺寸较大时，一般选用_____。

制订你的任务计划并实施

1. 写出完成任务的步骤。
2. 完成任务过程中，使用的材料、设备及工具有：
3. 你焊接的试件出现了哪些缺陷，请分析产生的原因并找出防止的方法

任务完成了，仔细检查，客观评价，及时反馈

1. 试件完成后按评分标准小组成员进行自检、互检进行评分，成绩为_____。
2. 将焊接试件展示给本组及其他组的同学，请他们为试件评分，成绩为_____。
3. 其他组成员提出了哪些意见或建议，请记录在下面：

【总结与评价】

按评分标准由学生自检、互检及教师检查对任务完成情况进行总结和评价。评分标准参照项目二任务1。

任务11　管对接垂直固定焊实训

【学习任务】

学习情境工作任务书

工作任务	管对接垂直固定焊实训	
试件图	(试件图：φ133，壁厚10，长度100+200，坡口角度111，间隙b，钝边p)	技术要求 1. 采用单面焊双面成形工艺； 2. 焊缝表面清理干净，并保持原始状态
		名称：管对接垂直固定焊
		材料：20钢
任务要求	1. 按实训任务技术要求完成管对接垂直固定焊试件的焊接； 2. 进行焊缝外观检验，分析焊接缺陷产生原因，找出解决方法	
教学目标	能力目标	知识目标	素质目标
	1. 根据焊件图纸的技术要求选择焊接工艺参数； 2. 能够正确运用焊条角度，熟练进行垂直固定管的焊接。 3. 解决在管对接垂直固定焊焊接操作中出现的问题	1. 掌握管对接垂直固定焊焊接工艺参数的选择； 2. 掌握管对接垂直固定焊焊缝的技术要求和操作要领； 3. 掌握焊接缺陷有关知识	1. 培养学生吃苦耐劳能力； 2. 培养工作认真负责、踏实细致的意识； 3. 培养学生劳动保护意识； 4. 培养学生团队合作能力； 5. 培养学生的语言表达能力

【知识准备】

管材对接焊根据固定位置的不同可分为水平转动焊、水平固定焊、垂直固定焊、45°固定斜焊等几种形式，如图所示。大部分管子的焊接只能单面焊，故多采用单面焊双面成形焊法。根据管子壁厚不同，可以开 V 形或 U 形坡口以保证焊透，如图 2-103 所示。

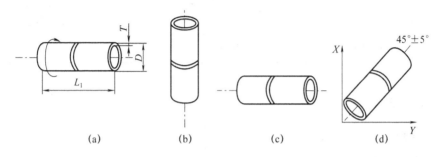

图 2-103 管材对接焊试件图
(a) 管子水平转动焊；(b) 管子垂直固定焊；
(c) 管子水平固定焊；(d) 管子45°固定斜焊

管对接垂直固定焊实际上是管的横向环焊缝，它类似于板材的对接横焊。因有弧度，焊接时焊条应随弧度转动，焊工也要不断地按管子弧度移动身体进行操作，所以会给操作增加一定难度。管子对接垂直固定焊时，熔池在管壁横向环缝的立面上进行焊接，熔化金属易下坠，造成焊缝上部易咬边，中间焊缝不平。因此，要注意焊工操作姿势的稳定性，随时调整焊条角度、运弧方法和焊接速度并注意多层多道焊上下焊道的搭接量。

【计划】

同项目二任务 1。

【实施】

一、安全检查

同项目二任务 2。

二、焊前准备

同项目二任务 2。

三、焊接工艺参数

管对接垂直固定焊的焊接参数表 2-36。

表 2-36 管对接垂直固定焊的焊接参数

焊接层次	焊条直径/mm	焊接电流/A	电弧电压/V
装配定位焊	2.5	70~80	22~24
打底焊（1）	2.5	70~80	22~24
填充焊（2、3）	3.2	100~120	22~26
盖面焊（4、5、6）	3.2	100~110	22~26

注：上表中括号内数字表示焊接层次，下同。

四、试件装配

1. 清理

同项目二任务4。

2. 装配

定位焊点焊两处，如图2-104所示，用正式焊接工艺和焊接材料在试件两端的坡口内进行定位焊，焊缝长度为15 mm，左右两端处理成斜坡状，并有适当的反变形。组装后经检查合格，按焊位和适当的高度固定在操作架上待焊。

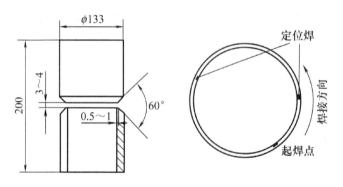

图 2-104 管材试件尺寸与定位焊

五、操作技术

1. 打底焊

中径管对接垂直固定打底焊，可采用连弧焊法和断弧焊法，连弧焊法和断弧焊法对组装间隙要求不同，连弧焊打底，要求坡口间隙小于1 mm左右，而断弧焊因焊接速度慢，要求坡口间隙要大于1 mm左右。定位焊一般为2~3点，每点长为10~15 mm，不得有缺陷，定位焊缝两端处理成斜坡状，以便于接头。

1) 连弧焊法的打底焊

焊接时在两个定位焊处之间坡口内引弧，采用小锯齿形或往复直线运弧法，先熔化偏左上侧钝边，再迅速熔化偏右下侧钝边，形成一个搭桥，熔池形成后，焊条向里压送至根部，焊条的前进角度为75°～85°，左右角度下侧为70°～80°，运弧时除了焊条角度的作用外，电弧运到上钝边要灵活一些，电弧运到下钝边要短而紧一些，这样熔化金属往上吹，背面成形饱满而不咬边，焊道不会下坠。收弧时用回焊法停下来，打底焊的接头，在收弧熔池后20 mm左右引弧，然后移至熔池接头，接头后运弧速度稍停，焊条往里压，使电弧达到根部，待接头熔池温度正常时继续前进焊接。

2) 断弧焊法的打底焊

焊接的起点在两个定位焊点之间进行，引弧后电弧达到根部，先后熔化上下钝边并击穿（两点击穿法），形成熔池和熔孔即熄弧，待熔池金属凝固的同时再引弧，由偏左上至右下熔化钝边根部并击穿，形成新的熔孔和熔池即熄弧，以此法反复进行。

断弧焊打底焊，应掌握好熄弧要领，一定做到引弧准确，熄弧果断干净利索，决不能拖泥带水，同时要注意焊条角度，电弧达到根部的深度和电弧长度的变化，这对焊缝背面成形很重要，焊条左右角度即焊条的下倾角为70°～85°，前进角度为65°～80°，电弧要短，要有往下往里压的感觉，熔池1/3在背面形成，加强焊缝背面的熔合成形。

绕管一周将封闭接头时，在接头缓坡前沿3～5 mm处，不再用断弧焊而采用连弧焊至接头处，电弧向内压，稍作停顿，然后焊过缓坡填满弧坑后熄弧。

2. 填充焊

填充焊采取上下两道堆焊，由下向上一道道排焊。焊前要清理好打底焊的焊渣、飞溅物和夹角，凸起部分铲掉修平，调试好焊接参数。

焊接时以直线形和斜锯齿形运条法，在下道焊接时，在焊接方向上焊条与管子切线的夹角为65°～75°、与坡口下端夹角为85°～90°，如图2-105（b）所示。运条过程中始终保持电弧对准打底层焊道下边缘，并使熔池边缘接近坡口棱边（但不能熔化棱边）。运条速度要均匀，焊条角度要随焊道部位的改变而变化。

停弧时用断弧焊的方法填满弧坑前移形成斜坡状，接头时在熔池前15～20 mm处引弧，然后回焊至熔池接头直接拉向熔池偏上部位，压低电弧向下斜焊，形成新的熔池后恢复正常焊接。

接下来进行上道焊接，焊条对准下焊道与上坡口面形成的夹角处，运条方法与下焊道相同。但焊条角度向下调整，与坡口下端成70°～85°的夹角，如

图 2-105（b）所示。运条时注意夹角处的熔化情况，使焊道覆盖住下焊道的 1/3~1/2，避免填充层焊道出现凹槽或凸起，填充层焊完后，下坡口应留出约 2 mm，上坡口应留出约 0.5 mm，为盖面焊打好基础。

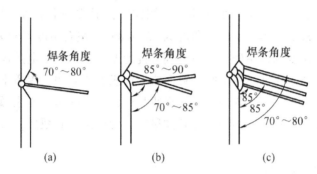

图 2-105　焊接层次排列及焊条角度操作图

3. 盖面焊

盖面运用直线形运条法，按三道堆焊，仍然是由下向上一道道排焊。下道焊时，电弧应对准下坡口边缘，使熔池下沿熔合坡口下棱边，焊条的下夹角为 85°左右，坡口的下边缘熔合 0.5~1 mm，焊接速度要适宜，以使焊道细一些并与母材圆滑过渡。中间焊道焊接速度要慢，以使盖面层形成凸形，焊条与焊件的下夹角仍为 85°左右。焊最后一条焊道时，应适当增大焊接速度或减小焊接电流，焊条倾角要小一些，与焊件下侧夹角为 70°~80°，以防止咬边。三条焊道焊接层次排列和焊条角度如图 2-105 所示。

整个盖面焊施焊过程中，要特别注意用焊条角度和焊接速度及运弧方法控制熔池形状和焊缝成形，防止上部咬边，下部焊道下坠，中间衔接不平。盖面焊时，坡口两侧各熔合 0.5~1 mm，后一道焊缝压前一道焊缝的 1/2 或 1/3，最后一道的焊接，上坡口边缘熔化 1 mm 左右，这样使整个焊缝的成形基本圆滑平整过渡。

六、焊接质量评定

按评分标准对焊缝进行检查评定，评分标准可参照项目二任务 5V 形坡口对接平焊。

【学生学习工作页】

任务完成后，上交学生学习工作页。

学生学习工作页

班级		姓名		分组号		日期	
任务名称							

你可能需要获得以下资讯才能更好地完成任务

1. 管材对接焊根据固定位置的不同可分为_____、_____、_____、_____等几种形式。大部分管子的焊接只能_____，故多采用_____。根据管子壁厚不同，可以开_____坡口以保证焊透。

2. 管对接垂直固定焊实际上是管的_____焊缝，它类似于板材的_____。因有弧度，焊接时_____转动，焊工也要_____进行操作，所以会给操作增加一定难度。

3. 管子对接垂直固定焊时，熔池在_____，熔化金属易下坠，造成焊缝_____，中间_____。因此，要注意_____

制订你的任务计划并实施

1. 写出完成任务的步骤。
2. 完成任务过程中，使用的材料、设备及工具有：
3. 你焊接的试件出现了哪些缺陷，请分析产生的原因并找出防止的方法

任务完成了，仔细检查，客观评价，及时反馈

1. 试件完成后按评分标准小组成员进行自检、互检进行评分，成绩为_____。
2. 将焊接试件展示给本组及其他组的同学，请他们为试件评分，成绩为_____。
3. 其他组成员提出了哪些意见或建议，请记录在下面：

【总结与评价】

按评分标准由学生自检、互检及教师检查对任务完成情况进行总结和评价。评分标准参照项目二任务1。

任务 12　管对接水平固定焊实训

【学习任务】

学习情境工作任务书

工作任务	管对接水平固定焊实训		
试件图	(试件图：$\phi60$，长度 200，标注 100，壁厚 5，坡口 p，角度标注 111)	技术要求 1. 采用单面焊双面成形工艺； 2. 焊缝表面清理干净，并保持原始状态	
		名称	管对接水平固定焊
		材料	20 钢
任务要求	1. 按实训任务技术要求完成管对接水平固定焊试件的焊接； 2. 进行焊缝外观检验，分析焊接缺陷产生原因，找出解决方法		
教学目标	能力目标	知识目标	素质目标
	1. 根据焊件图纸的技术要求选择焊接工艺参数； 2. 能够正确运用焊条角度，熟练进行垂直固定管的焊接。 3. 解决在管对接垂直固定焊焊接操作中出现的问题	1. 掌握管对接垂直固定焊焊接工艺参数的选择； 2. 掌握管对接垂直固定焊焊缝的技术要求和操作要领； 3. 掌握焊接缺陷有关知识	1. 培养学生吃苦耐劳能力； 2. 培养工作认真负责、踏实细致的意识； 3. 培养学生劳动保护意识； 4. 培养学生团队合作能力； 5. 培养学生的语言表达能力

【知识准备】

管子对接水平固定焊需经过仰、立、平三种焊接位置的转换，焊接熔池在各种位置转换变化过程中形成，所以水平固定焊称为全位置焊。这种焊接位置操作难度较大，要使焊缝成形基本一致，就更有难度，这就要求焊工在焊接位置转换过程中，必须相应调整焊条角度才能控制好熔池形状，否则就会导致焊缝宽窄不一致、高低相差大,尤其是平焊位容易出现下凹现象,仰焊位容易产生夹渣、未熔合和焊瘤等缺陷,焊道易产生焊缝中间高、两侧咬边等缺陷。因此,焊接时应注意每个环节的操作要领。

【计划】

同项目二任务1。

【实施】

一、安全检查

同项目二任务2。

二、焊前准备

同项目二任务2。

三、焊接工艺参数

管子对接水平固定焊的焊接参数,见表2-37。

表2-37 小径管对接水平固定焊的焊接参数

焊接层次	焊条直径/mm	焊接电流/A	电弧电压/V
装配定位焊	2.5	70~80	22~26
根层打底焊	2.5	60~70	22~26
盖面焊	2.5	70~80	22~26

四、试件装配

1. 清理

同项目二任务4。

2. 装配

将清理好的试件,对齐找正、留有3~4 mm间隙,用正式焊接工艺和焊接材料在试件坡口内斜平位置(上爬坡)定位焊一处即可,其焊缝长度为15 mm左右,将定位焊点处理成斜坡状并有适当的反变形。组装后经检查合格后,按焊位和合适的高度将管子固定在操作架上待焊。管子对接水平固定焊试件如图2-106所示。

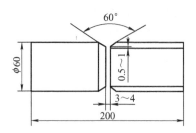

图 2–106　管子对接水平固定焊试件图

五、操作技术

1. 打底焊

小径管对接水平固定焊是由几个位置转换过渡进行焊接的,为便于叙述,将试件按时钟面分成左右两个半圈进行焊接,从底部 6 点钟位置处起焊,沿逆时针方向经 3~12 点,经过仰、立、平焊三种位置,先完成右半圈的焊接,因为焊工在右手握焊钳时,右侧便于仰焊位置的观察与操作。焊接时仰焊位的焊条左右角度为 90°,前进角度(焊条与管子切线的倾角)约为 85°,随着焊接位置的变化,焊条的前进角度也跟着变化,如图 2–107 (f) 所示,但左右角度不应变化。

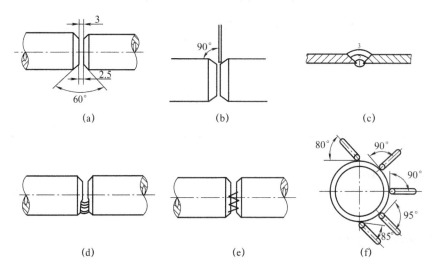

图 2–107　水平固定管焊接操作方法示意图

(a) 坡口尺寸;(b) 焊条左右角度;(c) 焊接层次
(d) 打底焊熔孔和焊缝成形;(e)、(f) 各种位置的焊条角度和运条方法

1) 管子右半圈的焊接

右半圈焊接时,用直径为直径 2.5 mm 的焊条在仰焊位置 10 mm 处(大约时钟 7 点处)坡口边上引燃电弧,将电弧引至坡口间隙处,用长弧烤热起焊处,经

2~3 s，坡口两侧接近熔化状态时立即压低电弧，当坡口内形成熔池后将电弧稍稍抬起，焊条与管子切线方向的倾角为80°~85°，采用短弧做小幅度锯齿形横向摆动，逆时针方向进行焊接；在时钟的4点~3点位置处是下爬坡与立焊，焊条与管子切线的角度为85°~90°，焊条向坡口根部的顶送量比仰焊部位浅一些，并在坡口两侧稍作停顿。到达立焊（时钟3点）位置时，焊条与管子切线的倾角为90°；在时钟的2点~12点位置处是上爬坡与平焊，焊条角度的变化如图2-107（e）、（f）所示，到达平焊（时钟12点）位置处时，焊条与管子切线的倾角为80°，焊条向坡口根部的顶送量又比仰焊部位浅一些，以防止熔化金属由于重力作用而造成背面焊缝过高和产生焊瘤。焊接时注意控制焊接电弧、焊缝熔池金属与熔渣之间的相互位置，及时调节焊条角度，防止熔渣超前流动，造成夹渣及未熔合、未焊透等缺陷。收弧位置也要超过管子垂直中心线10 mm，以便于焊接左半圈时的焊缝接头，如图2-108所示。

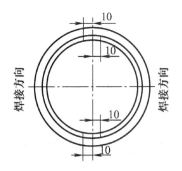

图2-108 水平固定管焊接时起点和终点超过中心线10 mm示意图

2）接头

更换焊条时焊缝的接头有热接和冷接两种方法。

（1）热接：焊缝接头的热接时，在收弧处尚保持红热状态时，立即从熔池前面引弧，迅速把电弧拉到收弧处。

（2）冷接：焊缝接头冷接时，即熔池已经冷却凝固，必须将收弧处修磨成斜坡状，并在其附近引弧，再拉到修磨处稍作停顿，待先焊焊缝充分熔化，方可向前正常焊接。与定位焊缝接头时，焊条运至定位焊点向下压一下，听到"噗噗"声后，快速向前施焊，到定位焊缝另一端时，焊条在接头处稍停，将焊条再向下压一下，又听到"噗噗"声后表明根部已经熔透，恢复原来操作手法。

3）管子左半圈的焊接

管子左半圈的焊接操作方法与右半圈焊接时相似，但是要在管子的仰焊位和平焊位两处进行接头。

（1）仰焊位焊缝的接头：当接头处没有焊出斜坡状时，可用角向砂轮或扁铲等工具将接头处修整出斜坡状，也可用焊条电弧来切割。其方法是先用长弧预热接头,当出现熔化状态时立即拉平焊条,顶住熔化金属,如果一次割不出缓坡,可以多做几次。当形成斜坡状后,马上把焊条调整为正常焊接角度,进行仰焊位接头(切忌此时熄弧)。随后将焊条向上顶一下,以击穿坡口根部形成熔孔,待仰位接头完全熔合后转入正常操作。

(2) 平焊位焊缝的接头:在平焊位接头时,运条至斜立焊位置,逐渐改变焊条角度,使之处于顶弧状态,即将焊条前倾,当焊至距接头 3~5 mm 即将封闭时,决不可熄弧,应把焊条向内压一下,等听到击穿声后,使焊条在接头处稍作摆动,填满弧坑后熄弧。

打底层焊电弧要控制得短一些,保持大小适宜的熔孔。熔孔过大,会使焊缝背面产生下坠或焊瘤。仰焊位置操作时,电弧在坡口两侧停留时间不宜过长,并且电弧尽量向上顶;平焊位置操作时,要控制熔池温度,电弧不能在熔池的前面多停留,并且保持 2/3 的熔池落在原来的熔池上,有利于背面焊缝的良好成形。

2. 盖面焊

盖面焊接前要清理好前层焊道的焊渣、飞溅物和夹角,凸起部分铲掉修平,调试好焊接参数。焊接时焊条与管外壁的夹角与打底层焊的角度相同,运弧以月牙形和正锯齿形为主,幅度可大些,关键是在于各部位的运弧速度和电弧长度,电弧运至焊道两侧要慢,以提高其两侧温度,防止产生咬边,中间要快,并防止中间温度过高使焊道凸起,要特别注意电弧运至中间的弧长,宁短毋长,即可获得宽窄一致、波纹均匀的焊缝成形。

右半圈收弧时,对弧坑稍填一些熔滴,使弧坑呈斜坡状,以利左半圈的接头。在左半圈焊接前需将接头处约 10 mm 左右的渣壳去除,最好采用砂轮机打磨成斜坡状。

六、焊接质量评定

按评分标准对焊缝进行检查评定,评分标准可参照项目二任务 5V 形坡口对接平焊。

【学生学习工作页】

任务完成后,上交学生学习工作页。

学生学习工作页

班级		姓名		分组号		日期	
任务名称							

你可能需要获得以下资讯才能更好地完成任务

1. 管子对接水平固定焊需经过_____、_____、_____三种焊接位置的转换焊接，焊接熔池在各种位置转换变化过程中形成，所以水平固定焊称为_____。这种焊接位置操作难度_____，要使焊缝成形_____，就更有难度，这就要求_____才能控制好熔池形状，否则就会产出现_____不一致、_____大的不良成形，尤其是平焊位容易出现_____现象，仰焊位容易产生_____、_____和_____等缺陷，焊道易产生_____、两侧_____等缺陷。因此，焊接时应注意每个环节的操作要领。

2. 打底焊时，熔池间的搭接量会直接影响焊件的背面成形，为避免出现管子内部出现仰焊位凹陷、平焊位凸起等缺陷，仰焊位、斜仰焊位处的搭接量为_____，立焊位处的搭接量为_____，斜平焊位、平焊位处的搭接量为_____。

3. 在盖面层焊接时，由于仰焊、斜仰焊区段液态金属易下坠，要求焊缝要_____一些；而在斜平焊位、平焊位区段，熔池温度偏高不易达到焊缝高度，则要求焊缝要_____，以使盖面焊缝余高整体均匀。

制订你的任务计划并实施

1. 写出完成任务的步骤。
2. 完成任务过程中，使用的材料、设备及工具有：
3. 你焊接的试件出现了哪些缺陷，请分析产生的原因并找出防止的方法

任务完成了，仔细检查，客观评价，及时反馈

1. 试件完成后按评分标准小组成员进行自检、互检进行评分，成绩为_____。
2. 将焊接试件展示给本组及其他组的同学，请他们为试件评分，成绩为_____。
3. 其他组成员提出了哪些意见或建议，请记录在下面：

【总结与评价】

按评分标准由学生自检、互检及教师检查对任务完成情况进行总结和评价。评分标准参照项目二任务1。

任务 13　插入式管板垂直固定焊实训

【学习任务】

学习情境工作任务书

工作任务	插入式管板垂直固定焊实训		
试件图	（试件图：$\phi 57$，板厚 4，管长 90，板厚 10，板 100×100，焊脚 a、b）	技术要求 1. 单面焊双面成形； 2. 焊脚尺寸 $K = 6 \pm 1$ mm； 3. 钢板孔与钢管要同轴心	
		名称	插入式管板垂直固定焊
		材料	20 钢板 20 钢管
任务要求	1. 按实训任务技术要求完成管板垂直固定焊试件的焊接； 2. 进行焊缝外观检验，分析焊接缺陷产生原因，找出解决方法		
教学目标	能力目标	知识目标	素质目标
	1. 根据焊件图纸的技术要求选择焊接工艺参数； 2. 能够正确运用焊条角度，熟练进行垂直固定管板的焊接。 3. 解决在管板垂直固定焊焊接操作中出现的问题	1. 掌握管板垂直固定焊焊接工艺参数的选择； 2. 掌握管板垂直固定焊焊缝的技术要求和操作要领； 3. 掌握焊接缺陷有关知识	1. 培养学生吃苦耐劳能力； 2. 培养工作认真负责、踏实细致的意识； 3. 培养学生劳动保护意识； 4. 培养学生团队合作能力； 5. 培养学生的语言表达能力

【知识准备】

管板类接头实际上是一种 T 形接头的环形焊缝焊接,是锅炉、压力容器制造业主要的焊缝形式之一。管板固定焊接根据接头形式不同,可分为插入式管板和骑座式管板两类。一般要求根部焊透,保证背面成形,正面焊脚对称。按试件空间位置不同,可分为水平转动、垂直固定平位焊、垂直固定仰焊、水平固定全位置焊和 45°固定全位置焊五种位置的焊接,如图 2-109 所示。

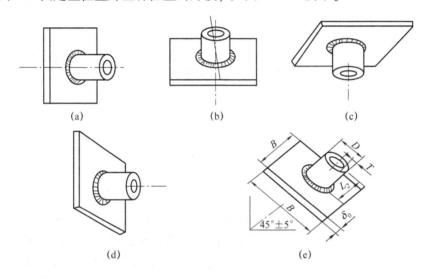

图 2-109 管板试件各种焊接位置

(a) 水平转动焊;(b) 垂直固定平焊
(c) 垂直固定仰焊;(d) 水平固定全位置焊;(e) 45°固定全位置焊

由管子和平板组成的 T 形接头,将管子垂直固定在水平位置,如图 2-109(b) 所示,称为管板垂直固定焊,又称管板垂直固定俯位焊。

【计划】

同项目二任务 1。

【实施】

一、安全检查

同项目二任务 2。

二、焊前准备

同项目二任务 2。

三、焊接工艺参数

插入式管板垂直固定焊焊接参数见表 2-38。

表 2-38　插入式管板垂直固定焊焊接参数

焊接层次	焊条直径/mm	焊接电流/A	电弧电压/V
装配定位焊	2.5	70~80	22~24
打底焊（1）	2.5	70~80	22~24
填充焊（2、3）	3.2	120~130	22~26
盖面焊（4、5、6）	3.2	120~130	22~24

四、试件装配

1. 清理

同项目二任务 4。

2. 装配

将管子插入孔板内，调整孔板与管子的装配间隙为 1.5 mm，保证管子与孔板应相互垂直，四周间隙均匀，背面平齐，其相差不能超过 0.4 mm。定位焊采用与试件相同牌号的焊条，采取三点对称定位焊，每点相距 120°，其焊缝长度不超过 10 mm，焊缝厚度 2~3 mm，应焊透并无缺陷，焊缝两端呈斜坡状，以利于接头，见图 2-110。

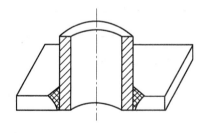

图 2-110　管板接头形式

五、操作技术

用断弧法进行焊接，始焊点选在定位焊缝处，在保证正确焊条角度的前提下，焊工尽量向左转动手臂和手腕。

1. 引弧

引弧时用划擦法引弧，引弧点在定位焊缝上的管板坡口内侧。电弧引燃后，拉长电弧稍加预热，待其两侧接近熔化温度时，向孔板一侧移动，压低电弧使孔板坡口击穿形成熔孔,然后用直线形运条法进行正常焊接。焊条与管子外壁的夹角为 10°~15°,与管子切线的成 60°~70°角,如图 2-111 所示。焊接过程中焊条角度要求保持不变,随着管子弧度的移动,速度要均匀,电弧在坡口根部与管子边缘应做停留,保持短弧操作,使电弧 1/3 在熔池前,用来击穿和熔化坡口根部,2/3 盖在熔池上。电弧稍偏向管子以保证两侧熔合良好,保持熔池形状和大小基本一致,避免产生未焊透和夹渣。若发现熔池温度过高,可以采用挑弧法,以减少对熔池的热输入,防止焊穿和背面产生焊瘤缺陷。

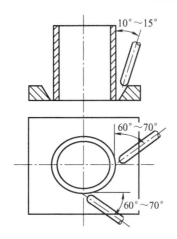

图 2-111 插入式管板垂直固定平焊时的焊条角度示意图

2. 更换焊条的方法

焊缝接头更换焊条时,一般采用热接法。当焊接停弧后,立即更换焊条,当熔池尚处在红热状态时,迅速在坡口前方 10~15 mm 处引弧,然后快速把电弧的 2/3 拉至原熔池偏向管板坡口面位置上,1/3 的电弧加热管子端部,压低电弧。焊条在向坡口根部移动的同时,做斜锯齿形摆动,当听到"噗噗"两声之后,迅速断弧。再次开始断弧焊时,节奏稍快些,间断焊接 2~3 次后,焊缝热接法接头完毕,转入正常焊接。

3. 打底焊

打底焊时焊条与管外壁的夹角为 25°~30°,其目的是把较多的热量集中在较厚的孔板坡口面上,避免管壁过烧或孔板坡口面熔合不好。焊条与焊接方向的倾角为 70°~80°,起焊点是三个定位焊缝中的任一个,在定位焊缝起弧后,采用短弧施焊,注意控制焊接电弧、焊缝熔池金属与熔渣之间的相互位置,及时调节焊条角度,防止熔渣超前流动,造成夹渣及未熔合、未焊透的缺陷。当焊至封闭焊缝接头处时,要稍停片刻,并与始焊部位重叠约 5~10 mm,填满弧坑即可熄弧。

4. 填充焊

填充层焊接采用小锯齿形运条法,保证坡口两侧熔合良好,焊条与管壁夹角为 15°左右，前进方向与管子的切线夹角为 80°~85°，注意焊道两侧的熔化状况，适时调节电弧不同的停顿时间，使管子与板受热均衡，并保持熔渣对熔池的覆盖保护，不超前或拖后，基本填平坡口，但不能熔化孔板坡口边缘，以免影响盖面层的焊接。

5. 盖面焊

盖面层焊接必须保证焊脚尺寸。采用两道焊，第一条焊道紧靠孔板面与填充层焊道的夹角处，熔化坡口边缘 1~2 mm，保证焊道外边整齐。第二条焊道施焊时，重叠于第一条焊道 1/2~2/3，并根据焊道需要的宽度适当调整焊条摆动和焊接速度，焊条做小幅度的前后摆动，使焊道细一些，或用小斜圆圈形运条法，避免焊道间形成凹槽或凸起，防止管壁产生咬边。

六、焊接质量评定

按评分标准对焊缝进行检查评定，焊缝的评分标准参照项目二任务 9。

【学生学习工作页】

任务完成后，上交学生学习工作页。

学生学习工作页

班级		姓名		分组号		日期	
任务名称							
你可能需要获得以下资讯才能更好地完成任务 管板类接头实际上是一种_____接头的环形焊缝焊接，是锅炉、压力容器制造业主要的焊缝形式之一。管板固定焊接根据接头形式不同，可分为_____管板和_____管板两类。一般要求_____。按试件空间位置不同，可分为_____、_____、_____、_____和_____五种位置的焊接							
制订你的任务计划并实施 1. 写出完成任务的步骤。 2. 完成任务过程中，使用的材料、设备及工具有： 3. 你焊接的试件出现了哪些缺陷，请分析产生的原因并找出防止的方法							
任务完成了，仔细检查，客观评价，及时反馈 1. 试件完成后按评分标准小组成员进行自检、互检进行评分，成绩为_____。 2. 将焊接试件展示给本组及其他组的同学，请他们为试件评分，成绩为_____。 3. 其他组成员提出了哪些意见或建议，请记录在下面：							

【总结与评价】

按评分标准由学生自检、互检及教师检查对任务完成情况进行总结和评价。评分标准参照项目二任务1。

任务14　插入式管板水平固定焊实训

【学习任务】

学习情境工作任务书

工作任务	插入式管板水平固定焊实训		
试件图	（图示：φ57钢管，壁厚4，长90+10，100×100钢板）	技术要求 1. 单面焊双面成形； 2. 焊脚尺寸 $K=6\pm1$ mm； 3. 钢板孔与钢管要同轴心	
		名称	插入式管板水平固定焊
		材料	20 钢板 20 钢管
任务要求	1. 按实训任务技术要求完成管板水平固定焊试件的焊接； 2. 进行焊缝外观检验，分析焊接缺陷产生原因，找出解决方法。		
教学目标	能力目标	知识目标	素质目标
	1. 根据焊件图纸的技术要求选择焊接工艺参数； 2. 能够正确运用焊条角度，熟练进行水平固定管板的焊接。 3. 解决在管板水平固定焊焊接操作中出现的问题	1. 掌握管板水平固定焊焊接工艺参数的选择； 2. 掌握管板水平固定焊焊缝的技术要求和操作要领； 3. 掌握焊接缺陷有关知识	1. 培养学生吃苦耐劳能力； 2. 培养工作认真负责、踏实细致的意识； 3. 培养学生劳动保护意识； 4. 培养学生团队合作能力； 5. 培养学生的语言表达能力

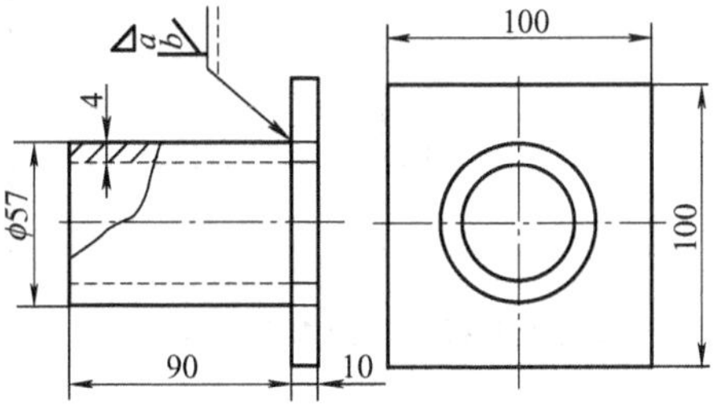

【知识准备】

插入式管板水平固定焊条电弧焊是全位置焊接,要求焊件在水平固定不变的情况下完成环形焊缝的焊接,试件装配如图2-112所示。施焊时将管板分为左右两个半圈,采用多层多道焊。每半圈都在从试件下部开始,经过仰焊位、立焊位和平焊位三种不同位置的焊接,要求焊缝根部必须焊透。因此,焊工必须在掌握平焊、立焊和仰焊的操作技术后才能进行该焊件的焊接。为了达到单面焊双面成形的质量要求,必须在板上开出一定尺寸的坡口,使焊接电弧能够深入到坡口的根部进行焊接。

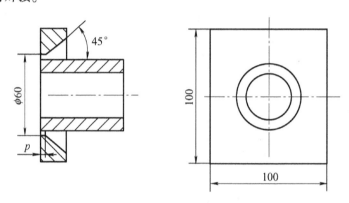

图2-112 插入式管板水平固定焊试件

【计划】

同项目二任务1。

【实施】

一、安全检查

同项目二任务2。

二、焊前准备

同项目二任务2。

三、焊接工艺参数

插入式管板水平固定焊的焊接参数见表2-39。

表 2-39 插入式管板水平固定焊的焊接参数

焊接层次	运条方法	焊条直径/mm	焊接电流/A
打底焊	断弧焊法、斜锯齿形运条法	2.5	70~80
盖面焊	锯齿形运条法	3.2	100~110

四、试件装配

同项目二任务 13。

五、操作技术

管板水平固定全位置焊时,为了便于叙述,用时钟方式标记焊接电弧处于焊件接头的位置。将管板焊缝分为左、右两个半圈,即右半圈是时钟钟面位置的 7 点~3 点~1 点处,左半圈是时钟钟面位置的 5 点~9 点~11 点处。水平固定焊管板的焊接位置及焊条角度见图 2-113。

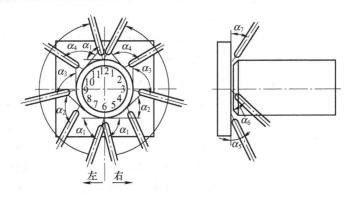

图 2-113 水平固定管板焊接位置及焊条角度示意图

$\alpha_1 = 80° \sim 85°$;$\alpha_2 = 100° \sim 105°$;$\alpha_3 = 100° \sim 110°$

$\alpha_4 = 120°$;$\alpha_5 = 30°$;$\alpha_6 = 35°$ $\alpha_7 = 30°$;

1. 打底焊

打底焊时,一般情况下先焊接右半圈,因为焊工的右手握焊钳时,右侧便于在仰焊位置的观察与焊接。

1) 右半圈的焊接

焊接时,在时钟的 7 点处以划擦法引燃电弧,然后将电弧移到 6 点~7 点进行 1~2 s 的预热,再将焊条向右下方倾斜。其角度如图 2-114 所示,当熔滴下落 1~2 滴后将焊条端部轻轻顶在管子与底板的夹角上,待坡口根部熔化形成熔孔后,稍拉长焊条,用直线形运条法或挑弧法,沿逆时针方向快速施焊。此处焊层尽量薄一些,以利于与左侧焊道搭接平整。

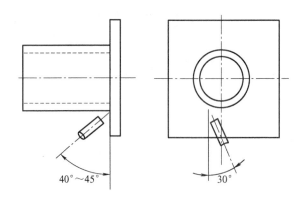

图 2-114 右侧焊焊条倾斜角度示意图

时钟 6 点 ~5 点处位置的操作，用斜锯齿形运条，以避免产生焊瘤。需不断地调整焊条与管子切线的夹角，如图 2-115 所示，焊条与孔板的夹角则应保持在 15°左右。运条时向斜下方摆动要快，到底板面时要稍作停顿；向斜上方摆动时相对要慢些，到管壁处再稍作停顿，使电弧在管壁一侧的停留时间比在孔板一侧要长一些，其目的是增加管壁一侧的焊脚高度。

在时钟 5 点 ~2 点位置处为控制熔池温度和形状，宜用间断熄弧或挑弧法施焊。间断熄弧焊的操作要领为：当熔敷金属将熔池填充得十分饱满，使熔池形状欲向下变长时，握焊钳的手腕迅速向上摆动，挑起焊条端部熄弧，待熔池中的液态金属将凝固时，焊条端部迅速靠近弧坑，引燃电弧，再将熔池填充的十分饱满。引弧、熄弧如此不断地进行。每熄弧一次的前进距离为 1.5 ~ 2 mm。

在时钟 2 点 ~11 点位置处是上坡焊与平焊。焊接时为防止熔池金属因在管壁一侧聚集而造成低焊角或咬边，应将焊条端部偏向底板一侧，按图 2-116 所示方法，做短弧斜锯齿形运条，并使电弧在底板侧停留时间长些。当施焊至 11 点处位置时，以间断熄弧或挑弧法填满弧坑后收弧。

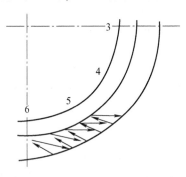

图 2-115 时钟 6 点 ~5 点位置运条示意图

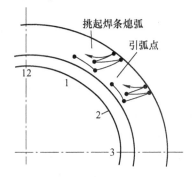

图 2-116 时钟 2 点 ~11 点位置运条示意图

2）更换焊条的方法

焊缝起接更换焊条时可采用热接法，熄弧前回焊 10 mm 左右，并拉长电弧至熄弧。迅速更换焊条，在熄弧处引燃电弧，适当预热后至接头处，压低电弧，当根部有击穿后形成熔孔，稍停片刻，转入正常焊接。

3）左半圈的焊接

施焊前，将管板右侧焊缝的始、末端焊渣除尽。如果时钟 6 点~7 点处焊道过高或有焊瘤、飞溅物时，必须进行整修或清除。

（1）焊道始端的连接：由 8 点处向右下方以划擦法引弧，将引燃的电弧移至右侧焊缝始端进行 1~2 秒的预热，然后压低电弧，以快速小斜锯齿形运条，沿顺时针方向焊接。焊条倾斜角度及其变化情况示意图如图 2-117 所示。

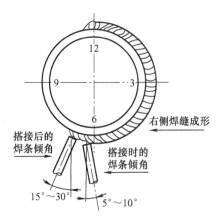

图 2-117　焊条倾斜角度及其变化情况示意图

（2）焊道末端的连接：当左侧焊道于时钟 11 点~12 点处与右侧焊道相连接时，需以挑弧焊或间断熄弧焊施焊。当弧坑被填满后，方可挑起焊条熄弧。

左半圈焊其他部位的焊接操作均与右半圈焊相同。

2. 填充焊

管板填充层的焊接操作也分为左半圈和右半圈，一般也是先焊右半圈，后焊左半圈。焊条角度与打底层焊时相似，但是采用小月牙形或斜齿形运条方法，焊条摆动的幅度可稍宽些，并在焊道两侧稍停顿，以保证焊道两侧熔化良好。运条时保持熔池液面趋于水平，直至填平坡口，但还应注意不能熔化孔板坡口边缘，以免影响覆盖面层的焊接。

由于管板焊缝两侧是不同直径而同心的圆形焊缝。孔板侧比管子侧的圆周长，所以在运条时，在保证熔池液面趋于水平的前提下，应加大孔板侧的向前移动间距，并相应地增加焊接停留时间。最后使管子一侧的焊缝超出孔板面 2~3 mm，使焊缝形成一个斜面，以保证盖面层焊缝焊脚尺寸对称。

3. 盖面焊

管板盖面层焊接既要考虑焊脚尺寸和对称性，又要使焊缝表面焊波均匀，无表面缺陷，焊缝两侧不产生咬边。盖面层焊接前，应仔细清理填充层焊道的焊渣，特别是死角。焊接时可采用连弧焊手法和断弧焊手法施焊。也是先焊右半圈，后焊左半圈。

1）右半圈的焊接

焊接时先进行时钟7点~5点处仰焊和下爬坡位置的焊接。其操作方法和焊条角度与打底层焊的操作相同。运条时在斜下方管壁侧的摆动要慢，以利于焊角的增高；向斜上方移动要相对快些，以防止产生焊瘤。当焊条摆动到熔池中间时应使其端部尽可能离熔池近一些，以利于短弧吹力拖住因重力作用而下坠的液态金属，防止焊瘤的产生。

在施焊过程中，如出现熔池金属下坠或管子边缘不熔合等现象时，可增加电弧在焊道边缘停留时间和增加焊条摆动速度。当采取上述措施仍不能控制熔池的温度和形状时，须采用间断熄弧法。

（1）时钟5点~2点处位置的焊接。由于此处温度局部增高，在施焊过程中电弧吹力不但起不到上托熔敷金属的作用，而且还容易促进熔敷金属的下坠。因此只能采用间断熄弧法。其操作要领为：当熔敷金属将熔池填充得十分饱满，并欲下坠时，挑起焊条熄弧；待熔池中的液态金属将凝固时，迅速在其前方15 mm处的焊道边缘引弧（切不可直接在弧坑上引弧，以免因电弧的不稳定而使该处产生密集气孔），再将引燃的电弧移到底板侧的焊道边缘上停留片刻；当熔池金属覆盖在凹坑上时，将电弧向下偏50°的倾角并通过熔池向管壁侧移动，使其在管壁侧再停留片刻。当熔池金属将前弧坑覆盖2/3以上时，迅速将电弧移到熔池中间熄弧。间断熄弧法如图2-118所示。在一般情况下，熄弧时间为1~2 s，燃弧时间为3~4 s，相邻熔池重叠间距为1~1.5 mm。

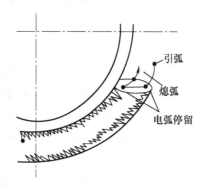

图2-118 右半圈焊盖面层间断熄弧法示意图

（2）时钟2点~11点位置处的焊接，该处逐渐成为类似平角焊接的位置。由于熔敷金属在重力作用下，易向熔池低处（即管壁侧）聚集，而处于焊道上方的底板侧又易被电弧吹成凹坑（即咬边），难以达到所要求的焊脚高度。为此宜采用由左（管壁侧）向右（底板）运条的间断熄弧法，即焊条端部在距原熔池10 mm处的管壁侧引弧，然后将其缓慢移至熔池下侧停留片刻，待形成新熔池后再通过熔池将电弧移到熔池斜上方,以短弧填满熔池,再将焊条端部迅速向左挑起熄弧。

焊至 12 点处时,将焊条端部迅速靠在管,图 2 – 118 为右半圈焊盖面层间断熄弧法示意图,当焊至时钟 12 点 ~ 11 点处收弧,为左半圈焊道的末端接头打好基础。

2)左半圈的焊接

施焊前,将右半圈焊缝的始、末端焊渣除尽。如果 6 点 ~ 7 点处焊道过高或有焊瘤、飞溅物时,必须进行整修或清除。

(1)焊道始端的连接:在仰焊部位 6 点钟前 10mm 左右的前一道焊缝上引弧,将引燃的电弧拉到右半圈焊缝始端(6 点)进行 1 ~ 2 s 的预热,然后压低电弧。焊条倾角与焊接方向相反,如图 2 – 119 所示 6 点 ~ 7 点处以直线形运条,逐渐加大焊条的摆动幅度。焊条摆动的速度和幅度由右半圈焊道搭接处(6 点 ~ 7 点的一小段焊道)所要求的焊接速度、焊道厚度来确定,以获得平整的搭接接头为目的。

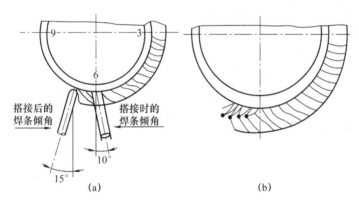

图 2 – 119　焊缝连接时的焊条摆动角度和运条示意图
(a)焊条摆动角度;(b)运条法

(2)焊道末端的连接:当施焊于 12 点处时,做几次挑弧动作将熔池填满、与右半圈收尾焊道吻合好,即可收弧。

六、焊接质量评定

按评分标准对焊缝进行检查评定,焊缝的评分标准参照项目二任务 9。

【学生学习工作页】

任务完成后,上交学生学习工作页。

学生学习工作页

班级		姓名		分组号		日期	
任务名称							

你可能需要获得以下资讯才能更好地完成任务

插入式管板水平固定焊条电弧焊是_____焊接，要求焊件在水平固定不变的情况下完成_____的焊接。施焊时将管板分为_____，采用多层多道焊。每半圈都在从试件_____开始，经过_____、_____到三种不同位置的焊接，要求焊缝根部必须焊透。因此，焊工必须在掌握平焊、立焊和仰焊的操作技术后才能进行该焊件的焊接。为了达到单面焊双面成形的质量要求，必须在板上开出一定尺寸的_____，使焊接电弧能够深入到坡口的根部进行焊接

制订你的任务计划并实施

1. 写出完成任务的步骤。
2. 完成任务过程中，使用的材料、设备及工具有：
3. 你焊接的试件出现了哪些缺陷，请分析产生的原因并找出防止的方法

任务完成了，仔细检查，客观评价，及时反馈

1. 试件完成后按评分标准小组成员进行自检、互检进行评分，成绩为_____。
2. 将焊接试件展示给本组及其他组的同学，请他们为试件评分，成绩为_____。
3. 其他组成员提出了哪些意见或建议，请记录在下面：

【总结与评价】

按评分标准由学生自检、互检及教师检查对任务完成情况进行总结和评价。评分标准参照项目二任务1。

项目三 半自动 CO_2 气体保护电弧焊实训

任务1 认识半自动 CO_2 气体保护电弧焊

【学习任务】

学习情境工作任务书

工作任务	认识半自动 CO_2 气体保护电弧焊		
任务要求	1. 了解 CO_2 气体保护电弧焊的原理、特点及应用； 2. 向小组成员介绍半自动 CO_2 气体保护电弧焊所用的设备、工具的工作原理、技术参数及操作方法； 3. 连接焊接设备及工具，形成焊接回路		
教学目标	能力目标	知识目标	素质目标
	1. 能够正确连接焊接回路； 2. 能熟练使用焊接设备、工具和材料； 3. 能够对设备、工具及材料进行维护和保养	1. 了解气体保护电弧焊的基本原理、特点，常用保护气体的性质及应用； 2. 了解 CO_2 气体保护电弧焊的概念、特点及应用； 3. 掌握 CO_2 气体保护电弧焊焊接材料、设备及工具的选择和使用方法	1. 培养学生吃苦耐劳能力； 2. 培养工作认真负责、踏实细致的意识； 3. 培养学生劳动保护意识； 4. 树立团队合作能力； 5. 培养学生的语言表达能力，增强责任心、自信心

【知识准备】

一、CO_2 气体保护焊的原理

气体保护电弧焊是用外加气体作为电弧介质并保护电弧和焊接区的电弧焊方法，简称气体保护焊。气体保护焊时可用作保护气体的气体主要有氩气（Ar）、

氦气（He）、氮气（N_2）、氢气（H_2）、二氧化碳（CO_2）及混合气体。

CO_2气体保护焊是利用CO_2作为保护气体的熔化极气体保护焊方法，简称为CO_2焊。CO_2焊是目前焊接钢铁材料的重要焊接方法之一，在许多金属结构的生产中已逐渐取代了焊条电弧焊和埋弧焊。

CO_2焊是利用CO_2气体使焊接区与周围空气隔离，防止空气中的氧、氮对焊接区的有害作用，从而获得优良的机械保护性能。因为CO_2气体具有氧化性，一旦焊缝金属被氧化和氮化，脱氧是较容易实现的，而脱氮就很困难。另外CO_2气体高温分解，体积增加，增强了保护效果，因此可用CO_2作保护气体。CO_2焊的原理示意图如图3-1所示。

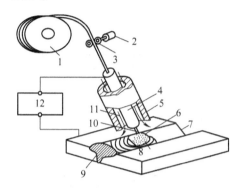

图3-1 CO_2焊原理示意图

1-焊丝盘；2-送丝电动机；3-送丝轮；4-电极夹；5-喷嘴；6-电弧；
7-母材；8-熔池；9-焊缝金属；10-电极焊丝；11-保护气；12-焊接电源

CO_2气体保护焊按所用焊丝直径不同可分为细丝CO_2焊（焊丝直径≤1.2 mm）和粗丝CO_2焊（焊丝直径≥1.6 mm）两种，细丝CO_2焊工艺比较成熟，因此应用最广；CO_2气体保护焊按操作方法不同可分为半自动焊和自动焊两种，它们的区别是CO_2半自动焊用手工操作焊枪完成电弧热源移动，而送丝、送气等与自动焊一样，由相应的机械装置来完成。

二、CO_2气体保护焊的焊接材料

1. CO_2气体

CO_2有固态、液态和气态三种形态。CO_2气体是无色、无味和无毒气体。在常温下它的密度为1.98 kg/m^3，约为空气的1.5倍。焊接用CO_2一般是将其压缩成液体储存于钢瓶内。CO_2气瓶的容量为40 L，可装25 kg液态CO_2占容积的80%，其余20%左右的空间则充满气化了的CO_2，满瓶压力为5~7 MPa。一瓶液态CO_2可以气化成12725L气体。若焊接时气体流量为15 L/min，则可以连续使用14小时左右。气瓶外表涂铝白色，并标有黑色"液态二氧化碳"的字样。

液态 CO_2 在常温下容易汽化，溶于液态 CO_2 中的水分易蒸发成水汽混入气体中，影响 CO_2 气体的纯度。在气瓶内汽化 CO_2 气体中的含水量，与瓶内的压力有关，随着使用时间的增长，瓶内压力降低，水汽增多。当气瓶内压力降低到 0.98 MPa 时，CO_2 气体中含水量大为增加，不能继续使用。用于焊接的 CO_2 气体，其纯度要求大于 99.5%，含水量不超过 0.05%。

气瓶的压力与环境温度有关，当环境温度在 30℃ 以上时，瓶中压力急剧增加。所以气瓶不得放在火炉、暖气等热源附近，也不得放在烈日下暴晒，以防发生爆炸。

2. 焊丝

根据 GB/T 8110-2008《气体保护焊用碳钢、低合金钢焊丝》规定，焊丝型号由三部分组成。ER 表示焊丝，ER 后面的两位数字表示熔覆金属的最低抗拉强度，短划"-"后面的字母或数字表示焊丝化学成分分类代号，如还附加其他化学成分时，直接用元素符号表示，并以短划"-"与前面数字分开。

例如：ER50-6

ER：表示焊丝

50：表示熔覆金属抗拉强度最低值为 500 MPa

6：表示焊丝化学成分分类代号

目前常用的 CO_2 气体保护焊焊丝有 ER49-1 和 ER50-6 等。ER49-1 对应的牌号为 H08Mn2SiA，ER50-6 对应的牌号为 H11Mn2SiA。对于低碳钢及低合金高强度钢常用 ER50-6 焊丝。

CO_2 焊所用的焊丝直径在 0.5~5 mm 范围内，CO_2 半自动焊常用的焊丝直径为 ϕ0.6 mm、ϕ0.8 mm、ϕ1.0 mm、ϕ1.2 mm 等。CO_2 自动焊除上述细焊丝外大多采用 ϕ2.0 mm、ϕ2.5 mm、ϕ3.0 mm、ϕ4.0 mm、ϕ5.0 mm 的焊丝。

三、CO_2 气体保护焊设备

CO_2 气体保护焊所用的设备有半自动焊机和自动焊机两类。在实际生产中，半自动焊机使用较多。焊机主要由焊接电源、送丝系统、焊枪及行走机构（自动焊）、供气系统和水冷系统等部分组成，如图 3-2 所示。

1. 焊接电源

半自动熔化极气体保护焊机一般配用具有平外特性的直流弧焊电源。各种类型的弧焊整流器均可采用。通常焊接电流在 15~500 A 之间，空载电压为 55~80 V，负载持续率为 60%~100%。

焊接过程中电源的主要技术参数是电弧电压和焊接电流。电弧电压是指焊丝端与工件之间的电压降，而不是电源端的输出电压。电弧电压的预调节主要通过调节空载电压来实现。焊接电流主要通过调节送丝速度来调节。

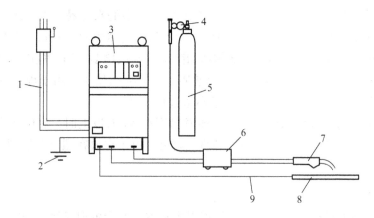

图 3-2 CO_2 气体保护焊机的组成示意图

1-输入电缆；2-接地电缆；3-电源；4-气体调节器；5-气瓶；
6-送丝装置；7-焊枪；8-焊件；9-输出电缆

2. 送丝系统

送丝系统通常由送丝机构（见图 3-3）、送丝软管、焊丝盘等组成。熔化极气体保护焊焊机的送丝系统根据其送丝方式的不同，通常可分为三种类型。

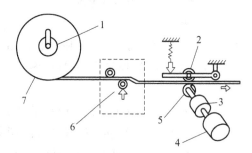

图 3-3 送丝机构组成

1-固定架；2-加压轮；3-减速器；4-送丝电动机；
5-送丝轮；6-矫直机构；7-焊丝盘

1）推丝式

这种送丝方式的焊枪结构简单、轻便，操作与维修方便，是应用最广的一种送丝方式，如图 3-4（a）所示。但焊丝进入焊枪前要经过一段较长的送丝软管，阻力较大。而且随着软管长度加长，送丝稳定性也将变差。所以送丝软管不能太长，一般在 3~5 m。

2）拉丝式

主要用于直径小于或等于 0.8 mm 的细焊丝，因为细焊丝刚性小，难以推丝。它又分为两种形式，一种是焊丝盘和焊枪分开，两者用送丝软管联系起来，如图 3-4（b）所示；另一种是将焊丝盘直接装在焊枪上，如图 3-4（c）所示。后者由于去掉了送丝软管，增加了送丝稳定性，但焊枪重量增加。

3）推拉丝式

此方式把上述两种方式结合起来，克服了使用推丝式焊枪操作范围小的缺点，送丝软管可加长到 15 m 左右，如图 3-4（d）所示。推丝电动机是主要的送丝动力，而拉丝机只是将焊丝拉直，以减小推丝阻力。推力和拉力必须很好地配合，通常拉丝速度应稍快于推丝速度。这种方式虽有一些优点，但由于结构复杂，调整麻烦，同时焊枪较重，因此实际应用不多。

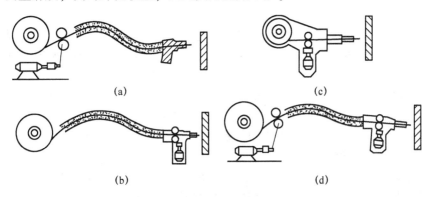

图 3-4　半自动焊机送丝方式示意图

(a) 推丝式；(b)，(c) 拉丝式；(d) 推拉丝式

3. 焊枪

焊枪应起到送气、送丝和导电的作用。半自动焊枪按焊丝送给的方式不同，可分为推丝式焊枪和拉丝式焊枪两种。按结构可分为鹅颈式焊枪和手枪式焊枪，如图 3-5 所示。按冷却方式分为空气冷却焊枪和内循环水冷式焊枪。鹅颈式空气冷却焊枪应用最为广泛。

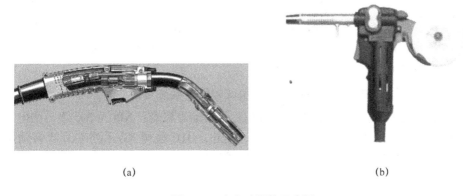

图 3-5　半自动焊枪示意图

喷嘴是焊枪上的重要零件，其作用是向焊接区域输送保护气体，以防止焊丝端头、电弧和熔池与空气接触。喷嘴形状多为圆柱形，也有圆锥形，喷嘴内孔直径与电流大小有关，通常为 12~24 mm。电流较小时，喷嘴直径也小；电流较大时，喷嘴直径也大。喷嘴采用纯铜或陶瓷材料制作。

导电嘴的材料要求导电性良好、耐磨性好和熔点高，一般选用纯铜、铬紫铜或钨青铜。导电嘴孔径的大小对送丝速度和焊丝伸出长度有很大影响。如孔径过大或过小，会造成工艺参数不稳定而影响焊接质量。

喷嘴和导电嘴都是易损件，需要经常更换。

4. 供气系统

熔化极气体保护焊机的供气系统由气瓶、预热器、干燥器、减压器、流量计、电磁气阀等组成，如图3-6所示。

由于液态CO_2转变成气态时将吸收大量的热，再经减压后，气体体积膨胀，会使温度下降。为防止气路冻结，在减压之前要将CO_2气体通过预热器进行预热。预热器采用电阻加热式，一般采用36 V交流供电，功率为75~100 W。

在CO_2气体纯度较高时，不需要干燥。只有当含水量较高时，才需要加装干燥器。干燥器内装有干燥剂，如硅胶、脱水硫酸铜和无水氯化钙等。无水氯化钙吸水性较好，但它不能重复使用；硅胶和脱水硫酸铜吸水后颜色发生变化，经过加热烘干后还可以重复使用。

减压器的作用是将高压CO_2气体变为低压气体。流量计用于调节并测量CO_2气体的流量。电磁气阀是用来接通或切断保护气体的装置。

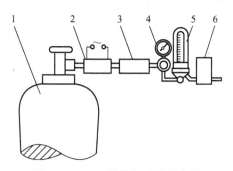

图3-6 CO_2焊供气系统示意图

1—气瓶；2—预热器；3—干燥器；4—减压器；5—流量计；6—气阀

5. 控制系统

CO_2焊控制系统的作用是对供气、送丝和供电系统实现控制。

目前，我国定型生产的NBC系列CO_2半自动焊机有：NBC-160型、NBC-250型、NBC-300型、NBC-500型等。此外，OTC公司XC系列CO_2半自动焊机、唐山松下公司KR系列CO_2半自动焊机使用也较广泛。

四、CO_2焊的熔滴过渡

在CO_2焊中，为了获得稳定的焊接过程，可根据工件要求采用短路过渡和滴状过渡两种熔滴过渡形式。

1. 短路过渡

CO_2焊在采用细焊丝、低电压和小电流焊接时，熔滴呈短路过渡。短路过渡时弧长很短，焊丝端部熔化形成的熔滴与熔池表面接触而短路，电弧熄灭，形成焊丝与熔池之间的液体金属小桥，此时熔滴在重力、表面张力和电磁收缩力等力的作用下很快地脱离焊丝端部而过渡到熔池，随后电弧又重新引燃，如此周期性地短路——燃弧交替进行。

短路过渡时熔滴细小而过渡频率高，电弧非常稳定，飞溅小，焊缝成形美观，主要用于焊接薄板及全位置焊接。焊接薄板时，生产率高，变形小，焊接操作容易掌握，对焊工技术水平要求不高，因而短路过渡的 CO_2 焊易于在生产中得到推广应用。

2. 滴状过渡

CO_2 焊在采用粗焊丝、较高电压和较大电流焊接时，熔滴呈滴状过渡。滴状过渡有两种形式：一是大颗粒过渡，这时的电流电压比短路过渡稍高，电流一般在 400 A 以下，此时，熔滴较大且不规则，过渡频率较低，易形成偏离焊丝轴线方向的非轴向过渡。这种大颗粒非轴向过渡，电弧不稳定，飞溅很大，成形差，在实际生产中不易采用。二是细滴过渡，这时焊接电流和电弧电压进一步增大，焊接电流在 400 A 以上。此时由于电磁收缩力的加强，熔滴细化，过渡频率也随之增加。细滴过渡时电弧稳定，不发生短路熄弧的现象，电弧穿透力强，母材熔深大，焊缝成形好，适合于进行中等厚度及大厚度工件的焊接。

五、CO_2 气体保护焊的焊接工艺参数

CO_2 气体保护焊的焊接参数包括焊丝直径、焊接电流、电弧电压、焊接速度、焊丝伸出长度和气体流量等，必须充分了解这些因素对焊接质量的影响，以便正确地进行选择。

1. 焊丝直径

焊丝直径根据焊件厚度、焊缝空间位置、接头形式及生产率的要求等条件来选择。薄板或中厚板的立焊、横焊、仰焊时，多采用直径为 1.6 mm 以下的焊丝，分别为 0.8 mm、1.2 mm、1.6 mm；在平焊位置焊接中厚板时，可以采用直径大于 1.6 mm 的焊丝，分别为 1.6 mm、2.0 mm、3.0 mm、4.0 mm。直径大于 2 mm 的焊丝只能采用长弧进行焊接。各种焊丝直径的适用范围见表 3-1。

表 3-1 各种焊丝直径的适用范围

焊丝直径	焊件厚度/mm	空间位置	熔滴过渡形式
0.5~0.8	1.0~2.5 2.5~4.0	各种位置平焊	短路过渡 粗滴过渡
1.0~1.4	2.0~8.0 2.0~12	各种位置平焊	短路过渡 粗滴过渡
≥1.6	3.0~12 >6.0	立、横、仰焊 平焊	短路过渡 粗滴过渡

2. 焊接电流

焊接电流对熔深与焊丝熔化速度及生产效率影响很大。焊接电流根据焊件的厚度、焊丝直径、焊缝位置及熔滴过渡的形式来选择。当焊接电流逐渐增大时，熔深、熔宽和余高都相应增加。

对于小于 250 A 的焊接电流值，一般用直径为 0.8~1.6 mm 的焊丝进行短路过渡的全位置焊接。由于熔深小，特别适合焊接薄板结构。

当焊接电流大于 250 A 时，不论采用哪种直径的焊丝，都难以实现短路过渡焊接。一般都把焊接参数调节为颗粒状过渡范围，用来焊接中厚度板。表 3-2 列出了焊丝直径与焊接电流的匹配关系，供参考。

表 3-2 焊丝直径与焊接电流的匹配关系

焊丝直径/mm	适用电流范围/A	
	短路过渡	颗粒过渡
0.5	30~70	120~220
0.8	50~100	150~250
1.0	70~120	170~270
1.2	90~200	200~350
1.6	100~180	350~500

3. 电弧电压

CO_2 气体保护焊焊接时，电弧电压与焊接电流一样，对焊接质量的影响非常大。电弧电压一般是根据焊丝直径、焊接时所用的焊接电流等来选择的。随着焊接电流的增加，电弧电压也要相应地增加。对于短路过渡 CO_2 气体保护焊来说，电弧电压是最重要的焊接参数，因为它直接决定了熔滴过渡的稳定性及飞溅物的大小，进而影响焊缝成形及焊接接头质量。

一般情况下，短路过渡时，电弧电压为 16~24 V，粗滴过渡时，电弧电压为 25~40 V。过高的电弧电压是产生气孔和飞溅的主要因素之一，过低的电弧电压往往造成焊缝的成形不良。另外，提高电弧电压，可以显著地增大焊缝宽度，减小焊缝的熔深和余高。

4. 焊接速度

焊接速度也是焊接参数中的一个重要因素，它和焊接电流、电弧电压一并构成焊接热输入的三大要素，它对熔深和焊道形状的影响很大。随着焊接速度的增大，熔宽降低，熔深和余高有一定程度的减小。当焊接速度过快时，气体保护受到破坏，焊缝的冷却速度加快，会使焊缝成形不好、降低焊缝的塑性，并易产生气孔，甚至还会产生咬边、未熔合、未焊透等缺陷。如果焊接速度过慢，可导致焊件被烧穿、产生焊接变形或使焊缝组织的晶粒粗大等缺陷。

5. 焊丝伸出长度

焊丝伸出长度取决于焊丝的直径，一般情况下，其伸出长度以焊丝直径的 10~15 倍为宜。伸出长度过大，焊丝会成段地被熔断、飞溅严重、气体保护效果也不好。焊丝伸出长度过小，不但容易造成飞溅物堵塞喷嘴，影响保护效果，而且影响焊工视线。

6. 气体流量

CO_2 气体流量的大小应该根据焊接电流、电弧电压，特别是焊接速度和接头形式来选择。气体流量太大时，气体冲击熔池，冷却作用加强，并且保护气流紊乱而破坏了保护作用，容易使焊缝产生气孔。同时氧化性增加、飞溅增加、焊缝表面也不光泽。气体流量太小时，气体挺度不够，降低了对熔池的保护作用，而且容易产生气孔等缺陷。通常，细丝 CO_2 气体保护焊时气体流量为 10~15 L/min；粗丝 CO_2 气体保护焊时气体流量约为 15~25 L/min。

7. 电源极性

CO_2 气体保护焊时为了减小飞溅，必须采用直流焊接电源，且多采用直流反接。这是因为直流反接时，电弧稳定、飞溅小、熔深大。但在堆焊及补焊铸铁时，应采用直流正接，这是因为，正接时焊丝为阴极，阴极产热大、焊丝熔化速度快、生产率高，但是要注意与下一层的熔合问题。

8. 回路电感

回路电感应根据焊丝直径、焊接电流、电弧电压等来选择。回路电感主要控制短路电流的上升速度及短路电流峰值。不同的焊丝直径要求不同的短路电流上升速度，焊丝越细，熔化速度越大，短路过渡频率越大，要求的短路电流上升速度就大。表 3-3 列出了不同焊丝直径的合适电感值。

表 3-3 不同焊丝直径的合适电感值

焊丝直径/mm	0.8	1.2	1.6
电感值/mH	0.01~0.08	0.10~0.16	0.30~0.70

重点提示：

◆确定焊接参数的程序为：首先根据板厚、接头形式和焊缝的空间位置等选定焊丝的直径和焊接电流，同时考虑熔滴过渡形式。这些参数确定之后，再选择和确定其他焊接参数，如电弧电压、焊接速度、焊丝伸出长度、气体流量和回路电感值等。

六、CO_2 气体保护焊技术

1. 焊前准备

CO_2 气体保护焊时,为了获得最好的焊接效果,除选择好焊接设备和焊接工艺参数外,还应做好焊前准备工作。

1) 坡口形状

细焊丝短路过渡的 CO_2 气体保护焊主要焊接薄板或中厚板,一般开 I 形坡口;粗焊丝细滴过渡的 CO_2 气体保护焊主要焊接中厚板及厚板,可以开较小的坡口。开坡口不仅为了熔透,而且要考虑到焊缝成形的形状及熔合比。坡口角度过小易形成指状熔深,在焊缝中心可能产生裂缝。尤其在焊接厚板时,由于拘束应力大,这种倾向很强,必须十分注意。

2) 坡口加工方法与清理

加工坡口的方法主要有机械加工、气割和碳弧气刨等。坡口精度对焊接质量影响很大。坡口尺寸偏差能造成未焊透和未焊满等缺陷。CO_2 气体保护焊时对坡口精度的要求比焊条电弧焊时更高。

焊缝附近有污物时,会严重影响焊接质量。焊前应将坡口周围 10~20 mm 范围内的油污、油漆、铁锈、氧化皮及其他污物清除干净。

3) 定位焊

定位焊是为了保证坡口尺寸,防止由于焊接所引起的变形。通常 CO_2 气体保护焊与焊条电弧焊相比要求更坚固的定位焊缝。定位焊缝本身易生成气孔和夹渣,它们是随后进行 CO_2 气体保护焊时产生气孔和夹渣的主要原因,所以必须细致地焊接定位焊缝。

焊接薄板时定位焊缝应该细而短,长度为 3~10 mm,间距为 30~50 mm。它可以防止变形及焊道不规整。焊接中厚板时定位焊缝间距较大,达 100~150 mm,为增加定位焊的强度,应增大定位焊缝长度,一般为 15~50 mm。若为熔透焊缝时,点固处难以实现反面成形,应从反面进行点固。

2. 引弧与收弧

1) 引弧工艺

半自动焊时,喷嘴与工件间的距离不好控制。当焊丝以一定速度冲向工件表面时,焊工极易操作不当而把焊枪顶起,结果使焊枪远离工件,从而破坏了正常保护。所以,焊工应该注意保持焊枪与工件的距离。

半自动焊时习惯的引弧方式是焊丝端头与焊接处划擦的过程中按焊枪按钮,通常称为"划擦引弧"。这时引弧成功率较高。引弧后必须迅速调整焊枪位置、焊枪角度及导电嘴与工件间的距离。

引弧处由于工件的温度较低,熔深都比较浅,特别是在短路过渡时容易引起未焊透。为防止产生这种缺陷,可以采取倒退引弧法,如图 3-7 所示。引弧后

快速返回工件端头,再沿焊缝移动,在焊道重合部分进行摆动,使焊道充分熔合,完全消除弧坑。

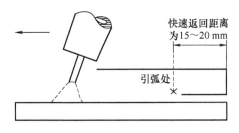

图 3-7　倒退引弧法

2) 收弧方法

焊道收尾处往往出现凹陷,它被称为弧坑。CO_2 焊比一般焊条电弧焊用的电流大,所以弧坑也大。弧坑处易产生火口裂纹及缩孔等缺陷。为此,焊工总是设法减小弧坑尺寸。目前主要应用的方法如下:

(1) 采用带有电流衰减装置的焊机时,填充弧坑。电流较小,一般只为焊接电流的 50%~70%,易填满弧坑。最好以短路过渡的方式处理弧坑。这时,电弧沿火口的外沿移动焊枪,并逐渐缩小回转半径,直到中间停止。

(2) 没有电流衰减装置时,在火口未完全凝固的情况下,应在其上进行几次断续焊接。这时只是交替按压与释放焊枪按钮,而焊枪在弧坑填满之前始终停留在火口上,电弧燃烧时间应逐渐缩短。

(3) 使用工艺板,也就是把弧坑引到工艺板上,焊完之后去掉它。

3. 运弧

CO_2 气体保护焊与焊条电弧焊一样,为了保证焊缝的宽度、两侧坡口边缘的熔合和焊缝的成形,要根据不同的接头形式及焊缝位置,焊枪需做各种不同形式的摆动,以适应焊缝成形的需要,常见的焊枪摆动方法及应用范围见表 3-4,仅供参考。

表 3-4　焊枪的摆动方法及应用范围

焊枪摆动方法	应用范围	焊枪摆动方法	应用范围
←―――――	薄板及中厚板的第一层焊接	8　6 7 4 5 2 3　1	薄板根部有间隙焊接、坡口有钢垫板或施工物时
∧∧∧∧∧∧	小间隙及中厚板的打底焊接,减小焊接余高	⁄⁄⁄⁄⁄	适用填充层横向摆动焊和厚板的焊接

焊枪摆动方法	应用范围	焊枪摆动方法	应用范围
锯齿形	第二层为横向摆动焊枪焊接的厚板等	三角形	多层焊、角焊缝
螺旋形	堆焊、多层焊时的第一层	波浪形	大坡口、大间隙填充或盖面焊
圆圈形	大坡口、大间隙的填充和盖面焊		

4. 停弧与接头

CO_2 气体保护焊时由于是连续送丝，应尽量不停弧，以减少焊缝接头。但由于某些原因停弧、有焊缝接头也是难免的，停弧和接头会直接影响焊缝的质量。

焊缝接头处的质量是操作手法所决定的，下面介绍两种方法供参考。

（1）薄焊件无摆动焊接时，可在弧坑前方 30 mm 左右处引弧，然后快速回焊至弧坑，待熔化金属将弧坑填满后，迅速将电弧前移，进行正常操作焊接，见图 3-8（a）。

当焊缝较宽，采用摆动焊接时，应在弧坑前 30 mm 左右处引弧，然后快速回焊至弧坑中心，接上头开始摆动并前移焊接，同时加大摆动运弧，见图 3-8(b)。

（2）另一种是用角向磨光机将接头处打磨成斜坡面，如图 3-9 所示，在斜坡前 30 mm 左右处引弧，然后将电弧快速回焊至斜坡顶部返回，摆动或直线前移焊接，见图 3-10。

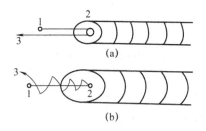

图 3-8 焊接接头处理方法

(a) 无摆动焊接时；(b) 摆动焊接时

图 3-9 接头前的处理　　**图 3-10 接头处的引弧操作**

【计划】

同项目二任务 1。

【实施】

一、焊接设备的正确使用

（1）严格按设备接线图进行接线，接地线要可靠。

（2）将预热器电源线与焊机相应的接头连接好，打开阀门，合上预热器开关及气流开关。

（3）接通电源及气源，旋开控制电源开关，指示灯亮。

（4）打开送丝机构上的压丝手柄，将焊丝通过导丝孔送入送丝滚轮 V 形槽内，然后进入软管。

（5）合上压丝手柄，按一下焊枪上的开关，使焊丝到达焊枪的出口处。

（6）调整好焊接参数，压一下焊枪上的开关，即可进行焊接。

（7）焊接结束时，点一下焊枪上的开关，焊接主回路和送丝电路立即切断，气体滞后自行关闭。

（8）关闭预热器开关、控制电源开关及气源，打开送丝机构的压丝手柄。

（9）使用中，应按焊机相应的负载持续率使用焊机。

二、设备的日常维护和焊接材料的正确使用

（1）经常注意导电嘴的磨损情况，磨损严重时应及时更换。

（2）经常注意送丝机构各零件的使用情况，以便及时清理和更换。

（3）不能压踩送丝软管和焊枪。

（4）焊机长期不使用时，应将焊丝从软管中抽出，避免锈蚀。

（5）使用中，应增强安全意识，经常检查电缆的绝缘情况，避免短路和发生触电事故。

（6）定期检查电源、控制部分各触点及保护元件的工作情况，如有接触不良或损坏，应及时修复或更换。

（7）使用气体时，应注意以下事项：

① 初次使用气瓶时，应稍微打开瓶上的气阀，吹去阀口处的杂物，并马上关闭阀门。

② 禁止用电磁起重装置、金属绳起吊气瓶。

③ 减压器应采取防冻措施，若不慎冻结，不可用明火加热解冻。

④ 气体流量的大小应按焊件工艺的要求确定。

⑤ 更换气瓶时，一般需留不小于的表压，防止再次充气时空气混入瓶内，使保护气不纯。

⑥ 工作完毕，应及时将气瓶上的阀门关闭，戴好瓶上的护帽。

三、焊机的接线操作步骤及要求

（1）首先将焊机的输入端与三向刀开关相连。

（2）将一体式预热减压流量器与 CO_2 气瓶相连接，再用胶管把减压流量调节器与焊机面板上的进气嘴靠地连接，并将预热电源线与焊机相应的插头连接好。

（3）将送丝机构放置在有利于操作的位置，把绕有焊丝的焊丝盘装在送丝机构上，用两端带有七芯插头的控制电缆将焊机与送丝机构连接起来。把焊枪上的送丝软管电缆和两芯控制线连接在送丝机构上，并将气管与焊机下部的气阀出口接上。

（4）将焊接电缆接到焊机的负极并与焊件相连，再把连接焊枪的电缆接到焊机的正极及送丝机构与焊枪的导电块上，完成整机接线。

四、NBC-350 型半自动焊焊机的操作练习

（1）接通电源及气源，打开控制电源开关，此时电源指示灯亮，电源电路进入工作状态。

（2）调整焊接参数。

（3）合上预热器开关及气流开关，打开瓶阀，调整气体流量。

（4）打开送丝机构上的压丝手柄，将焊丝通过导丝孔送入送丝滚轮 V 形槽内，然后进入软管。

（5）按下加压杠杆调整压力，并把焊丝送入焊枪，调节送丝速度。点动焊枪上的开关，使焊丝伸出导电嘴约 15 mm 左右，多余部分用焊丝钳剪断，以利于引弧。

（6）调整好焊接参数，压一下焊枪上的开关，即可进行焊接。

（7）焊接结束时，点一下焊枪上的开关，焊接主回路和送丝电路立即切断，气体滞后自行关闭。

（8）关闭预热器开关、控制电源开关及气源，打开送丝机构的压丝手柄。

（9）使用中，应按焊机相应的负载持续率使用焊机。

五、实施步骤

（1）通过查找资料，获取有关 CO_2 气体保护焊知识。

（2）正确穿戴防护用品，进行安全文明实训；

（3）向小组成员介绍 CO_2 气体保护焊所用的设备、工具的工作原理、技术参数及操作方法；

（4）连接焊接设备及工具，形成焊接回路。

（5）派代表向全体同学展示成果，小组之间进行交流、讨论。

【学生学习工作页】

任务完成后，上交学生学习工作页。

学生学习工作页

班级		姓名		分组号		日期	
任务名称							

你可能需要获得以下资讯才能更好地完成任务

1. CO_2 气体保护焊按所用的焊丝直径的不同可分为_____和_____两种，前者使用的焊丝直径_____，后者使用的焊丝直径_____。

2. 目前常用的 CO_2 气体保护焊焊丝有_____和_____等。

3. CO_2 气体保护焊按操作方法不同可分为_____和_____两种，它们的区别是_____。

4. CO_2 气体保护焊熔滴过渡的形式主要有_____和_____。

5. CO_2 气体保护焊采用大电流、高电压进行焊接时，熔滴呈_____形式。

6. CO_2 气体保护焊采用小电流、低电压进行焊接时，熔滴呈_____形式。

7. 进行 CO_2 气体保护焊时，可能出现三种气孔，即_____、_____、_____。

8. 进行 CO_2 气体保护焊时，所用 CO_2 气体的纯度要大于_____，含水量不超过_____。

9. CO_2 气瓶外涂_____色，并标有_____色"液化二氧化碳"的字样。

10. CO_2 气瓶容量为_____，可装_____的液态 CO_2。

11. 半自动 CO_2 气体保护焊的送丝方式有_____、_____、_____三种。

12. 半自动 CO_2 气体保护焊的设备由_____、_____、_____、_____和_____等部分组成。

13. CO_2 气体保护焊设备中的供气系统由_____、_____、_____和_____组成。

14. 进行 CO_2 气体保护焊时，其焊接工艺参数主要包括_____、_____、_____、_____、_____与_____等。

15. 细丝 CO_2 气体保护焊的气体流量为_____，粗丝 CO_2 气体保护焊的气体流量为_____。

16. CO_2 气体保护焊的焊丝伸出长度一般应为焊丝直径的_____倍。

17. CO_2 焊的焊前准备包括_____、_____和_____。

18. 焊接薄板时定位焊缝应该____，长度为_____ mm，间距为_____ mm。焊接中厚板时定位焊缝间距为_____ mm，_____ mm，为增加定位焊的强度，应增大定位焊缝长度，一般为_____ mm。若为熔透焊缝时，点固处难以实现反面成形，应从_____进行点固。

19. 半自动焊时习惯的引弧方式是焊丝端头与焊接处划擦的过程中按焊枪按钮，通常称为_____，这时引弧成功率较高。引弧后必须迅速调整_____。引弧处由于工件的温度_____，熔深都比较浅，特别是在短路过渡时容易引起_____。为防止产生这种缺陷，可以采取_____引弧法。

20. CO_2 焊比一般焊条电弧焊用的电流大，所以弧坑也大。弧坑处易产生_____及_____等缺陷，为此应设法减小弧坑尺寸。

续表

班级		姓名		分组号		日期	
任务名称							
制订你的任务计划并实施 1. 写出完成任务的步骤。 2. 小组成员向本组同学介绍所在工位的焊丝、焊接设备及工具的型号的含义及使用方法。 3. 画出焊接回路连接图							
任务完成了，仔细检查，客观评价，及时反馈 1. 向小组成员介绍所在工位的焊丝、焊接设备及工具的型号的含义及使用方法，按评分标准小组成员进行自检、互检进行评分，成绩为＿＿＿＿。 2. 各组派代表向全体同学介绍所在工位的焊丝、焊接设备及工具的型号的含义及使用方法，请他们评分，成绩为＿＿＿＿。 3. 其他组成员给你们提出哪些意见或建议，请记录在下面：							

【总结与评价】

按评分标准由学生自检、互检及教师检查对任务完成情况进行总结和评价。评分标准参照项目二任务1。

任务2 低碳钢板V形坡口对接平焊实训

【学习任务】

学习情境工作任务书

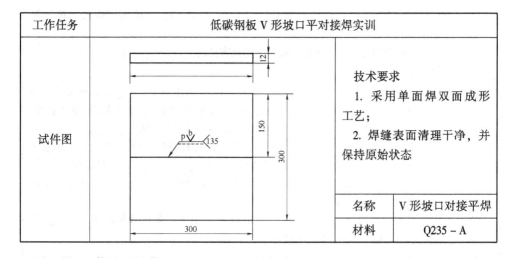

续表

工作任务	低碳钢板 V 形坡口平对接焊实训		
任务要求	1. 按实训任务技术要求运用单面焊双面成形技术进行 V 形坡口对接平焊试件的焊接； 2. 进行焊缝外观检验，分析焊接缺陷产生原因，找出解决方法		
教学目标	能力目标	知识目标	素质目标
	1. 能够识读 CO_2 焊 V 形坡口对接平焊焊接图纸； 2. 能够选择 CO_2 焊 V 形坡口对接平焊焊接工艺参数； 3. 能够正确运用 CO_2 焊熟练进行 V 形坡口对接平焊单面焊双面成形操作； 4. 解决在 CO_2 焊 V 形坡口对接平焊操作中出现的问题	1. 了解 CO_2 焊单面焊双面成形知识； 2. 掌握 CO_2 焊 V 形坡口对接平焊缝的特点； 3. 掌握 CO_2 焊 V 形坡口对接平焊接工艺参数的选择； 4. 掌握焊接缺陷有关知识	1. 培养学生吃苦耐劳能力； 2. 培养工作认真负责、踏实细致的意识； 3. 培养学生劳动保护意识； 4. 树立团队合作能力； 5. 培养学生的语言表达能力，增强责任心、自信心

【知识准备】

板对接平焊单面焊双面成形是其他位置焊接的基础。V 形坡口板材的对接平焊与平敷焊一样，其平焊位的焊接操作姿势与焊条电弧焊基本相同。但焊接方向相反，CO_2 气体保护焊的对接平焊位采用左焊法，即焊枪从右向左移动。其特点是，接头留有一定间隙，打底焊要注意焊丝不能朝前，否则会穿丝，造成未焊透、未熔合等缺陷。操作时，要注意依靠焊枪摆动、电弧在坡口两侧的停留时间来控制焊缝成形。

【计划】

同项目二任务1。

【实施】

一、安全检查

（1）进行半自动 CO_2 焊时，由于弧光比焊条电弧焊的弧光强，因此更要做好防护措施。焊接时必须穿好帆布工作服，戴好电焊手套和面罩；应根据焊接电流的大小选择不同号数的护目镜玻璃镜片，焊接电流在 30~100 A 时，用 9~10 号玻璃镜片，焊接电流大于 300 A 时，用 11~12 号玻璃镜片；可以在焊枪上加防弧罩，防止弧光的直接照射；为防止邻近操作者受弧光的照射，可设隔光屏板。

(2) 提供良好的通风条件，将焊接烟雾排除或吹散，或直接在焊枪上装上抽风装置，改善劳动条件。

(3) 焊前对焊接设备的电路、气路进行认真仔细的检查，确认其全部正常后方可开机工作，以免由于焊接设备的故障造成焊接缺陷。

(4) 检查焊丝盘上的焊丝是否充足，焊丝盘到焊枪的整个送丝路径是否通畅，送丝软管有无弯折。

(5) 检查同学劳动保护用品穿戴规范且完好无损，安全操作规程的执行情况。

二、焊前准备

1. 按图纸要求下料及坡口准备

2. 焊接材料

焊丝型号为 ER49-1(H08Mn2SiA) 或 ER50-6(H11Mn2SiA)，直径为 1.0 mm 或 1.2 mm。

3. 焊接设备

NBC1-300 型半自动 CO_2 气体保护焊焊机，配有平硬外特性电源、CO_2 气瓶减压流量调节器、推丝式送丝机构。

三、试件装配

1. 清理

装配前将焊件及焊件正反面各 20 mm 范围内的油污、锈蚀、水分和氧化皮等清理干净，直至露出金属光泽。

2. 装配

首先将清理好的焊件放在型钢上，对齐找正，确定间隙，不要错边，然后在试件坡口内进行定位焊，定位焊的焊道应薄而窄小以及无缺陷，应确保焊接时其焊缝不开裂不变形，如图 3-11 所示。

装配和定位焊后，按平焊位置和适当的高度将焊件固定在操作架上待焊，间隙大的一端放在右侧。

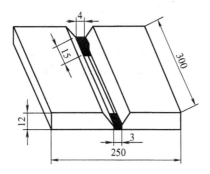

图 3-11 对接平焊试件尺寸与定位焊示意图

四、焊接工艺参数

板材对接平焊的焊接参数见表 3-5。

表 3-5 板材对接平焊的焊接参数

板厚/mm	焊接层次	焊丝直径/mm	伸出长度/mm	焊接电源/A	电弧电压/V	气体流量/(L·min^{-1})
12	对口定位焊	1.2	12~18	110~130	17~19	15~20
	打底焊	1.2	12~18	110~130	17~19	15~20
	填充焊	1.2	12~15	160~180	20~22	15~20
	盖面焊	1.2	12~15	160~180	20~22	15~20

焊接前调试好焊接参数，采用三层三道焊，焊枪角度如图 3-12 所示。焊接层次分布如图 3-13 所示。

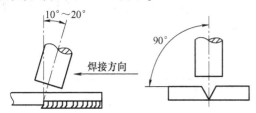

图 3-12 焊枪角度示意图　　　图 3-13 焊接层次分布示意图

五、操作技术

1. 打底焊

打底焊时，焊枪对准坡口内的引弧位置，然后在试件右侧距端头 20 mm 左右坡口内引弧，快速移至右端头起焊位置，待坡口根部钝边熔化形成熔孔后，开始向左焊，焊枪做横向小幅度运弧，并在坡口内两侧稍停留，中间稍快，连续向左移动运弧焊接。焊接过程中熔孔的大小决定背面焊缝成形的宽度和高度，应始终控制熔孔比坡口间隙大 2 mm 左右，如图 3-14 所示。若熔孔太小，根部熔合不好或熔透不均匀；若熔孔太大，背面焊道变宽、变高，容易烧穿和产生焊瘤等缺陷。这就要求焊接过程中，

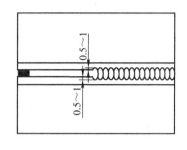

图 3-14 平焊时控制熔孔大小示意图

要根据间隙和熔孔的变化，以及试件温度变化对熔孔的影响，随时调整焊枪的角度、摆动幅度和焊接速度，焊接中只有保持熔孔直径不变，才算熟练掌握单面焊双面成形的操作技术，才能获得宽窄与高低一致的背面焊道。

重点提示：

◇打底层焊接时要注意坡口两侧的熔合，依靠焊枪的摆动幅度，电弧在坡口两侧稍停留并托（带）着熔池走，保证电弧燃烧正常，才能使熔池边缘很充分地熔合在一起。

◇要控制喷嘴的高度，焊接过程中始终保持电弧在距离坡口根部 2~3 mm 处燃烧，并控制打底层焊道厚度不超过 4 mm，如图 3-15 所示。

2. 填充焊

焊接时，填充焊道应低于母材表面 1.5~2 mm，且不能击伤和熔化坡口的边缘。这是盖面的基准线，便于掌握焊道的宽度和高度，为盖面焊接打基础，如图 3-16 所示。

填充焊前将打底层焊道的飞溅物和焊渣清理干净，凸起部分铲掉修平，调试好焊接参数，填充焊运弧幅度要稍大于打底焊，且运至坡口两边要有停留时间，中间要快，确保两边熔合好，通过运弧调整好熔池温度，要控制好熔池形状，避免中间高两边出现夹角，才能做到焊道平整光滑。

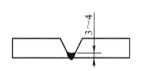

图 3-15 打底焊道厚度示意图

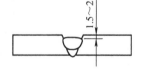

图 3-16 填充焊示意图

3. 盖面焊

盖面焊时，焊前首先将填充焊接时产生的飞溅物和焊渣清理干净，凸起部分铲掉修平，焊接时焊枪的摆动幅度比填充焊时要稍大些，且要均匀一致，注意坡口两侧边缘的熔合以 0.5~1 mm 为宜，焊接运弧以横向摆动、反月牙形为多，运弧至坡口两侧要稍停，中间要快，可避免产生咬边。

月牙形为多,运弧至坡口两侧要稍停,中间要快,可避免产生咬边。

焊接过程中要保持电弧高度一致,特别要注意电弧运至焊缝中间不能高,用运弧方法调整熔池温度,控制熔池所需要的形状,达到理想的焊缝成形,才能得到均匀、平整美观的焊缝。各层熔池形状如图3-17所示。

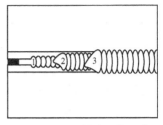

图3-17 各层熔池形状示意图

焊后清理焊件表面的焊渣、飞溅物,但不能补焊和修磨,应保持焊缝的原始形状。

六、焊接质量评定

按评分标准对焊缝进行检查评定,评分标准可参照项目二任务5。

【学生学习工作页】

任务完成后,上交学生学习工作页。

学生学习工作页

班级		姓名		分组号		日期	
任务名称							

你可能需要获得以下资讯才能更好地完成任务

1. CO_2 气体保护焊的对接平焊位采用_____法,即焊枪从右向左移动。其特点是,接头留有一定_____,打底焊要注意焊丝不能朝前,否则会_____,造成_____等缺陷。操作时,要注意依靠焊枪摆动、电弧在坡口两侧的停留时间来控制焊缝成形。

2. 打底焊时若熔孔太小,根部_____或_____;若熔孔太大,背面焊道_____,容易_____等缺陷。这就要求焊接过程中,要根据间隙和熔孔的变化,以及试件温度变化对熔孔的影响,随时调整_____,焊接中只有保持熔孔_____不变,才算熟练掌握单面焊双面成形的操作技术,才能获得宽窄与高低一致的背面焊道。

3. 打底焊采用短路____引弧,选好位置,在离试件右端定位焊约____mm的一侧引弧,然后开始向左焊接,焊枪沿坡口两侧做小幅度横向摆动,并控制电弧在离底边约_____mm处燃烧,电弧始终在坡口内做小幅度横向摆动并在坡口两侧稍微停留,使熔孔直径比间隙大_____mm。

4. 填充焊道应低于母材表面_____mm,且不能击伤和熔化坡口的边缘。填充焊前将打底层焊道的_____清理干净,凸起部分铲掉修平,调试好焊接参数,填充焊运弧幅度要_____打底焊,且运至坡口两边要有____,中间要____,确保两边熔合好。

续表

班级		姓名		分组号		日期	
任务名称							

制订你的任务计划并实施
1. 写出完成任务的步骤。
2. 完成任务过程中，使用的材料、设备及工具有：
3. 你焊接的试件出现了哪些缺陷，请分析产生的原因并找出防止的方法。

任务完成了，仔细检查，客观评价，及时反馈
1. 试件完成后按评分标准小组成员进行自检、互检进行评分，成绩为_____。
2. 将焊接试件展示给本组及其他组的同学，请他们为试件评分，成绩为_____。
3. 其他组成员提出了哪些意见或建议，请记录在下面？

【总结与评价】

按评分标准由学生自检、互检及教师检查对任务完成情况进行总结和评价。评分标准见项目二任务1。

任务3　低碳钢板 V 形坡口对接立焊实训

【学习任务】

学习情境工作任务书

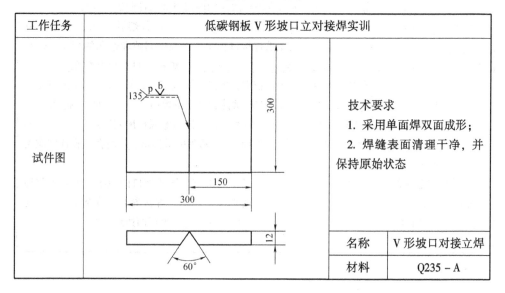

工作任务	低碳钢板 V 形坡口立对接焊实训	
试件图		技术要求 1. 采用单面焊双面成形； 2. 焊缝表面清理干净，并保持原始状态
	名称	V 形坡口对接立焊
	材料	Q235-A

续表

工作任务	低碳钢板 V 形坡口立对接焊实训		
任务要求	1. 按实训任务技术要求运用单面焊双面成形技术进行 V 形坡口对接立焊试件的焊接； 2. 进行焊缝外观检验，分析焊接缺陷产生原因，找出解决方法		
教学目标	能力目标	知识目标	素质目标
	1. 能够识读 CO_2 焊 V 形坡口对接立焊焊接图纸； 2. 能够选择 CO_2 焊 V 形坡口对接立焊焊接工艺参数； 3. 能够正确运用 CO_2 焊熟练进行 V 形坡口对接立焊单面焊双面成形操作； 4. 解决在 CO_2 焊 V 形坡口对接立焊操作中出现的问题	1. 了解 CO_2 焊单面焊双面成形知识； 2. 掌握 CO_2 焊 V 形坡口对接立焊焊缝的特点； 3. 掌握 CO_2 焊 V 形坡口对接立焊焊接工艺参数的选择； 4. 掌握焊接缺陷有关知识	1. 培养学生吃苦耐劳能力； 2. 培养工作认真负责、踏实细致的意识； 3. 培养学生劳动保护意识； 4. 树立团队合作能力； 5. 培养学生的语言表达能力，增强责任心、自信心

【知识准备】

CO_2 焊的立焊操作有向上立焊和向下立焊两个方向。薄板对接时采用向下立焊，由于焊接电流小，在保护气体的冷却作用下，熔池凝固快，只要焊接速度适当，焊枪的角度控制好，保持熔池金属不流淌到电弧前面，就能获得成形较好的焊缝。中厚板的对接立焊，要求焊缝的熔深大，焊接电流较大，熔池凝固慢，宜采用向上立焊。焊接时因熔化金属自重而下坠，造成焊道中间高两侧咬边。因此，要求运弧的方法要正确合理，两侧有一定的停顿时间，中间摆动动作要快，控制焊道平整圆滑过渡。

板材对接向上立焊操作姿势与焊条电弧焊操作的姿势相同，焊接过程中的运弧方法也基本相同。

【计划】

同项目二任务 1。

【实施】

一、安全检查

同项目三任务 2。

二、焊前准备

同项目三任务 2。

三、焊接工艺参数

板材对接立焊（向上）的焊接参数见表 3-6。

表 3-6 板材对接立焊（向上）的焊接参数

板厚 /mm	焊接层次	焊丝直径 /mm	伸出长度 /mm	焊接电源 /A	电弧电压 /V	气体流量 /（L/min）
12	定位焊	1.2	12~18	110~120	17~19	12~15
	打底焊					
	填充焊		12~16	110~140		
	盖面焊					

四、试件装配

同项目三任务 2。

五、操作技术

1. 焊枪角度

装配和定位焊经检查合格后，按垂直立焊位的要求和适当的高度将试件固定在操作架上，间隙小的一端应放在下面，焊接前为防止飞溅物堵塞喷嘴，需在试件表面涂上一层防粘剂和在喷嘴内外涂防堵剂。

焊前调试好焊接参数，焊接采用向上立焊焊法，三层三道焊接，立焊操作的难度稍大，熔池金属容易下坠出现焊瘤和咬边，焊接宜采用小的焊接电流，随时调整焊枪角度、运弧方法和焊接速度，控制熔池温度和形状，以获得良好的焊缝成形。焊接时的焊枪角度示意图如图 3-18 所示。

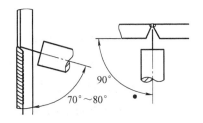

图 3-18 焊接时的焊枪角度示意图

2. 打底焊

打底焊时在试件最低处定位焊缝上进行引弧，待定位焊缝开始熔化，并形成熔池和熔孔后，此时可输入连续向上立焊。焊枪作月牙形运动，在坡口两侧稍停留保证两侧熔合，施焊时，焊枪向上移动速度要适合，控制好熔池的形状，保持熔池接近椭圆形，背面不能有焊瘤，正面熔池要平整。

焊接过程中为了防止熔池金属在重力的作用下下淌，除了采用较小的焊接电流外，而焊枪角度、运弧方法、摆动的幅度和焊接速度都是影响焊缝成形的关键因素。焊接过程中应始终保持焊枪角度与焊件表面的垂直线成 10°左右的下倾角。焊枪的下倾角太小将影响熔深和焊透。运弧时要注意摆动的幅度大小，幅度的间距要均匀，运弧的方法以反月牙形或横向摆动为最佳，正月牙形运弧会造成焊道中间高、两侧低，如图 3-19 所示的运弧方法，焊缝成形平滑而美观。任何运弧方法都要注意两侧要停或有停留时间，中间要快、电弧要短才能保证两侧熔合好和焊道成形好。

打底焊时要随时控制好熔孔的大小，因为熔孔的大小决定背面焊缝成形的宽度和高度，焊接过程中要控制熔孔比接头间隙大 2 mm 左右，如图 3-20 所示。焊接时接头间隙有一定的收缩，若熔孔直径稍有缩小，试件温度也有变化，则要及时调整焊枪角度和焊接速度，尽可能地控制熔孔的直径不变，特别是不能变大。

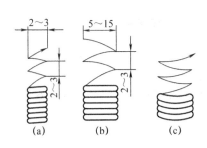

图 3-19 运弧的方法示意图

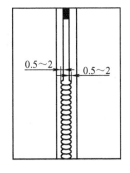

图 3-20 熔孔示意图

3. 填充焊

填充焊,焊前将打底焊的飞溅物和焊渣清理干净,接头的凸起处应铲平,对填充焊的要求:①焊道平整,两侧不得有夹角;②两侧坡口边缘熔合好,两侧坡口的棱角不得击伤和熔化;③层间要确保熔合;④填充焊道的高度要低于母材(焊件)表面1.5~2 mm;⑤用运弧方法控制熔池温度和熔池的形状,为盖面焊接创造条件。

4. 盖面焊

盖面焊焊接前将填充焊的飞溅物和焊渣清理干净,对接头部位造成的凸起部分应铲平,焊接时运弧的幅度比填充焊要大些,运弧的幅度要均匀一致,注意坡口两侧的边缘熔合为1 mm左右,焊接运弧以横向摆动、反月牙形和锯齿形为多,运弧焊接速度要均匀上升,对盖面焊运弧的要求是:电弧在坡口两侧要稍停留,电弧在坡口两侧来回过渡要快而且电弧长度要短,用运弧方法调整好熔池温度,控制好所需要的熔池形状,以水平状达到理想的焊缝成形。见图3-21所示为各层熔池形状示意图,这样就可避免咬边和焊瘤的产生,焊缝的收弧方法与前面所介绍的相同。

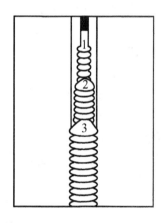

图3-21 各层熔池形状示意图

六、焊接质量评定

按评分标准对焊缝进行检查评定,评分标准可参照项目二任务6。

【学生学习工作页】

任务完成后，上交学生学习工作页。

学生学习工作页

班级		姓名		分组号		日期	
任务名称							

你可能需要获得以下资讯才能更好地完成任务

1. CO_2 焊的立焊操作有_____立焊和_____立焊两个方向。薄板对接时采用_____，由于焊接电流_____，在保护气体的_____作用下，熔池凝固_____，能获得成形较好的焊缝。中厚板的对接立焊，要求焊缝的_____大，焊接电流较_____，宜采用_____。

2. 焊接过程中为了防止熔池金属在重力的作用下下淌，焊接过程中应始终保持焊枪角度与焊件表面的垂直线成_____左右的下倾角。焊枪的下倾角太大将影响_____。运弧时要注意摆动的幅度大小，幅度的间距要均匀，运弧的方法以_____为最佳，正月牙形运弧会造成焊道中间_____、两侧_____焊缝成形平滑而美观

制订你的任务计划并实施

1. 写出完成任务的步骤。
2. 完成任务过程中，使用的材料、设备及工具有：
3. 你焊接的试件出现了哪些缺陷，请分析产生的原因并找出防止的方法。

任务完成了，仔细检查，客观评价，及时反馈

1. 试件完成后按评分标准小组成员进行自检、互检进行评分，成绩为_____。
2. 将焊接试件展示给本组及其他组的同学，请他们为试件评分，成绩为_____。
3. 其他组成员提出了哪些意见或建议，请记录在下面：

【总结与评价】

按评分标准由学生自检、互检及教师检查对任务完成情况进行总结和评价。评分标准参照项目二任务1。

任务4　低碳钢板V形坡口对接横焊实训

【学习任务】

学习情境工作任务书

工作任务	低碳钢板V形坡口横对接焊实训		
试件图	\[图：试件尺寸 300×300，板厚12，坡口角度60°，标注150、p、b、135°\]		技术要求 1. 采用单面焊双面成形工艺； 2. 焊缝表面清理干净，并保持焊缝原始状态
^	^		名称：V形坡口对接横焊 材料：Q235-A
任务要求	1. 按实训任务技术要求运用单面焊双面成形技术进行V形坡口对接横焊试件的焊接； 2. 进行焊缝外观检验，分析焊接缺陷产生原因，找出解决方法		
教学目标	能力目标	知识目标	素质目标
^	1. 能够识读CO_2焊V形坡口对接横焊焊接图纸； 2. 能够选择CO_2焊V形坡口对接横焊焊接工艺参数； 3. 能够正确运用CO_2焊熟练进行V形坡口对接横焊单面焊双面成形操作； 4. 解决在CO_2焊V形坡口对接横焊操作中出现的问题	1. 了解CO_2焊单面焊双面成形知识； 2. 掌握CO_2焊V形坡口对接横焊焊缝的特点； 3. 掌握CO_2焊V形坡口对接横焊焊接工艺参数的选择； 4. 掌握焊接缺陷有关知识	1. 培养学生吃苦耐劳能力； 2. 培养工作认真负责、踏实细致的意识； 3. 培养学生劳动保护意识； 4. 树立团队合作能力； 5. 培养学生的语言表达能力，增强责任心、自信心

【知识准备】

中厚板 CO_2 气体保护对接横焊，焊接速度快，熔化金属因自重而下坠，焊缝正、反面上侧易造成咬边，下侧焊道易下坠。因此，横焊应采用多层多道焊，要用焊枪角度、运弧方法和电弧吹力及焊接速度控制焊缝的成形，一般采用直线运枪左焊法，焊接时保持较小的熔池和较小的熔孔尺寸，适当提高焊接速度，采用较小的焊接电流和短弧焊接。

【计划】

同项目二任务 1。

【实施】

一、安全检查

同项目三任务 2。

二、焊前准备

同项目三任务 2。

三、焊接工艺参数

板材对接横焊的焊接参数见表 3-7。

表 3-7 板材对接横焊的焊接参数

板厚 /mm	焊接层次	焊丝直径 /mm	伸出长度 /mm	焊接电源 /A	电弧电压 /V	气体流量 /(L·min^{-1})
10、12	打底焊	1.2	12~16	110~130	17~19	10~15
	填充焊		12~16	120~160	18~20	
	盖面焊					

四、试件装配

同项目三任务 2。

五、操作技术

装配后，将试件按横焊位置和适当的高度固定在操作架上待焊，接头间隙大的一端放在左侧，三层六道焊接。

1. 打底焊

焊前首先调试好焊接参数，然后在试件右端定位焊缝距端头 15～20 mm 处引弧，快速将电弧移至右侧端头起焊点，当电弧通过定位焊缝末端焊透形成熔孔后，开始向左前行焊接，打底焊焊枪角度如图 3-22 所示。焊枪与前进方向的后倾角为 80°～90°，焊枪的下倾角为 70°～85°。运弧的方法如图 3-23 所示，以斜锯齿形或椭圆形较多，电弧在上钝边稍慢，下钝边不停，运弧时做小幅度摆动，由上带下连续向左焊接。

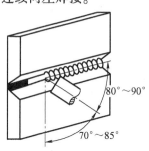

图 3-22 打底焊焊枪角度示意图

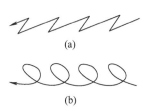

图 3-23 运弧方法示意图
（a）斜锯齿形运弧法；（b）椭圆形运弧

2. 填充焊

填充焊前应清理打底焊产生的飞溅物、焊渣，对凸起处铲平，填充焊时焊枪的角度和摆动运弧方法很重要，第二层填充焊的第一道，焊枪指向打底焊道的下侧。下倾角为 90°左右，焊枪前进方向的后倾角为 80°～90°，运弧以直线形或小斜锯齿形的小幅摆动，填充焊的第二道焊接，焊枪指向打底焊上侧，焊枪的下倾角为 80°～85°。

3. 盖面焊

盖面焊前将填充焊的飞溅物、焊渣清理干净，凸起部位修平，盖面焊共三道，依次由下往上焊接，运弧方法与填充焊相同，摆动运弧的幅度要小而一致，焊接速度要均匀，保证坡口下边缘熔合力 0.5～1 mm，避免咬边和未熔合的产生，盖面焊焊枪角度示意图如图 3-24 所示。

焊后清理焊件表面的焊渣、飞溅物等，但不得补焊和修磨，要保持焊缝的原始状态，各层焊道熔池形状示意图，如图 3-25 所示。

六、焊接质量评定

按评分标准对焊缝进行检查评定，评分标准可参照项目二任务 7。

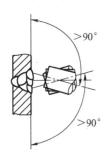 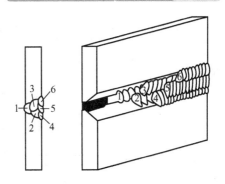

图 3-24 盖面焊焊枪厚度示意图　　图 3-25 各层焊道熔池形状示意图

【学生学习工作页】

任务完成后，上交学生学习工作页。

学生学习工作页

班级		姓名		分组号		日期	
任务名称							

你可能需要获得以下资讯才能更好地完成任务

1. 中厚板 CO_2 气体保护对接横焊，焊接速度快，熔化金属因自重而下坠，焊缝正、反面上侧易造成＿＿＿＿，下侧焊道易＿＿＿＿。因此，横焊应采用＿＿＿＿，要用焊枪角度、运弧方法和电弧吹力及焊接速度控制焊缝的成形，因此一般采用＿＿＿＿法，焊接时保持＿＿＿＿＿＿＿＿＿＿，适当提高焊接速度，采用较小的＿＿＿＿和＿＿＿＿焊接。

制订你的任务计划并实施

1. 写出完成任务的步骤。
2. 完成任务过程中，使用的材料、设备及工具有：
3. 你焊接的试件出现了哪些缺陷，请分析产生的原因并找出防止的方法

任务完成了，仔细检查，客观评价，及时反馈

1. 试件完成后按评分标准小组成员进行自检、互检进行评分，成绩为＿＿＿＿。
2. 将焊接试件展示给本组及其他组的同学，请他们为试件评分，成绩为＿＿＿＿。
3. 其他组成员提出了哪些意见或建议，请记录在下面：

【总结与评价】

按评分标准由学生自检、互检及教师检查对任务完成情况进行总结和评价。评分标准参照项目二任务 1。

任务5　低碳钢板V形坡口对接仰焊实训

【学习任务】

学习情境工作任务书

工作任务	低碳钢板V形坡口仰对接焊实训		
试件图	（试件图示：板厚12，坡口角度135，钝边p，板长300×300，焊缝长度150）	技术要求 1. 采用单面焊双面成形工艺； 2. 焊缝表面清理干净，并保持原始状态	
		名称	V形坡口对接横焊
		材料	Q235-A
任务要求	1. 按实训任务技术要求运用单面焊双面成形技术进行V形坡口对接仰焊试件的焊接； 2. 进行焊缝外观检验，分析焊接缺陷产生原因，找出解决方法		
教学目标	能力目标	知识目标	素质目标
	1. 能够识读 CO_2 焊V形坡口对接仰焊焊接图纸； 2. 能够选择 CO_2 焊V形坡口对接仰焊焊接工艺参数； 3. 能够正确运用 CO_2 焊熟练进行V形坡口对接仰焊单面焊双面成形操作； 4. 解决在 CO_2 焊V形坡口对接仰焊操作中出现的问题	1. 了解 CO_2 焊单面焊双面成形知识； 2. 掌握 CO_2 焊V形坡口对接仰焊焊缝的特点； 3. 掌握 CO_2 焊V形坡口对接仰焊焊接工艺参数的选择； 4. 掌握焊接缺陷有关知识	1. 培养学生吃苦耐劳能力； 2. 培养工作认真负责、踏实细致的意识； 3. 培养学生劳动保护意识； 4. 树立团队合作能力； 5. 培养学生的语言表达能力，增强责任心、自信心

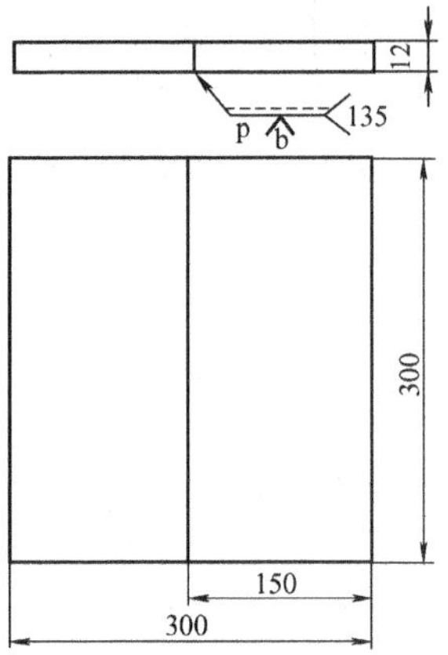

【知识准备】

仰焊是各种位置焊接中最困难的一种，CO_2 气体保护仰位对接焊，由于熔池倒悬在焊件下面，液体金属靠自身表面张力作用保持在焊件上，如果熔池温度过高，表面张力则减小，熔池体积增大，则重力作用加强，这些都会引起熔池金属下坠，甚至成为焊瘤，背面则会形成凹陷，使焊缝成形较为困难。因此仰焊时应采用短弧焊接，熔池体积尽可能小，运条速度要快，焊道成形应该薄且平整。因此，焊接时，要充分运用焊枪角度、运弧方法、电弧吹力及焊接速度控制焊缝成形。

【计划】

同项目二任务1。

【实施】

一、安全检查

同项目三任务2。

二、焊前准备

同项目三任务2。

三、焊接工艺参数

板材对接仰焊的焊接参数见表3-8。

表3-8 板材对接仰焊的焊接参数

板厚 /mm	焊接层次	焊丝直径 /mm	伸出长度 /mm	焊接电源 /A	电弧电压 /V	气体流量 /(L·min^{-1})
10、12	打底焊	1.2	12~16	100~120	17~19	15~20
	填充焊					
	盖面焊		12~16	110~130	17~19	

四、试件装配

同项目三任务2。

五、操作技术

CO_2气体保护仰位对接焊采用由前向后焊接法，三层三道，运弧方法多采用锯齿形横摆或小弧度反月牙形摆动，焊枪的前进角度为70°~90°，左右角度为90°，如图3-26所示。

1. 打底焊

打底焊时，首先将试件焊缝边缘区域正反面和喷嘴内外涂一层防粘剂和防堵剂。调试好焊接参数，然后在试件左端距端头 15~20 mm 的坡口内定位焊缝上引弧，最后快速将电弧移至端头起焊点，待坡口根部熔化，运弧至定位焊末端形成熔孔后，转入正常连续向前焊接。打底焊的关键是保证背面焊透、成形好、不下坠，要求平或稍凸起。因此，要求焊枪摆动运弧的幅度要小，注意两边要有停留时间，防止两边出现夹角，随时调整焊接速度和焊枪角度，控制好熔池温度，确保坡口根部的钝边熔合好。

2. 填充焊

填充焊前，应清理打底焊产生的飞溅物、焊渣，调试好焊接参数。填充焊时，引弧和运弧及焊枪角度与打底焊时相同，运弧的方法多采用反月牙形或锯齿形，调整熔池温度，控制熔池形状，各层焊道的熔池形状示意图如图 3-27 所示。摆动运弧的幅度比打底焊时宽些，运弧至两侧时要有停留时间，以防止两侧出现夹角等缺陷，电弧往返两侧过渡中间要快，而电弧要低，防止焊道中间高或下坠，利用焊接速度控制焊道高度距母材平面 1~2 mm，注意坡口边缘的保护，不得熔化破坏棱角，以便盖面焊时能看清焊缝。

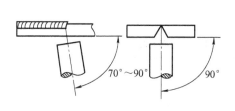

图 3-26 焊枪角度示意图

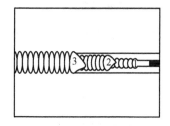

图 3-27 各层焊道熔池形状示意图

3. 盖面焊

盖面焊前，将前层焊接产生的飞溅物、焊渣清理干净，凸起部分处铲平并调试好焊接参数。引弧焊接的位置和焊枪角度与填充焊相同，但焊枪摆动的幅度以坡口边缘熔化 0.5~1 mm 为准。运弧方法与填充时相同，通常采用反月牙形或锯齿形。收弧时用反复起弧的方法填满弧坑熄灭电弧，待熔池金属凝固后方可移开焊枪，防止产生弧坑裂纹和气孔等缺陷。

焊后将焊件正反两面产生的飞溅物和焊渣清除干净，但不得补焊和修磨，要保持焊缝的原始状态。

六、焊接质量评定

按评分标准对焊缝进行检查评定，评分标准参照项目二任务8。

【学生学习工作页】

任务完成后，上交学生学习工作页。

学生学习工作页

班级		姓名		分组号		日期	
任务名称							

你可能需要获得以下资讯才能更好地完成任务

1. 仰焊是各种位置焊接中最困难的一种，CO_2气体保护仰位对接焊，由于熔池倒悬在焊件下面，液体金属靠自身_____作用保持在焊件上，如果熔池温度过高，_____则减小，_____增大，则重力作用加强，这些都会引起熔池金属_____，甚至成为_____，背面则会形成_____，使焊缝成形较为困难。因此仰焊时应采用_____焊接，熔池体积要_____，运条速度要_____，焊道成形应该_____。因此，焊接时，要充分运用_____控制焊缝成形

制订你的任务计划并实施

1. 写出完成任务的步骤。
2. 完成任务过程中，使用的材料、设备及工具有：
3. 你焊接的试件出现了哪些缺陷，请分析产生的原因并找出防止的方法

任务完成了，仔细检查，客观评价，及时反馈

1. 试件完成后按评分标准小组成员进行自检、互检进行评分，成绩为_____。
2. 将焊接试件展示给本组及其他组的同学，请他们为试件评分，成绩为_____。
3. 其他组成员提出了哪些意见或建议，请记录在下面：

【总结与评价】

按评分标准由学生自检、互检及教师检查，对任务完成情况进行总结和评价。评分标准参照项目二任务1。

任务 6　低碳钢板 T 形接头平角焊实训

【学习任务】

学习情境工作任务书

工作任务	低碳钢板 T 形接头平角焊实训		
试件图	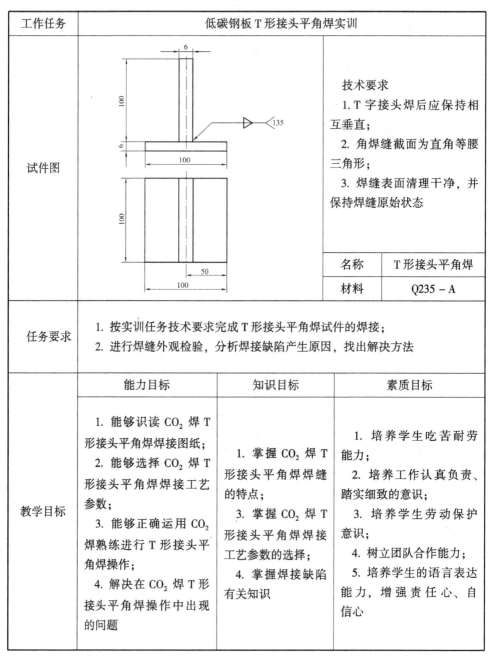	技术要求 1. T 字接头焊后应保持相互垂直； 2. 角焊缝截面为直角等腰三角形； 3. 焊缝表面清理干净，并保持焊缝原始状态	
		名称	T 形接头平角焊
		材料	Q235 - A
任务要求	1. 按实训任务技术要求完成 T 形接头平角焊试件的焊接； 2. 进行焊缝外观检验，分析焊接缺陷产生原因，找出解决方法		
教学目标	能力目标	知识目标	素质目标
	1. 能够识读 CO_2 焊 T 形接头平角焊焊接图纸； 2. 能够选择 CO_2 焊 T 形接头平角焊焊接工艺参数； 3. 能够正确运用 CO_2 焊熟练进行 T 形接头平角焊操作； 4. 解决在 CO_2 焊 T 形接头平角焊操作中出现的问题	1. 掌握 CO_2 焊 T 形接头平角焊焊缝的特点； 2. 掌握 CO_2 焊 T 形接头平角焊焊接工艺参数的选择； 3. 掌握焊接缺陷有关知识	1. 培养学生吃苦耐劳能力； 2. 培养工作认真负责、踏实细致的意识； 3. 培养学生劳动保护意识； 4. 树立团队合作能力； 5. 培养学生的语言表达能力，增强责任心、自信心

【知识准备】

半自动 CO_2 气体保护焊的板材平角焊,焊接速度快、变形小,特点是焊道下坠不好控制,易产生上焊脚小、易咬边,下焊脚大、焊道中间高的缺陷。操作时利用焊枪角度、电弧吹力和焊接速度控制熔化金属下淌,以保证焊缝良好成形。

【计划】

同项目二任务1。

【实施】

一、安全检查

同项目三任务2。

二、焊前准备

同项目三任务2。

三、焊接工艺参数

平角焊缝焊接工艺参数见表3-9。

表3-9 平角焊缝焊接工艺参数

板厚/mm	焊接层次	焊丝直径/mm	焊丝伸出长度/mm	焊接电流/A	电弧电压/V	焊接速度/(cm·min^{-1})	气体流量/(L·min^{-1})
6	一层一道	1.2	14~18	160~220	20~24	35~40	15~20

四、试件装配

1. 清理

同项目三任务2。

2. 装配

将清理好的试件,对齐找正,调整组对间隙为0~1 mm。定位焊在试件两端头的两面进行,其焊缝长度为10×15 mm,要窄小而牢固,如图3-28所示。

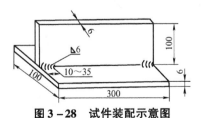

图3-28 试件装配示意图

五、操作技术

焊前检查装配与清理的试件符合要求后,将试件平放在操作架上待焊。在试板的右端引弧,焊接方向从右向左,正握法焊接。

(1) 焊接时注意焊枪角度和指向位置,采用左焊法一层一道焊接。焊枪的后倾角为70°~80°,焊枪的下倾角为35°~45°,这样电弧的吹力吹向立板一侧,电弧运至下侧稍低,对熔池熔化金属有助推的作用,可避免焊道下坠。焊枪角度如图3-29所示。

(2) 引弧焊时,焊枪指向根部下侧1~2 mm处,焊接电流可稍大一些。适当做斜锯齿形或斜椭圆运弧(见图3-30),两种运弧方法作用基本相同。如果焊枪指向的位置和角度不正确,焊接速度过慢都会使熔化金属下坠,造成上面咬边,焊脚大小差别太大。

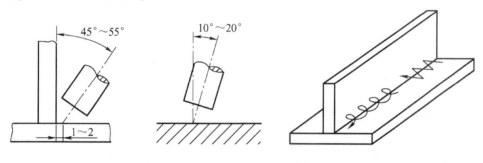

图3-29 平角焊焊枪角度示意图　　图3-30 平角焊运弧方法示意图

◆该角焊缝看似容易,实际操作焊接时,要达到两焊脚尺寸相同、焊道中间平滑过渡,是有一定难度的。焊接时应随时调整熔池温度,控制熔池形状,使其达到理想的焊缝成形。

六、焊接质量评定

按评分标准对焊缝进行检查评定,评分标准参照项目二任务9。

【学生学习工作页】

任务完成后,上交学生学习工作页。

学生学习工作页

班级		姓名		分组号		日期	
任务名称							

你可能需要获得以下资讯才能更好地完成任务

1. 半自动 CO_2 气体保护焊的板材平角焊，焊接速度快、变形小，特点是_____。操作时利用_____控制熔化金属下淌，以保证焊缝良好成形。

2. 对定位焊的要求是_____

制订你的任务计划并实施

1. 写出完成任务的步骤。

2. 完成任务过程中，使用的材料、设备及工具有：

3. 你焊接的试件出现了哪些缺陷，请分析产生的原因并找出防止的方法

任务完成了，仔细检查，客观评价，及时反馈

1. 试件完成后按评分标准小组成员进行自检、互检进行评分，成绩为_____。

2. 将焊接试件展示给本组及其他组的同学，请他们为试件评分，成绩为_____。

3. 其他组成员提出了哪些意见或建议，请记录在下面：

【总结与评价】

按评分标准由学生自检、互检及教师检查对任务完成情况进行总结和评价。评分标准见项目二任务 1。

项目四　手工钨极氩弧焊实训

任务1　认识手工钨极氩弧焊

【学习任务】

学习情境工作任务书

工作任务	认识手工钨极氩弧焊		
任务要求	1. 了解手工钨极氩弧焊的原理、特点及应用； 2. 向小组成员介绍手工钨极氩弧焊所用的设备、工具的工作原理、技术参数及操作方法； 3. 连接焊接设备及工具，形成焊接回路		
教学目标	能力目标	知识目标	素质目标
	1. 能够正确连接焊接回路； 2. 能熟练使用焊接设备、工具和材料； 3. 能够对设备、工具及材料进行维护和保养	1. 了解手工钨极氩弧焊的基本原理、特点，常用保护气体的性质及应用； 2. 了解手工钨极氩弧焊的概念、特点及应用； 3. 掌握手工钨极氩弧焊焊接材料、设备及工具的选择和使用方法	1. 培养学生吃苦耐劳能力； 2. 培养工作认真负责、踏实细致的意识； 3. 培养学生劳动保护意识； 4. 树立团队合作能力； 5. 培养学生的语言表达能力，增强责任心、自信心

【知识准备】

一、钨极氩弧焊概述

氩弧焊是以氩气作为保护气体的一种气体保护电弧焊方法。钨极氩弧焊是使用纯钨或活化钨为电极的氩气保护焊，简称"TIG焊"。钨极氩弧焊是用高熔点钨棒作为电极材料，在氩气流的保护下，钨极与焊件之间引燃电弧，利用电弧热量熔化加入的填充焊丝和基本金属，冷却凝固之后形成焊缝。钨极在电弧中只起发射电子作用，而不熔化，故也称不熔化极氩弧焊，如图4-1所示。

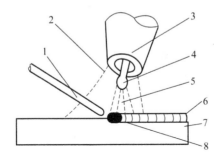

图4-1 钨极氩弧焊示意图
1-填充棒；2-保护气罩；3-喷嘴；4-钨极；
5-电弧；6-焊缝；7-焊件；8-熔池

由于用钨作电极，承载电流能力较差，焊缝易受钨的污染。因而TIG焊使用电流较小，电弧功率较低，焊缝熔深浅，熔敷速度小，仅适用于焊件厚度小于6 mm的焊件焊接，且大多采用手工焊，焊接效率低。

钨极氩弧焊按其操作方式的不同，分为手工钨极氩弧焊和自动钨极氩弧焊两种，焊接时均需另外加入填充焊丝，有时也可不加填充焊丝，仅将焊件接缝处的金属熔化形成焊缝。

二、钨极氩弧焊的焊接材料

1. 钨极

TIG焊时，钨极的作用是传导电流、引燃电弧和维持电弧正常燃烧，所以要求钨极具有较大的许用电流，熔点高、损耗小，引弧和稳弧性能好等特性。常用的钨极有纯钨极、钍钨极和铈钨极三种。

1）纯钨极

纯钨的熔点高达3 400 ℃，沸点约为5 900 ℃，在电弧热作用下不易熔化与蒸发，可以作为不熔化电极材料，基本上能满足焊接过程的要求。常用纯钨极的牌号为W1、W2。

2）钍钨极

在纯钨中加入1% ~2%的氧化钍（ThO_2），即为钍钨极，由于钍是一种电子发射能力很强的稀土元素，因而电极电子发射能力显著提高。钍钨极与纯钨极比较，具有容易引弧，所需引弧电压小；许用电流增大；不易烧损，使用寿命长；电弧稳定性好等优点，但钍有放射性，虽然含量很低，必须加强劳动防护措施。常用纯钨极的牌号为WTh-10、WTh-7。

3）铈钨极

近年来研制的铈钨极，是在纯钨中加入2%的氧化铈CeO。由于铈钨极没有放射性危害，而且更优于钍钨极，进一步提高了电子发射能力和工艺性能，降低了电极的损耗率。所以铈钨极是目前最为理想的电极材料。常用铈钨极的牌号为WCe20。

为了使用方便，钨极的一端常涂有颜色，以便识别。例如，纯钨极涂绿色，钍钨极红色，铈钨极涂灰色。常用的钨极直径为 $\phi 0.5$ mm、$\phi 1.0$ mm、$\phi 1.6$ mm、$\phi 2.0$ mm、$\phi 2.5$ mm、$\phi 3.2$ mm、$\phi 4.0$ mm、$\phi 5.0$ mm 等规格。

2. 氩气

氩气是无色、无味的惰性气体，不与金属起化学反应，也不溶解于金属。且氩气比空气重25%，使用时气流不易漂浮散失，有利于对焊接区的保护作用。氩的电离能较高，引燃电弧较困难，故需采用高频引弧及稳弧装置。但氩弧一旦引燃，燃烧就很稳定，在常用的保护气体中，氩弧的稳定性最好。

焊接用氩气以瓶装供应，其外表涂成灰色，并且标注有绿色"氩气"字样。氩气瓶的容积一般为40 L，最高工作压力为15 MPa。使用时，一般应直立放置。

氩弧焊对氩气的纯度要求很高，如果氩气中含有一些氧、氮或少量其他气体，将会降低氩气保护性能，对焊接质量造成不良影响。按我国现行标准规定，其纯度应达到99.99%，高纯度的氩气纯度可达99.999%。

3. 焊丝

焊丝选用的原则是熔敷金属化学成分或力学性能与被焊材料相当。氩弧焊用焊丝主要分钢焊丝和非铁金属焊丝两大类。氩弧焊用钢焊丝可按 GB/T 8110—2008《气体保护电弧焊用碳钢、低合金钢焊丝》选用，不锈钢焊丝按 YB/T 5092—2005《焊接用不锈钢焊丝》选用。

焊接非铁金属一般采用与母材相当的焊丝。铜及铜合金焊丝，根据 GB/T 9460—2008《铜及铜合金焊丝》规定，其焊丝牌号是以"HS"为标记，后面的元素符号表示焊丝主要合金元素，元素符号后面的数字表示顺序号。如 HSCu 为常用的氩弧焊紫铜焊丝。

铝及铝合金焊丝，根据 GB/T 10858—2008《铝及铝合金焊丝》规定，其焊丝型号是以"S"为标记，后面的元素符号表示焊丝主要合金组成，元素符号后面的数字表示同类焊丝的不同品种。如 SAlSi-1 为常用的氩弧焊铝硅合金焊丝。

三、钨极氩弧焊设备

手工钨极氩弧焊设备包括焊机、焊枪、供气系统、冷却系统、控制系统等部分，如图4-2所示。自动钨极氩弧焊设备，除上述几部分外，还有送丝装置及焊接小车行走机构。

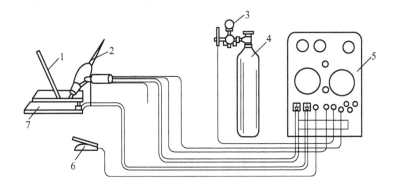

图 4-2 手工钨极氩弧焊焊设备示意图
1-填充金属；2-焊枪；3-流量计；4-氩气瓶；
5-焊机；6-开关；7-工件

1. 焊机

焊机包括焊接电源及高频振荡器、脉冲稳弧器、消除直流分量装置等控制装置。若采用焊条电弧焊的电源，则应配用单独的控制箱。直流钨极氩弧焊的焊机较为简单，直流焊接电源附加高频振荡器即可。

1）焊接电源

由于钨极氩弧焊电弧静特性曲线工作在水平段，所以应选用具有陡降外特性的电源。一般焊条电弧焊的电源（如弧焊变压器、弧焊整流器等）都可作手工钨极氩弧焊焊电源。

2）引弧及稳弧装置

由于氩气的电离能较高，难以电离，引燃电弧困难，但又不宜使用提高空载电压的方法，所以钨极氩弧焊必须使用高频振荡器来引燃电弧。对于交流电源，由于电流每秒钟有 100 次经过零点，电弧不稳，故还需使用脉冲稳弧器，以保证重复引燃电弧，并稳弧。高频振荡器是钨极氩弧焊设备的专用引弧装置，是在钨极和工件之间加入约 3 000 V 高频电压，这种焊接电源空载电压只要 65 V 左右即可达到钨极与焊件非接触而点燃电弧的目的。高频振荡器一般仅供焊接时初次引弧，不用于稳弧，引燃电弧后马上切断。

脉冲稳弧器是施加一个高压脉冲而迅速引弧，并保持电弧连续燃烧，从而起到稳定电弧的作用。

2. 焊枪

钨极氩弧焊焊枪的作用是夹持电极、导电和输送氩气流。钨极氩弧焊焊枪分为气冷式焊枪（QQ 系列）和水冷式焊枪（QS 系列）。气冷式焊枪使用方便，但限于小电流（150 A）焊接使用；水冷式焊枪适宜大电流和自动焊接使用。气冷式焊枪如图 4-3（a）所示，水冷式焊枪如图 4-3（b）所示。

焊枪一般由枪体、喷嘴、电极夹持机构、电缆、氩气输入管、水管和开关及按钮组成。

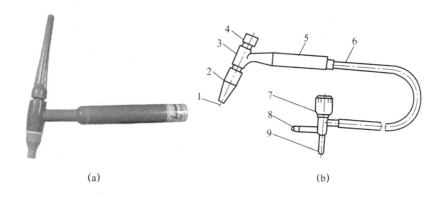

图4-3 QQ—85/150—1型气冷式氩弧焊枪
(a) 外形；(b) 结构
1-钨极；2-陶瓷喷嘴；3-枪体；4-短帽；5-手把；6-电缆
7-气体开关手轮；8-通气接头；9-通电接头

其中喷嘴是决定氩气保护性能优劣的重要部件，常见的喷嘴形式，如图4-4所示。圆柱带锥形和圆柱带球形的喷嘴，保护效果最佳，氩气流速均匀，容易保持层流，是生产中常用的一种形式。圆锥形的喷嘴，因氩气流速变快，气体挺度虽好一些，但容易造成紊流，保护效果较差，但操作方便，便于观察熔池，也经常使用。

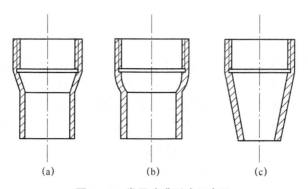

图4-4 常见喷嘴形式示意图
(a) 圆柱带锥形；(b) 圆柱带球形；(c) 圆锥形

3. 供气系统

钨极氩弧焊的供气系统由氩气瓶、减压器、流量计和电磁阀组成。减压器用以减压和调压。流量计用来调节和测量氩气流量的大小，现常将减压器与流量计制成一体，称为氩气流量调节器，如图4-5所示。电磁气阀是控制气体通断装置。

图 4-5 氩气流量调节器

4. 冷却系统

一般选用的最大焊接电流在 150 A 以上时，必须通水来冷却焊枪和电极。冷却水接通并有一定压力后，才能启动焊接设备，通常在钨极氩弧焊设备中用水压开关或手动来控制水流量。

5. 控制系统

钨极氩弧焊的控制系统是通过控制线路，对供电、供气、引弧与稳弧等各个阶段的动作程序实现控制的。

钨极氩弧焊焊机按电源性质可分为直流钨极氩弧焊焊机、交流钨极氩弧焊焊机和脉冲钨极氩弧焊焊机。直流钨极氩弧焊焊机型号有 WS-250、WS-400 等，交流钨极氩弧焊焊机型号有 WSJ-300、WSJ-500 等，交直流钨极氩弧焊焊机型号有 WSE-150、WSE-400 等，脉冲钨极氩弧焊焊机型号有 WSM-200、WSM-400 等。

四、钨极氩弧焊工艺

钨极氩弧焊时，可采用填充焊丝或不填充的方法形成焊缝。不填充焊丝法，主要用于薄板焊接。如厚度在 3 mm 以下的不锈钢板，可采用不留间隙的卷边对接，焊接时不加填充焊丝，而且可实现单面焊双面成形。填充或不填充焊丝焊接时，焊缝成形的差异如图 4-6 所示。

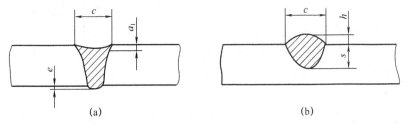

图 4-6 钨极氩弧焊焊焊缝截面
(a) 不填充焊丝；(b) 填充焊丝

1. 焊前清理

钨极氩弧焊对材料表面质量要求较高,因此必须对被焊材料的坡口及坡口附近20 mm范围内及焊丝进行清理,去除金属表面的氧化膜和油污等杂质,以确保焊缝的质量。

1)机械清理法

通常使用直径细小的不锈钢丝刷等工具进行打磨,也可用刮刀铲去表面氧化膜,直至露出金属光泽。

2)化学清理法

先用汽油或丙酮去除油污,然后将焊件和焊丝放在碱性溶液中侵蚀,取出后用热水冲洗,再把焊件和焊丝放在30%~50%的硝酸溶液中进行中和,最后用热水冲洗干净并吹(烘)干。

2. 钨极氩弧焊的焊接工艺参数

钨极氩弧焊的焊接参数主要有:电源种类和极性、钨极直径、焊接电流、电弧电压、氩气流量、焊接速度和喷嘴直径等,正确地选择焊接参数是获得优质焊接接头的重要保证。

1)电源种类和极性

钨极氩弧焊可以使用直流电,也可以使用交流电。电流种类和极性可根据焊件材质进行选择。

(1)直流反接。钨极氩弧焊采用直流反接时(即钨极为正极、焊件为负极),由于电弧阳极温度高于阴极温度,使接正极的钨极容易过热而烧损,许用电流小,同时焊件上产生的热量不多,因而焊缝厚度较浅,焊接生产率低,所以很少采用。

但是,直流反接有去除氧化膜的作用,对焊接铝、镁及其合金有利。因为铝、镁及其合金焊接时,极易氧化,形成熔点很高的氧化膜(如Al_2O_3的熔点为2 050 ℃)覆盖在熔池表面,阻碍基本金属和填充金属的熔合,造成未熔合、夹渣、焊缝表面形成皱皮及内部气孔等缺陷。

采用直流反接时,电弧空间的正离子,由钨极的阳极区飞向焊件的阴极区,撞击金属熔池表面,将致密难熔的氧化膜击碎,以达到清理氧化膜的目的,这种作用称为"阴极破碎"作用,也称"阴极雾化",如图4-7所示。

尽管直流反接能将被焊金属表面的氧化膜去除,但钨极的许用电流小,易烧损,电弧燃烧不稳定。所以,铝、镁及其合金一般不采用此法,而应尽可能使用交流电来焊接。

(2)直流正接。钨极氩弧焊采用直流正接时(即钨极为负极、焊件为正极),由于电弧在焊件阳极区产生的热量大于钨极阴极区,致使焊件的焊缝厚度增加,焊接生产率高。而且钨极不易过热与烧损,使钨极的许用电流增大,电子发射能力增强，电弧燃烧稳定性比直流反接时好。但焊件表面是受到比正离子质量小得多的电子撞击，不能去除氧化膜，因此没有"阴极破碎"作用，故适合于焊接表面无致密氧化膜的金属材料。

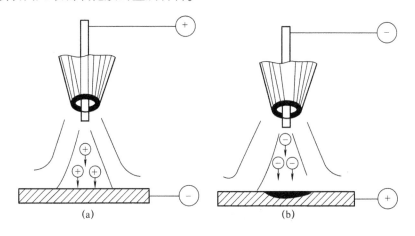

图4-7 阴极破碎作用示意图
(a) 直流反接；(b) 直流正接

（3）交流钨极氩弧焊。由于交流电极性是不断变化的，这样在交流正极性的半周波中（钨极为负极），钨极可以得到冷却，以减小烧损。而在交流负极性的半周波中（焊件为负极）有"阴极破碎"作用，可以清除熔池表面的氧化膜。因此，交流钨极氩弧焊兼有直流钨极氩弧焊正、反接的优点，是焊接铝、镁及其合金的最佳方法。

各种材料的电流种类与极性的选用见表4-1。

表4-1 电源种类和极性的选择

电源种类和极性	被焊金属材料
直流正接	低碳钢、低合金钢、不锈钢、耐热钢、铜、钛及钛合金
直流反接	适用于各种金属熔化极氩弧焊，钨极氩弧焊很少采用
交流电源	铝、镁及其合金

2）钨极直径及端部形状

钨极直径主要按焊件厚度、焊接电流、电源极性来选择。如果钨极直径选择不当，将造成电弧不稳、严重烧损钨极和焊缝夹钨。钨极端部形状对电弧稳定性有一定影响，交流钨极氩弧焊焊时，一般将钨极端部磨成圆珠形；直流小电流施焊时，钨极可以磨成尖锥角；直流大电流时，钨极宜磨成钝角，钨极端部形状如图4-8所示。

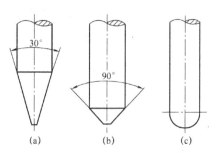

图 4-8 常用的钨极端部形状

(a) 直流小电流; (b) 直流大电流; (c) 交流

3) 焊接电流

焊接电流主要根据焊件厚度、钨极直径和焊缝空间位置来选择,过大或过小的焊接电流都会使焊缝成形不良或产生焊接缺陷。各种直径的钨极许用电流范围见表4-2。

表 4-2 各种直径的钨极许用电流范围

钨极直径/mm	直流正接	直流反接	交流
1.0	15~80		20~60
1.6	70~150	10~20	60~120
2.4	150~250	15~30	100~180
3.2	250~400	25~40	160~250
4.0	400~500	40~55	200~320
5.0	500~750	55~80	290~390
6.0	750~1 000	80~125	340~525

4) 氩气流量和喷嘴直径

为了可靠保护焊接熔池金属不受空气侵袭污染,必须有足够流量的保护气体,氩气流量形成气体保护层,只要能抵抗室内流动空气影响的能力即可。氩气流量过大时,不仅浪费氩气,还可能使保护气流形成紊流,将空气卷入保护区,反而保护效果不好,所以,氩气流量选择的要适当,既要保护效果好,又不能浪费氩气。一般气体流量的大小,可按下列经验公式计算供参考。

$$Q = KD$$

式中,Q——氩气流量(L/min);

K——系数,取 0.8~1.2。其中,使用大喷嘴时,K 取上限,使用小喷嘴时,K 取下限;

D——喷嘴直径(mm)。

喷嘴直径的大小,是根据钨极直径的大小来选择的,喷嘴直径决定氩气保护区的大小。一般喷嘴直径应按下式选取:

$$D = 2d + 4$$

式中，D——喷嘴孔径（mm）；

d——钨极直径（mm）。

通常氩气流量在 3~20 L/min 范围内。一般喷嘴直径随着氩气流量的增加而增加，一般为 $\phi 5 \sim \phi 14$ mm。

5）焊接速度

在一定的钨极直径、焊接电流和氩气流量条件下，焊速过大，会使保护气流偏离钨极与熔池，影响气体保护效果，易产生未焊透等缺陷；焊速过慢时，焊缝易咬边和烧穿。因此钨极氩弧焊应选择合适的焊接速度。焊接速度对氩气保护效果的影响如图 4-9 所示。

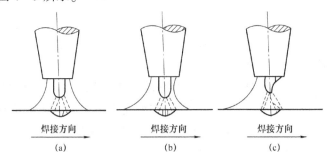

图 4-9 焊接速度对氩气保护效果的影响

(a) 焊枪不动；(b) 正常速度；(c) 速度过大

6）电弧电压

电弧电压增加，焊缝厚度减小，熔宽显著增加；随着电弧电压的增加，气体保护效果随之变差。当电弧电压过高时，易产生未焊透、焊缝被氧化和气孔等缺陷，因此，在保证与焊件不短接的情况下，应尽量采用较短的电弧进行焊接，一般电弧电压为 10~24 V。通常不加填充焊丝焊接时，弧长以控制在 1~3 mm 之间为宜，加填充焊丝焊接时，弧长 3~6 mm。

7）喷嘴与焊件间的距离

喷嘴与焊件间的距离以 5~15 mm 为宜。距离过大，气体保护效果差；若距离过小，虽对气体保护有利，但能观察的范围和保护区域变小。

8）钨极伸出长度

为了防止电弧热烧坏喷嘴，钨极端部应突出喷嘴以外，其伸出长度对接焊时一般为 3~6 mm，角焊缝时为 7~8 mm。伸出长度过小，焊工不便于观察熔化状况，对操作不利；伸出长度过大，气体保护效果会受到一定的影响。

五、钨极氩弧焊操作技术

1. 引弧

手工钨极氩弧焊引弧有两种方法：高频振荡引弧（或脉冲引弧）和接触引弧，

通常采用高频或脉冲引弧装置引弧。引弧时，应先使钨极端头与工件之间保持较短距离，然后接通引弧器电路，在高频电流或高压脉冲电流的作用下引燃电弧。这种引弧方法的优点是钨极与焊件保持一定距离而不接触，就能在施焊点上直接引弧。采用非接触引弧时，这种引弧方法可靠性高，且由于钨极不与工件接触，因而钨极不致因短路而烧损，同时还防止焊缝因电极材料落入熔池而形成夹钨等缺陷。

没有引弧装置时，可用纯铜板或石墨板作引弧板。将引弧板放在焊件接口旁或接口上面，引弧后待钨极端头加热到一定温度后（约1 s），立即移到待焊处引弧。这种引弧适用于普通功能的氩弧焊机。但是在钨极与纯铜板（或石墨板）接触引弧时，会产生很大的短路电流，使钨极容易烧损，所以操作时，动作要轻而快，防止碰断钨极端头或造成电弧不稳定而产生缺陷。

2. 焊接

焊接时，为了得到良好的气保护效果，在不妨碍视线的情况下，应尽量缩短喷嘴到工件的距离，采用短弧焊接。

焊枪与工件角度的选择也应以获得好的保护效果，便于填充焊丝为准。平焊、横焊或仰焊时，多采用左焊法。焊枪和填充焊丝之间的相对位置如图 4-10 所示。填充焊丝在熔池前均匀地向熔池送入，切不可扰乱氩气气流。焊丝的端部应始终置于氩气保护区内，以免氧化。

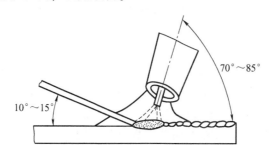

图 4-10　平焊时焊枪及填充焊丝与工件的相对位置示意图

3. 焊丝加入熔池的方式

手工钨极氩弧焊焊丝加入熔池的方式有断续送丝法和连续送丝法两种。

1）断续送丝法

焊接时，将焊丝末端在氩气保护层内往复断续地送入熔池的前沿（1/4～1/3处）。焊丝移出熔池时不可脱离气体保护区，送入时不可接触钨极，也不可直接送入弧柱内。这种方法适用于电流较小，焊接速度较慢的情况。

2）连续送丝法

在焊接时，将焊丝插入熔池一定位置，并往复直线送丝，电弧同时向前移动，熔池逐渐形成。这种方法适用于电流较大，焊接速度较快的情况。焊缝质量较好，成形也美观，但需要熟练的操作技术。

4. 焊枪运动形式

手工钨极氩弧焊一般采用左焊法，焊枪做直线运动。为了保证氩气的保护作用，焊枪移动速度不能太快，如果要求焊道较宽，焊枪必须横向移动时，焊枪要保持高度不变，且横向移动要平稳。常用的焊枪摆动方式见表4-3。

表4-3 焊枪的摆动方法及应用范围

焊枪摆动方法		应用范围
直线型	←	I形坡口对接焊、多层多道焊的打底焊
锯齿形	∧∧∧∧∧	对接接头全位置焊
月牙形	)))))))	角接接头的立、横和仰焊
圆圈形	⌒⌒⌒⌒	厚板对接平焊

1）直线摆动

焊枪相对焊缝做平稳的直线匀速移动。优点是电弧稳定，可避免重复加热，氩气保护效果好，焊接质量平稳。

2）横向摆动

根据焊缝的宽度和接头形式的不同，有时焊枪必须做一定幅度的横向摆动。为了保证氩气的保护效果，摆动幅度要尽可能小，有条件时可采用压焊道（焊枪不做横向摆动，直线运枪。焊完一道焊缝后，再焊第二道、第三道焊缝，后焊道焊缝要压住前道焊缝的一半，即单层多道焊）。

5. 收弧

焊缝在收弧处要求不存在明显的下凹以及产生气孔与裂纹等缺陷。为此，应采取衰减电流的方法，即电流自大到小地逐渐下降，以填满弧坑。

一般的氩弧焊机都配有电流自动衰减装置，收弧时，可通过焊枪手柄上的按钮断续送电来填满弧坑；若无电流衰减装置时，可采用手工操作收弧，其要领是逐渐减少焊件热量，如改变焊枪角度、稍微拉长电弧、断续送电等。收弧时，填满弧坑后慢慢提起电弧直到灭弧，不要突然拉断电弧。

在收弧处应添加填充焊丝多使弧坑填满，这对于焊接热裂纹倾向较大的材料时，尤为重要。此外，还可采用电流衰减方法和逐步提高焊枪的移动速度或工件的转动速度，以减少对熔池的热输入来防止裂纹。

熄弧后，不要立即抬起焊枪，要使焊枪在焊缝上停留3~5 s，待钨极和熔池冷却后，再抬起焊枪，停止供气，以防止焊缝和钨极受到氧化。至此焊接过程结束，关断焊机，切断水、电、气路。

【计划】

同项目二任务1。

【实施】

一、电源和焊枪的正确使用

(1) 钨极的修磨。在砂轮机上将钨极磨成所需的形状。在修磨钨极时必须穿好工作服，戴好防护眼镜和口罩，砂轮机应有安全罩和吸尘设施，修磨后要洗手。

(2) 旋开焊枪上的电极帽，将修磨好的钨极装入电极夹，使电极伸出 3~6 mm，旋紧电极帽，压一下焊枪上的开关，即可进行焊接。

(3) 通过电源上的铭牌了解电源的型号和技术参数。

(4) 调节电源面板上的旋钮，调节焊接工艺参数。

二、焊机的接线操作步骤及要求

(1) 首先将焊机的输入端与开关相连。

(2) 将氩气流量器调节器氩气瓶相连接，再用胶管把减压流量调节器与焊机面板上的进气嘴靠地连接。

(3) 将焊枪上气管与焊机下部的气阀出口接上。

(4) 将焊接电缆接到焊机的正极并与焊件相连，再把连接焊枪的电缆接到焊机的负极完成整机接线。

三、钨极氩弧焊机的操作练习

(1) 接通电源及气源，旋开控制电源开关，此时电源指示灯亮，电源电路进入工作状态。

(2) 打开氩气瓶阀，调整气体流量。

(3) 调整好焊接参数，压住焊枪上的开关，即可进行焊接。

(4) 焊接结束时，松开焊枪上的开关，焊接主回路和送丝电路立即切断，气体滞后自行关闭。

四、实施步骤

(1) 通过查找资料，获取有关钨极氩弧焊知识。

(2) 正确穿戴防护用品，进行安全文明实训。

(3) 向小组成员介绍钨极氩弧焊所用的设备、工具的工作原理、技术参数及操作方法。

(4) 连接焊接设备及工具，形成焊接回路。

(5) 进行焊接设备及工具的操作练习。

(6) 派代表向全体同学展示成果，小组之间进行交流、讨论。

【学生学习工作页】

任务完成后，上交学生学习工作页。

学生学习工作页

班级		姓名		分组号		日期	
任务名称							

你可能需要获得以下资讯才能更好地完成任务

1. 氩弧焊按所用的电极材料不同可分为_____和_____两大类。
2. 氩气瓶外涂_____色，并标有_____色的"氩气"字样。
3. 钨极氩弧焊焊接铝时，电源一般采用_____。
4. 钨极氩弧焊的焊接工艺参数主要是_____、_____、_____、_____、_____、_____和_____等。
5. 手工钨极氩弧焊设备主要由_____、_____、_____、_____等部分组成。
6. 进行钨极氩弧焊时，必须对被焊材料的坡口、坡口附近 20 mm 范围内及填充焊丝进行焊前清理，常用的清理方法有_____、_____、_____三种。
7. 采用钨极氩弧焊焊接低碳钢、低合金钢时，电源应选用_____。
8. 钨极氩弧焊电源采用_____时，钨极是_____极，温度高、消耗快、寿命短，所以很少采用。
9. 手工钨极氩弧焊的供气系统由_____、_____和_____等组成。
10. 钨极氩弧焊时，通常采用_____来引弧，采用_____来稳弧。
11. 钨极氩弧焊焊枪的作用是_____、_____、_____、_____。
12. 修磨钨极时应_____。
13. 焊接时戴_____式面罩，_____拿焊丝，_____握焊枪。可采取_____式焊接或_____式焊接，视焊接的位置高低而定。
14. 手工钨极氩弧焊引弧有两种方法：_____引弧（或脉冲引弧）和_____引弧，通常采用_____引弧装置引弧。这种引弧方法的优点是钨极与焊件保持一定距离而_____，就能在施焊点上直接引弧。采用非接触引弧时可靠性高，且由于_____接触，因而钨极不致因短路而_____，同时还防止焊缝因电极材料落入熔池而形成_____等缺陷。
15. 焊接时，为了得到良好的气保护效果，在不妨碍视线的情况下，应尽量_____。焊丝的端部应始终置于_____内，以免氧化。
16. 手工钨极氩弧焊焊丝加入熔池的方式有_____送丝法和_____送丝法两种。
17. 手工钨极氩弧焊一般采用_____焊法，焊枪做_____运动。如果要求焊道较宽，焊枪必须横向移动时，焊枪要保持高度不变，焊枪的摆动方式有_____。
18. 收弧时应采取_____的方法，即电流_____下降，以填满弧坑。手工操作收弧的要领是_____。
19. 电弧引燃后，不要急于_____，要稍停留一定时间，使母材金属形成熔池后，再填充焊丝，以保证熔覆金属和母材金属很好的熔合

续表

班级		姓名		分组号		日期	
任务名称							

制订你的任务计划并实施
1. 写出完成任务的步骤。
2. 小组成员向本组同学介绍所在工位的焊丝、焊接设备及工具的型号的含义及使用方法。
3. 画出焊接回路连接图

任务完成了，仔细检查，客观评价，及时反馈
1. 向小组成员介绍所在工位的焊丝、焊接设备及工具的型号的含义及使用方法，按评分标准小组成员进行自检、互检进行评分，成绩为_____。
2. 各组派代表向全体同学介绍所在工位的焊丝、焊接设备及工具的型号的含义及使用方法，请他们评分，成绩为_____。
3. 其他组成员给你们提出哪些意见或建议，请记录在下面：

【总结与评价】
按评分标准由学生自检、互检及教师检查对任务完成情况进行总结和评价。评分标准参照项目二任务1。

任务2　V形坡口对接平焊实训

【学习任务】

学习情境工作任务书

工作任务	V形坡口平对接焊实训	
试件图	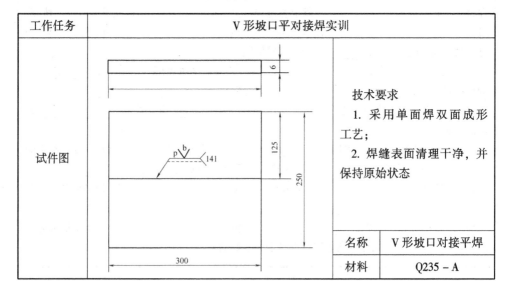	技术要求 1. 采用单面焊双面成形工艺； 2. 焊缝表面清理干净，并保持原始状态
	名称	V形坡口对接平焊
	材料	Q235-A

续表

工作任务	V形坡口平对接焊实训		
任务要求	1. 按实训任务技术要求运用单面焊双面成形技术进行V形坡口对接平焊试件的焊接； 2. 进行焊缝外观检验，分析焊接缺陷产生原因，找出解决方法		
教学目标	能力目标	知识目标	素质目标
	1. 能够识读V形坡口对接平面焊焊接图纸； 2. 能够选择手工钨极氩弧焊V形坡口对接平焊焊接工艺参数； 3. 能够正确运用手工钨极氩弧焊熟练进行V形坡口对接平面焊单面焊双面成形操作； 4. 解决在手工钨极氩弧焊V形坡口对接平面焊操作中出现的问题	1. 了解手工钨极氩弧焊单面焊双面成形知识； 2. 掌握手工钨极氩弧焊V形坡口对接平焊焊缝的特点； 3. 掌握手工钨极氩弧焊V形坡口对接平焊接工艺参数的选择； 4. 掌握焊接缺陷有关知识	1. 培养学生吃苦耐劳能力； 2. 培养工作认真负责、踏实细致的意识； 3. 培养学生劳动保护意识； 4. 树立团队合作能力； 5. 培养学生的语言表达能力，增强责任心、自信心

【知识准备】

手工钨极氩弧焊平焊位的操作姿势与焊条电弧焊的平焊位基本相似，但钨极氩弧焊需焊工两手操作，焊接方向从右向左焊接，而焊接工艺与焊条电弧焊也有较大的区别。氩弧焊对油污、铁锈较为敏感，所以试板要清理干净；氩弧焊的热量集中，熔深较大，试件应留有适当的钝边，同时，打底焊操作时速度要快，背面成形应该很薄，否则经过多层焊后背面焊缝会下坠而造成背面焊缝过高。操作时对左手、右手的协调配合要求较高，因此应多做左手送丝和右手摆动的模拟练习。

Q235钢的焊接性比较好，其厚度为6 mm，60°V形坡口，焊接操作比较容易，打底焊、填充焊和盖面焊各一层，其特点是焊接速度要快，以防止过烧使合金元素烧损。焊接时，采用焊枪后倾角度的大小和焊接速度，以及焊丝给送的频率和数量来控制熔池成形。

一、安全检查

（1）焊前对焊接设备的电路、气路进行认真仔细的检查，确认其全部正常后方可开机工作，以免由于焊接设备的故障造成焊接缺陷。

（2）检查同学劳动保护用品穿戴规范且完好无损；清理工作场地，不得有易燃易爆物品；检查焊机、所使用的电动工具、焊接电缆、焊枪、面罩、接地线是否良好等安全操作规程的执行情况。

二、焊前准备

(1) 按图纸要求下料及坡口准备。
(2) 焊接材料：H08 或 H08A 焊丝，直径 2.5 mm。
　　　　　　铈钨极 WCe20，直径 2.4 mm。
(3) 焊接设备：WS-400 型焊机，直流正接法。

三、焊接工艺参数

板材对接平焊的焊接参数见表 4-4。

表 4-4　板材对接平焊的焊接参数

板厚/mm	焊接层次	焊接电流/A	钨极直径/mm	喷嘴直径/mm	氩气流量/(L·min^{-1})
6	打底焊	85~90	2.5	6~8	6~8
	填充焊	90~100	2.5	6~8	6~8
	盖面焊	80~95	2.5	6~8	6~8

四、试件装配

1. 清理

试件装配前用角向磨光机、锉刀、刮刀、钢丝刷和砂布等对试件坡口两侧各 20 mm 以内的油污、锈蚀和氧化物、杂质等清理干净，直至露出金属光泽。打磨试件坡口时，留钝边厚度为 1~1.5 mm。不要破坏试件原始尺寸和形状，避免给焊接造成困难。

2. 装配

试件矫平后，放在平整的型钢上，对齐找正，反变形量为 3°~4°坡口间隙始端为 2.0 mm，终端为 3.0 mm，定位焊缝长为 10 mm 左右，定位焊 3 处，其焊缝要焊透，不得有缺陷，要有一定的强度、确保焊接时不断裂，不错边和焊接过程中不产生收缩变形。试件尺寸如图 4-11 所示。

五、操作技术

焊前检查试件的清理情况和装配定位焊等，符合要求，则将试件以平焊位固定在操作架上待焊。

一般对窄小焊缝焊接时，焊枪不作横向摆动，即使焊缝较宽，焊枪的摆动也较缓慢并结合电弧长度和焊丝给送位置控制焊缝成形。板对接平焊，板厚 6 mm

时为三层三道焊接,如图4-12所示。各层焊接的焊枪角度、电弧长度和焊丝给送位置如图4-13所示。

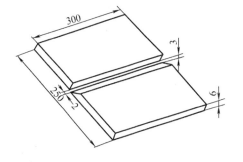

图4-11 板材对接平焊试件尺寸示意图

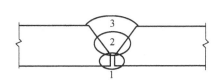

图4-12 板对接平焊的焊接层数

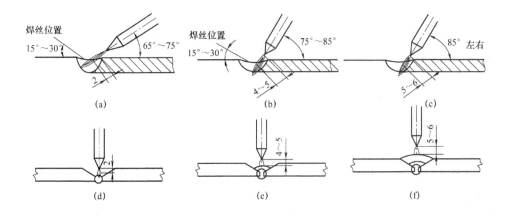

图4-13 各层焊接弧长与焊枪角度示意图
(a) 打底层焊枪角度、电弧长度; (b) 填充层焊枪角度、电弧长度; (c) 盖面层焊枪角度、电弧长度
(d) 打底层给送焊丝的位置; (e) 填充层给送焊丝的位置; (f) 盖面层给送焊丝的位置

1. 打底焊

1) 引弧

打底焊时,利用焊机的高频或高压脉冲在定位焊缝上引弧,然后将电弧移至右侧端头的坡口内稍停,形成熔池并焊透前进焊接,打底焊焊枪前进角度为65°~75°。

2) 焊接

焊枪在直线形运弧时不摆动,待熔池金属有下沉的迹象即给送焊丝前进焊接,焊接时始终保持这种状态,则背面焊缝成形很好。这和焊条电弧焊的运弧方法是不同的,熔池金属下沉,背面熔合在一起并成形,这与焊前焊件的清理好坏有直接关系,背面成形的好坏,在于控制焊枪后倾角度和熔池温度,温度高下沉得多,背面焊缝高,甚至出现焊瘤缺,这与掌握、控制熔池下沉的熟练和技巧有关。

3）送丝位置

送丝的位置及频率对焊缝的外观和质量有一定的影响，焊丝应送至熔池前面边缘上，接触给送，即送进取出，焊丝端头始终在氩气保护区内，给送焊丝对熔池有降温的作用。因此，焊丝的给送量应该是少而频，给送焊丝还应与焊接速度相匹配，这是控制熔池温度一种常用的方法，这样能使焊缝正、反面成形细密，内部质量也好。

4）焊缝的收弧

由于某种原因，焊接过程中需停弧。当需要停弧时，一种方法是采用焊机的衰减装置进行停弧，另一种方法是采用逐渐增加焊接速度，直至母材不熔化时停弧，两种方法都不会产生任何缺陷。

5）焊缝的接头

焊缝的接头应在停弧后面处引弧，电弧移至熔池处稍停加热，使熔池重新形成，待熔池形状和温度正常后，再继续前进焊接。

6）收弧

焊至试件末端时，焊枪向后倾斜加大，以降低熔池温度，同时加大焊丝给送量以填满弧坑，停弧后，氩气延时关闭，防止熔池金属在高温下氧化。

2. 填充焊

焊前对打底焊道的不规则处及氧化层应清理干净，然后调试好焊接参数再进行焊接，填充层焊接如图 4-14 所示。焊枪的前进方向的反方向角度为 75°~85°，电弧高度大，钨极尖端距熔池表面 4~5 mm，电弧宽度大，填充焊时焊枪几乎不用摆动，但给送焊丝应在熔池两侧交替进给。焊缝会平整过渡，不会产生夹渣，填充焊时，要控制好熔池温度，不求熔透，只要熔合，以焊接速度和焊丝给送量和频率控制熔池温度和焊道高度。不要破坏坡口边缘，焊道高度距焊件表面为 1 mm 左右，给盖面焊留有一定的余量。

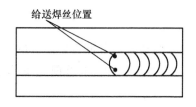

图 4-14 填充焊较宽焊道的焊丝给送位置示意图

3. 盖面焊

焊前需对填充焊道的高低处进行清理，然后调试好焊接参数，进行焊接。焊接时，焊枪前进方向的反方向角度为 70°~85°，电弧高度为 5 mm 左右，基本是直线形运弧或做小幅度慢动作的横向摆动，给送焊丝与填充焊时方法相同，但坡口两侧各熔化 0.5~1 mm 为焊缝的宽度，这样能使盖面焊缝饱满圆滑过渡。焊后可以清理熔池和氧化物，但对焊缝不准修磨和补焊，尽量保持焊缝的原始状况。

六、焊接质量评定

按评分标准对焊缝进行检查评定，评分标准可参照项目二任务 5。

【学生学习工作页】

任务完成后，上交学生学习工作页。

学生学习工作页

班级		姓名		分组号		日期	
任务名称							
你可能需要获得以下资讯才能更好地完成任务 1. 手工钨极氩弧焊平焊位的操作姿势与焊条电弧焊的平焊位基本相似，但钨极氩弧焊是焊工的_____操作，焊接方向_____焊接，而焊接工艺与焊条电弧焊也有较大的区别。氩弧焊对_____较为敏感，所以试板要_____；氩弧焊的热量集中，_____较大，试件应留有适当的_____，同时，打底焊操作时速度要_____，背面成形应该很____ ____，否则经过多层焊后背面焊缝会下坠而造成背面焊缝过高。操作时对左手、右手的_____要求较高，因此应多做左手送丝和右手摆动的模拟练习。 2. Q235 钢的焊接性比较好，其厚度为_____mm，_____V 形坡口，焊接操作比较容易，打底焊、填充焊和盖面焊各一层，其特点是_____，以防止过烧使合金元素烧损。焊接时，采用_____来控制熔池成形							
制订你的任务计划并实施 1. 写出完成任务的步骤。 2. 完成任务过程中，使用的材料、设备及工具有： 3. 你焊接的试件出现了哪些缺陷，请分析产生的原因并找出防止的方法							
任务完成了，仔细检查，客观评价，及时反馈 1. 试件完成后按评分标准小组成员进行自检、互检进行评分，成绩为_____。 2. 将焊接试件展示给本组及其他组的同学，请他们为试件评分，成绩为_____。 3. 其他组成员提出了哪些意见或建议，请记录在下面：							

【总结与评价】

按评分标准由学生自检、互检及教师检查对任务完成情况进行总结和评价。评分标准参照项目二任务 1。

任务3 V形坡口对接立焊实训

【学习任务】

学习情境工作任务书

工作任务	V形坡口立对接焊实训		
试件图	(试件图示：板厚6,长300,宽250,中线125位置开V形坡口,坡口角度60°,钝边p,间隙b,角度14°)	技术要求 1. 采用单面焊双面成形工艺; 2. 焊缝表面清理干净,并保持原始状态	
		名称	V形坡口对接立焊
		材料	Q253-A
任务要求	1. 按实训任务技术要求运用单面焊双面成形技术进行V形坡口对接立焊试件的焊接; 2. 进行焊缝外观检验,分析焊接缺陷产生原因,找出解决方法		
教学目标	能力目标	知识目标	素质目标
	1. 能够识读V形坡口对接立焊焊接图纸; 2. 能够选择手工钨极氩弧焊V形坡口对接立焊焊接工艺参数; 3. 能够正确运用手工钨极氩弧焊熟练进行V形坡口对接立焊单面焊双面成形操作; 4. 解决在手工钨极氩弧焊V形坡口对接立焊操作中出现的问题	1. 了解手工钨极氩弧焊单面焊双面成形知识; 2. 掌握手工钨极氩弧焊V形坡口对接立焊焊缝的特点; 3. 掌握手工钨极氩弧焊V形坡口对接立焊焊接工艺参数的选择; 4. 掌握焊接缺陷有关知识	1. 培养学生吃苦耐劳能力; 2. 培养工作认真负责、踏实细致的意识; 3. 培养学生劳动保护意识; 4. 树立团队合作能力; 5. 培养学生的语言表达能力,增强责任心、自信心

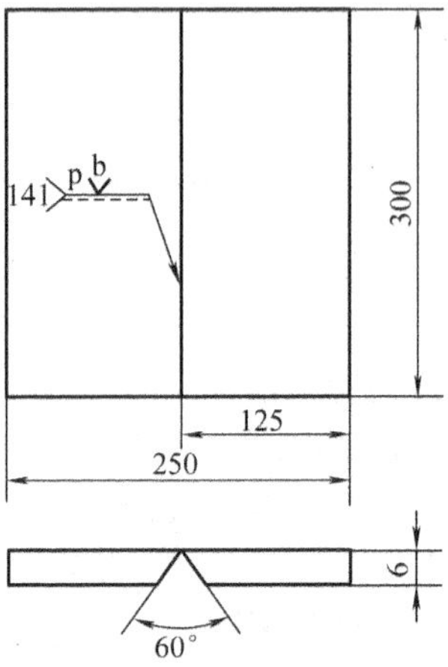

【知识准备】

板材对接立焊缝用氩弧焊焊接难度较大，主要由于操作中焊枪的角度和电弧的长度在焊接过程中不易控制，而且全程受液态金属重力的作用产生下坠，容易产生焊透过多、焊瘤，板对接的焊趾处产生咬边、成形不良等缺陷。因此，应选择小直径的喷嘴，采用小的焊接电流，尽量减小焊枪沿焊缝方向与平板之间的下倾角度。焊接速度要快，可根据需要进行摆动。

【计划】

同项目二任务1。

【实施】

一、安全检查

同项目四任务2。

二、焊前准备

同项目四任务2。

三、焊接工艺参数

板材对接平焊的焊接参数见表4-5。

表4-5 板材对接平焊的焊接参数

板厚/mm	焊接层次	焊接电流/A	钨极直径/mm	喷嘴直径/mm	氩气流量/（L/min）
6	打底焊	80~90	2.5	6~8	6~8
	填充焊	85~95	2.5	6~8	6~8
	盖面焊	75~90	2.5	6~8	6~8

四、试件装配

同项目四任务2。

五、操作技术

1. 打底焊

向上立焊的打底焊时，焊枪、焊丝都在试件的垂直面内，焊枪与试件的下倾角为65°~85°，焊丝与试件焊缝方向成15°~30°夹角，钨极尖端距熔池表面为 2~4 mm，如图 4-15 所示。

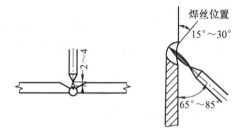

图 4-15　立焊焊枪角度与电弧长度示意图

1) 焊缝的引弧

利用高频或高压脉冲在试件的下定位焊缝处引燃电弧，然后将电弧移至下端头，稍作停留，待熔池形成后，向上焊接至下定位焊缝的上端再稍停，电弧达到根部，待形成熔孔时，送焊丝进行焊接，并控制熔池形状的大小，送焊丝应少给频送，并配合适当的焊接速度，连续焊接。焊接时焊枪基本不摆动，如需要时，喷嘴可靠在坡口内，喷嘴做向上扭动或拖动前进焊接。

2) 焊缝的运弧

焊接时，焊工的操作姿势要正确，身体协调而稳固，大臂带动小臂，肩肘为支点，以小臂和手腕的灵活动作控制焊枪的运弧焊接。一般焊缝窄小时，焊枪不作横向摆动运弧，由下向上纵向运弧，焊丝在熔池前边缘接触给送，形成焊缝。

3) 焊缝的收弧

当一根焊丝焊完，或由于某种原因停弧时，可用焊机的衰减装置停弧，或用逐渐加快焊接速度直至母材不熔化时停弧，都不会产生任何缺陷。

4) 焊缝的接头

在弧坑后 10 mm 左右处引弧，然后移至前停弧处进行接头，此时可稍作停弧，有待重新形成熔池后再加少许焊丝，待熔池熔孔形状和温度正常后，开始给送焊丝前移焊接，直至完成整条焊缝的焊接。

2. 填充焊

在填充焊焊前对打底焊表面的焊渣、氧化物等清理干净，然后调试好焊接参数再进行焊接。焊接时，焊枪角度与打底焊时相同，在试件最下端处引燃电弧，待熔池形成后加入焊丝，应在熔池前端边缘的两侧加入焊丝，在焊接过程中应防止焊道中间高、两侧出现夹角、电弧高度为 3~4 mm，电弧宽度不够时可作小幅度缓慢横向摆动。注意坡口边缘不要破坏，还要做到填充焊道平滑过渡熔合好，焊缝高度距焊件表面为 0.5~1 mm 较好，给送焊丝的位置示意图如图 4-16 所示。填充焊时控制好熔池温度和焊丝给送位置，确保熔合好，坡口棱角完好，焊道平滑略带中间凹，给盖面焊创造条件。其他各操作环节与打底焊时相同。

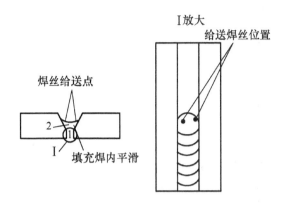

图 4-16 填充焊、盖面焊焊丝位置示意图

3. 盖面焊

盖面焊焊前,应对前一层焊道上的氧化层和不规则处进行处理,调试好焊接参数再进行焊接。焊接时焊枪的角度与打底焊时相同,电弧长度为 4~5 mm,电弧宽度不够时可作小幅度的缓慢横向摆动,以坡口边缘熔合 0.5~1 mm 为电弧摆动的幅度,焊丝的给送量应少而频,并与焊接速度的配合要协调、控制熔池温度,使焊缝圆滑平整过渡。

1) 收弧

这种短焊缝试件,一般焊接过程中没有收弧和焊缝的接头,但由于某种原因收弧也是可能的。需要收弧时,利用氩弧焊机电流衰减装置,按动一下焊枪上的控制开关,焊接电流就可逐渐的减小下来,直至母材不熔化停弧,还有延时送气功能,以保护红热的熔池金属免受氧化,然后移开焊枪。

2) 焊缝的接头

焊缝的接头时,在停弧处前进行引弧,然后将电弧移至熔池弧坑处稍停作横向摆动,待熔池形状和温度正常时,电弧继续前进行焊接,氩弧焊的停弧,接头及焊缝成形可以做到让人满意的程度。

试件焊完后,可以清理焊渣和氧化物,但对焊缝不准修磨和补焊。要保持焊缝的原始状态。

六、焊接质量评定

按评分标准对焊缝进行检查评定,评分标准可参照项目二任务6。

【学生学习工作页】

任务完成后，上交学生学习工作页。

学生学习工作页

班级		姓名		分组号		日期	
任务名称							

你可能需要获得以下资讯才能更好地完成任务

1. 板材对接立焊缝用氩弧焊焊接难度较大，主要由于_____，而且受液态金属重力的作用产生____，容易产生_____等缺陷。因此，应选择_____的喷嘴，采用小的_____，尽量减小焊枪沿焊缝方向与平板之间的_____。焊接速度要快，可根据需要进行____。

2. 向上立焊的打底焊时，焊枪、焊丝都在试件的垂直面内，焊枪与试件的下倾角为_____，焊丝与试件焊缝方向成_____夹角，钨极尖端距熔池表面为_____mm。

制订你的任务计划并实施

1. 写出完成任务的步骤。
2. 完成任务过程中，使用的材料、设备及工具有：
3. 你焊接的试件出现了哪些缺陷，请分析产生的原因并找出防止的方法

任务完成了，仔细检查，客观评价，及时反馈

1. 试件完成后按评分标准小组成员进行自检、互检进行评分，成绩为_____。
2. 将焊接试件展示给本组及其他组的同学，请他们为试件评分，成绩为_____。
3. 其他组成员提出了哪些意见或建议，请记录在下面：

【总结与评价】

按评分标准由学生自检、互检及教师检查对任务完成情况进行总结和评价。评分标准参照项目二任务1。

任务4 V形坡口对接横焊实训

【学习任务】

学习情境工作任务书

工作任务	V形坡口横对接焊实训		
试件图	(试件图:300×300,125,坡口60°,板厚6,p、b、141)	技术要求 1. 采用单面焊双面成形工艺; 2. 焊缝表面清理干净,并保持原始状态	
		名称	V形坡口对接横焊
		材料	Q253-A
任务要求	1. 按实训任务技术要求运用单面焊双面成形技术进行V形坡口对接横焊试件的焊接; 2. 进行焊缝外观检验,分析焊接缺陷产生原因,找出解决方法		
教学目标	能力目标	知识目标	素质目标
	1. 能够识读V形坡口对接横焊焊接图纸; 2. 能够选择手工钨极氩弧焊V形坡口对接横焊焊接工艺参数; 3. 能够正确运用手工钨极氩弧焊熟练进行V形坡口对接横焊单面焊双面成形操作; 4. 解决在手工钨极氩弧焊V形坡口对接横焊操作中出现的问题	1. 了解手工钨极氩弧焊单面焊双面成形知识; 2. 掌握手工钨极氩弧焊V形坡口对接横焊焊缝的特点; 3. 掌握手工钨极氩弧焊V形坡口对接横焊焊接工艺参数的选择; 4. 掌握焊接缺陷有关知识	1. 培养学生吃苦耐劳能力; 2. 培养工作认真负责、踏实细致的意识; 3. 培养学生劳动保护意识; 4. 树立团队合作能力; 5. 培养学生的语言表达能力,增强责任心、自信心

【知识准备】

板对接横焊位置的手工钨极氩弧焊,采用左焊法,可以清晰地观察到坡口根部的熔化情况和焊缝外观成形、操作方便、容易掌握。其缺点是,坡口根部易烧穿,因此,必须控制好熔池温度,焊接的速度要和焊丝送进的速度配合好。由于熔池在坡口的垂直面内,受重力的影响,焊缝的正、反面易下坠,特别是熔池的温度过高时,正、反面上部咬边,下部焊道下垂而有棱角,影响焊接质量。要求通过调整焊枪角度、给送焊丝的位置、给送量及焊接速度、焊工两手间的配合等,来控制焊缝下坠及咬边。

【计划】

同项目二任务1。

【实施】

一、安全检查

同项目四任务2。

二、焊前准备

同项目四任务2。

三、焊接工艺参数

板材对接平焊的焊接参数见表4-6。

表4-6 板材对接平焊的焊接参数

板厚/mm	焊接层次	焊接电流/A	钨极直径/mm	喷嘴直径/mm	氩气流量/(L/min)
6	打底焊	80~90	2.5	6~8	6~8
	填充焊	85~95	2.5	6~8	6~8
	盖面焊	75~90	2.5	6~8	6~8

四、试件装配

同项目四任务2。

五、操作技术

1. 打底焊

打底焊时利用高频在右侧定位焊缝上引弧,将电弧移到右侧端头,原地停留待熔池形成后以较快的焊接速度,焊至定位焊缝左端稍做停留,待熔透或出现熔孔时,加入焊丝开始焊接。横焊缝送焊丝的位置在熔池前上方,形成熔池并焊透的同时焊接速度应及时配合。打底焊采用较小焊接电流、焊接速度和较快的送丝速度,以免烧穿,焊丝送进动作要均匀、有规律,焊枪移动要平衡、速度要一致,焊接时注意熔池的变化,当熔池增大出现下坠时,说明熔池温度过高,此时应调整焊枪角度、增加焊丝给送频率、加快焊接速度,来防止缺陷的产生。因此,横焊缝的各层焊道焊接、控制熔池温度、焊透双面成形、给送焊丝的时机和焊接速度的配合关系非常重要。焊枪角度正确时,熔池形成熔透,熔池液体金属下沉,在熔池前上方给送焊丝,焊枪前移等都必须前后连续动作,才能保证焊缝打底层成形好。焊接过程中还要注意保持钨极与熔池及焊丝的距离,不得使钨极与焊丝、焊件相接触,以防产生夹钨缺陷或使钨极烧损,打底焊焊道一般厚度为2~3 mm。横焊的打底焊时焊枪的后倾角为65°~85°,如图4-17所示。钨极尖端距离熔池表面为2~3 mm。

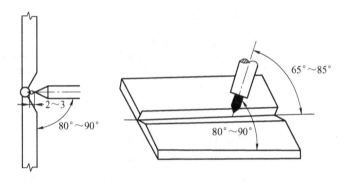

图4-17 横焊缝焊枪角度示意图

2. 填充焊

操作步骤和注意事项与打底焊时相同。焊前将前层焊道表面及不规则处处理干净,然后调试好焊接参数再进行焊接。焊接时焊枪应稍作摆动,可采用锯齿形运弧方法,并在坡口两侧面稍做停留,以保证坡口两侧熔合好、焊道均匀。填充焊道应低于母材1 mm左右,且不能熔化坡口的上棱缘。

3. 盖面焊

盖面焊时电弧长度为4 mm左右,焊丝的给送位置,在熔池前上方边缘接触给送,如图4-18所示。运弧速度要均匀、送丝量要少而频。施焊时加大焊枪的摆动幅度,保证熔池两侧圆滑过渡。熔池下沿超过坡口下棱边为0.5~1 mm,上道熔池上沿超过坡口上棱边为0.5~1 mm,即坡口每侧熔合0.5~1 mm。应保证盖面焊缝表面平整,盖面焊缝与母材的过渡圆滑美观。试件焊完后,还应将试件正、反面的焊渣、氧化物清理干净。不允许对焊缝进行修补,应保持焊缝的原始状态。

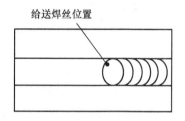

图 4-18　横焊缝给送焊丝位置示意图

六、焊接质量评定

按评分标准对焊缝进行检查评定，评分标准参照项目二任务 7。

【学生学习工作页】

任务完成后，上交学生学习工作页。

学生学习工作页

班级		姓名		分组号		日期	
任务名称							
你可能需要获得以下资讯才能更好地完成任务 1. 板对接横焊位置的手工钨极氩弧焊，采用____焊法，优点是_____。缺点是_____，因此，必须控制好熔池温度，焊接的速度要和焊丝送进的速度配合好。由于熔池在坡口的垂直面内，受重力的影响，焊缝的正、反面易_____，特别是熔池的温度过高时，正、反面上部_____，下部焊道____，影响焊接质量。 2. 打底焊过程中要注意保持钨极与熔池及焊丝的距离，不得使_____相接触，以防产生_____，打底焊焊道一般厚度为_____ mm。横焊的打底焊时焊枪的后倾角为_____。 3. 填充焊道应低于母材_____ mm 左右，且不能熔化坡口的_____。 4. 盖面焊时电弧长度为____ mm 左右，焊丝的给送位置，在熔池____边缘接触给送							
制订你的任务计划并实施 1. 写出完成任务的步骤。 2. 完成任务过程中，使用的材料、设备及工具有： 3. 你焊接的试件出现了哪些缺陷，请分析产生的原因并找出防止的方法							

续表

班级		姓名		分组号		日期	
任务名称							
任务完成了，仔细检查，客观评价，及时反馈 1. 试件完成后按评分标准小组成员进行自检、互检进行评分，成绩为_____。 2. 将焊接试件展示给本组及其他组的同学，请他们为试件评分，成绩为_____。 3. 其他组成员提出了哪些意见或建议，请记录在下面：							

【总结与评价】

按评分标准由学生自检、互检及教师检查对任务完成情况进行总结和评价。评分标准参照项目二任务1。

任务5　管对接水平固定焊实训

【学习任务】

学习情境工作任务书

工作任务	管对接水平固定焊实训
试件图	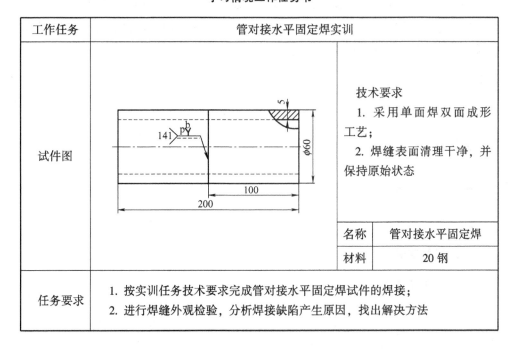
任务要求	1. 按实训任务技术要求完成管对接水平固定焊试件的焊接； 2. 进行焊缝外观检验，分析焊接缺陷产生原因，找出解决方法

续表

工作任务	管对接水平固定焊实训		
教学目标	能力目标	知识目标	素质目标
	1. 根据焊件图纸的技术要求选择焊接工艺参数； 2. 能够正确运用手工钨极氩弧焊熟练进行水平固定管的焊接。 3. 解决在管对接水平固定焊焊接操作中出现的问题	1. 掌握管对接水平固定焊焊接工艺参数的选择； 2. 掌握管对接水平固定焊焊缝的技术要求和操作要领； 3. 掌握焊接缺陷有关知识	1. 培养学生吃苦耐劳能力； 2. 培养工作认真负责、踏实细致的意识； 3. 培养学生劳动保护意识； 4. 培养学生团队合作能力； 5. 培养学生的语言表达能力

【知识准备】

小径管水平固定管焊接过程需经过仰焊、立焊、平焊几个焊接位置，亦称全位置焊。焊缝呈环形，焊接时由两半圈组成，管子的底部和上部分别有起焊点和终焊点共两个接头。具体焊接特点是，焊接时焊接位置不停地在转换，焊接熔池形状不停的受焊接位置变换的影响，因此焊工的身体位置、焊枪、给送焊丝位置都要随着转换，给焊接操作增加了难度。如操作不当根部就会产生焊瘤，正面焊缝成形不好的缺陷，所以要选择合适的焊接参数，根据焊接位置的变化来控制熔孔尺寸，获得均匀一致的焊接接头。

【计划】

同项目二任务1。

【实施】

一、安全检查

同项目四任务2。

二、焊前准备

同项目四任务2。

三、焊接工艺参数

管对接垂直固定焊的焊接参数见表4-7。

表4-7 管对接垂直固定焊的焊接参数

焊接层次	焊丝直径/mm	焊接电流/A	电弧电压/V	气体流量/(L·min^{-1})
打底焊	2.5	80~90	12~14	6~10
盖面焊	2.5	85~95	12~14	6~10

四、试件装配

1. 清理

本项目二任务2。

2. 装配

采用一点定位焊,定位焊缝应在时钟10~12点钟的位置上,定位焊缝长为10~15 mm。坡口间隙为2.0~2.5 mm。定位焊缝的两端应预先打磨成斜坡状,背面焊透成形好,定位焊缝不得有缺陷,见图4-19。

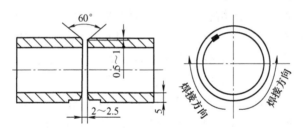

图4-19 试件尺寸与定位焊示意图

五、操作技术

1. 打底焊

打底焊时,焊枪和焊丝始终与试件的轴线成90°夹角,焊枪与所焊点切线成70°~85°夹角,焊丝与所焊点的切线成15°~30°夹角,向熔池给送焊丝,钨极尖端与熔池的表面相距2 mm左右,如图4-20所示。

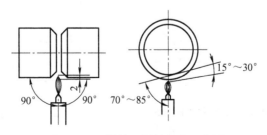

图4-20 焊枪、焊丝角度示意图

引燃电弧后,将钨极对准坡口根部中心,弧长为 2~3 mm。电弧在起点稍作停留,待两侧钝边熔化形成熔池后给送少量焊丝,使两钝边熔化连起来形成熔池,背面已熔合在一起。一般焊枪不做—横向摆动或小幅度摆动,待熔池温度和形状达到要求时,熔池的熔化金属前段凹、后段下沉的同时开始送焊丝。开始焊接时,焊接速度应慢些。焊丝端部应始终处于氩气保护范围内,避免焊丝氧化,且不能直接插入熔池,应位于熔池前方熔化边沿送丝,送丝动作要干净利落。焊接过程中,电弧给熔池和坡口根部加热要均匀,控制坡口两侧应熔透一致,以保证反面焊缝的成形。水平固定管虽然处于仰、立、平几个焊接位置,实际上为仰、立、平焊位置的转换焊接,只要控制好根部钝边的熔化和熔池温度、给送焊丝时机和适当的焊接速度,根层焊接就会顺利地进行。

后半圈焊接从仰焊位置引弧,焊至平焊位置结束。操作时,注意事项及要点与前半圈焊接相同。打底焊时,每焊接半圈应一气呵成,中途尽量不停弧。若中断时,应将原焊缝末端(停弧处)重新熔化,使新焊缝与原焊缝重叠 5~10 mm 为好。

2. 盖面焊

焊前将打底焊焊道的氧化物、焊渣等清理干净。焊接时的焊枪、焊丝的给送角度与根层打底焊相同。但电弧长度和摆动幅度稍大些,焊接速度略大于根层打底道,焊缝宽度应以坡口两侧边缘各熔化 0.5~1.0 mm 较好,焊接时要注意两个边缘的熔合。盖面焊时要求熔合好,防止层间黏合和焊瘤的产生。盖面焊接头应与打底焊的接头错开,盖面焊时电弧稍抬高,以增加电弧的宽度,有利于观察焊缝余高、焊缝的宽窄。熄弧时焊枪不要立即移开,待填满弧坑后方可慢慢移开,以便保护焊缝接头,做到焊缝饱满与母材圆滑过渡。

若氩弧焊的填充与盖面焊是多层焊或是多层多道焊法,如图 4-21 所示。焊接时注意坡口两个边的熔合,用焊接速度、焊丝量的给送和运弧的宽度控制熔池温度,给送焊丝的位置应是熔池前边缘偏向两侧,交替给送焊丝如图 4-22 所示。这是因为焊道比较宽,焊枪要做微量的横向摆动,随着焊枪摆动交替偏向两侧给送焊丝,使焊道与母材平整圆滑过渡成形好。而多层又多道的焊法,焊枪摆动的幅度很小或不摆动,焊道比较窄,一次输入焊缝的热量也较小,有利于焊接质量的提高。

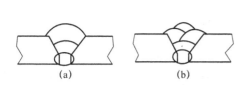

图 4-21 盖面焊多层多道焊示意图
(a) 多层焊道排列;(b) 多层多道排列

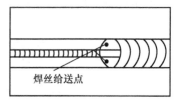

图 4-22 焊丝给送位置

盖面层的焊接，焊后将试件正面和背面的氧化物清理干净，不允许对焊缝进行补焊和修磨，应保持焊缝的原始形状。

六、焊接质量评定

按评分标准对焊缝进行检查评定，评分标准参照项目二任务 5。

【学生学习工作页】

任务完成后，上交学生学习工作页。

学生学习工作页

班级		姓名		分组号		日期	
任务名称							

你可能需要获得以下资讯才能更好地完成任务

1. 小径管水平固定管焊接过程需经过_____几个焊接位置，亦称全位置焊。焊缝呈_____形，焊接时由_____组成，管子的底部和上部分别_____共两个接头。具体焊接特点是_____，焊接时焊接位置不停地在转换，焊接熔池形状不停的受焊接位置变换的影响，因此_____，给焊接操作增加了难度。如操作不当根部就会产生_____，正面焊缝成形不好的缺陷，所以要_____，获得均匀一致的焊接接头。

2. 打底焊时，焊枪和焊丝始终与试件的轴线成_____夹角，焊枪与所焊点切线成_____夹角，焊丝与所焊点的切线成_____夹角，向熔池给送焊丝，钨极尖端与熔池的表面相距_____左右。

3. 焊接时，起焊处的间隙要____定位焊的间隙，操作时要时刻注意从起始点处开始，上行至____处、再到_____处

制订你的任务计划并实施

1. 写出完成任务的步骤。
2. 完成任务过程中，使用的材料、设备及工具有：
3. 你焊接的试件出现了哪些缺陷，请分析产生的原因并找出防止的方法

续表

班级		姓名		分组号		日期	
任务名称							
任务完成了，仔细检查，客观评价，及时反馈 1. 试件完成后按评分标准小组成员进行自检、互检进行评分，成绩为_____。 2. 将焊接试件展示给本组及其他组的同学，请他们为试件评分，成绩为_____。 3. 其他组成员提出了哪些意见或建议，请记录在下面：							

【总结与评价】

按评分标准由学生自检、互检及教师检查对任务完成情况进行总结和评价。评分标准参照项目二任务1。

项目五 气焊、气割实训

任务1 认识气体火焰

【学习任务】

学习情境工作任务书

工作任务	认识气体火焰		
任务要求	1. 了解气焊、气割的原理、特点及应用； 2. 正确穿戴防护用品，进行安全文明实训； 3. 向小组成员介绍焊条电弧焊所用的设备、工具的工作原理、技术参数及操作方法； 4. 连接焊接设备及工具，形成焊接回路		
教学目标	能力目标	知识目标	素质目标
	1. 正确连接并熟练使用气焊、气割设备、工具； 2. 点燃并调节气体火焰； 3. 能正确使用焊接劳动保护用品，并能进行个人安全防护	1. 了解气焊、气割的概念、特点及应用； 2. 掌握气焊、气割设备及工具的选择和使用方法； 3. 掌握气焊、气割安全文明生产知识	1. 培养劳动保护意识； 2. 培养认真负责、踏实细致的工作态度； 3. 培养团队合作能力

【知识准备】

一、气体火焰

气焊与气割是利用可燃气体与助燃气体混合燃烧产生的气体火焰作为热源，进行金属材料的焊接或切割的一种加工工艺方法。可燃气体有乙炔、液化石油气等，助燃气体是氧气。气焊常用的是氧气与乙炔燃烧产生的气体火焰——氧-乙炔焰，气割的预热火焰除氧-乙炔焰外，还有氧气与液化石油气燃烧产生的气体火焰——氧－液化石油气火焰等。

1. 产生气体火焰的气体

1）氧气

在常温和标准大气压下，氧气是一种无色、无味、无毒的气体，氧气的分子式为 O_2，氧气的密度是 1.429 kg/m^3，比空气略重（空气为 1.293 kg/m^3）。

氧气本身不能燃烧，但能帮助其它可燃物质燃烧。因此在使用氧气时，切不可使氧气瓶瓶阀、氧气减压器、焊炬、割炬、氧气皮管等沾染上油脂。

气焊与气割用的工业用氧气按纯度一般分为两级，一级纯度氧气含量不低于 99.2%，二级纯度氧气含量不低于 98.5%。一般情况下，由氧气厂和氧气站供应的氧气可以满足气焊与气割的要求。对于质量要求较高的气焊应采用一级纯度的氧。气割时，氧气纯度不应低于 98.5%。

2）乙炔

在常温和标准大气压下，乙炔是一种无色而带有特殊臭味的碳氢化合物，比空气轻。

乙炔是可燃性气体，它与空气混合时所产生的火焰温度为 2 350°C，而与氧气混合燃烧时所产生的火焰温度为 3 000°C ~ 3 300°C，因此足以迅速熔化金属进行焊接和切割。

乙炔是一种具有爆炸性的危险气体，在一定的温度和压力下容易发生爆炸，乙炔爆炸时会产生高热，特别是产生高压气浪，其破坏力很强，因此使用乙炔时必须要注意安全。

3）液化石油气

液化石油气是油田开发或炼油厂裂化石油的副产品，其主要成分是丙烷（C_3H_8），占 50% ~ 80%，其余是丁烷（C_4H_{10}）、丙烯（C_3H_6）等碳氢化合物。在常温和标准大气压下，液化石油气是一种略带臭味的无色气体，液化石油气的密度为 $1.8 ~ 2.5 \text{ kg/m}^3$，比空气重。如果加上 0.8 ~ 1.5 MPa 的压力，就变成液态，便于装入瓶中储存和运输，液化石油气由此而得名。

液化石油气与乙炔一样，也能与空气或氧气构成具有爆炸性的混合气体，但具有爆炸危险的混合比值范围比乙炔小得多。它在空气中爆炸范围为 3.5% ~ 16.3%（体积），同时由于燃点比乙炔高（500°C 左右，乙炔为 305°C），因此，使用时比乙炔安全得多。

液化石油气的火焰温度比乙炔的火焰温度低，其在氧气中的燃烧温度为 2 800 ℃ ~ 2 850 ℃；燃烧速度低，约为乙炔的三分之一，其完全燃烧所需氧气量比乙炔所需氧气量大。因此，用于气割时，金属预热时间稍长，但其切割质量容易保证，割口光洁，不渗碳，质量比较好。

由于液化石油气价格低廉，比乙炔安全，质量比较好，目前国内外已把液化石油气作为一种新的可燃气体来逐渐代替乙炔。液化石油气在气割中已有成熟技术,广泛地应用于钢材的气割和低熔点的非铁金属焊接中,如黄铜焊接、铝及铝合金焊接等。

根据使用效果、成本、气源情况等综合分析,液化石油气(主要是丙烷)是比较理想的代用气体。

2. 气体火焰的种类与性质

1) 氧-乙炔焰

氧-乙炔火焰是乙炔与氧混合燃烧所形成的火焰,简称氧-乙炔焰。氧-乙炔火焰具有很高的温度,加热集中,这是目前气焊、气割中采用的主要火焰。氧-乙炔火焰是气焊、气割的热源,产生的气流又是熔化金属的保护介质。

一般按氧气和乙炔的比值不同,可以将氧-乙炔焰分为中性焰、碳化焰和氧化焰三种。氧-乙炔焰的构造和形状见图5-1。

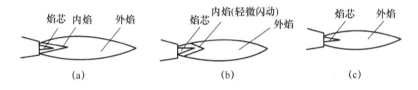

图 5-1 氧-乙炔火焰
(a) 中性焰;(b) 碳化焰;(c) 氧化焰

(1) 中性焰,是氧乙炔混合体积比为1.1~1.2时燃烧所形成的火焰。中性焰由焰芯、内焰、外焰三部分组成,见图5-1。

中性焰可用于低碳钢、低合金钢、纯铜、铝及铝合金等的焊接和气割。

(2) 碳化焰,是氧与乙炔的混合体积比小于1.1时燃烧所形成的火焰。这种火焰含有游离碳,具有较强的还原作用,也有一定的渗碳作用。

碳化焰不能用于焊接低碳钢和低合金钢。但轻微碳化焰应用较广,它可用于中合金钢、高合金钢、铝及其合金的焊接。

(3) 氧化焰,是氧与乙炔的混合体积比大于1.2时燃烧所形成的火焰。氧化焰具有氧化性,较少采用,只是在焊接黄铜和锡青铜时采用。

2) 氧-液化石油气火焰

氧液化石油气火焰的构造,同氧乙炔火焰基本一样,也分为中性焰、碳化焰和氧化焰三种。氧液化石油气的温度比乙炔焰略低,温度可达2 800 ℃ ~ 2 850 ℃。目前氧液化石油气火焰主要用于气割,并部分的取代了氧乙炔焰。

二、产生气体火焰的设备及工具

产生气体火焰的设备及工具主要包括氧气瓶、乙炔瓶、液化石油气瓶、减压器、氧气胶管、乙炔胶管、焊炬、割炬、气割机等。

1. 氧气瓶

氧气瓶是特殊低合金高强钢制作的无缝容器。气瓶由单块钢坯通过轧制成形工艺制作，氧气瓶的瓶体不能有焊缝，氧气瓶形状和构造如图 5-2 所示。氧气瓶外表涂天蓝色，瓶体上用黑漆标注"氧气"字样。

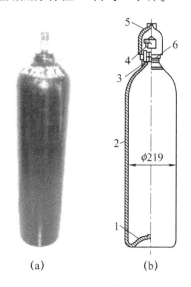

图 5-2　氧气瓶
（a）外形；（b）结构
1-瓶底；2-瓶体；3-瓶箍；4-氧气瓶阀；5-瓶帽；6-瓶头

2. 乙炔瓶

乙炔瓶则是由优质钢板卷制焊接而成的，其上含有焊缝。乙炔瓶外表涂白色，并用红漆标注"乙炔"字样。乙炔瓶的截面形状如图 5-3 所示。瓶口装有乙炔瓶阀，但阀体旁没有侧接头，因此必须使用带有夹环的乙炔减压器。乙炔瓶的工作压力为 1.5 MPa，在瓶体内装满浸有丙酮的多孔性填料，能使乙炔安全地储存在乙炔瓶内。瓶装溶解乙炔运输携带方便，装上乙炔压力表就可以直接使用，不用时可长期储存。在乙炔瓶的使用中，为安全起见，操作时一定不要卸掉乙炔瓶上的可去除扳手。

3. 液化石油气瓶

液化石油气瓶是贮存和运输液化石油气的压力容器。它是焊接钢瓶，其壳体采用气瓶专用钢焊接而成，如图 5-4 所示。按用量及使用方式，气瓶容量有 15 kg、20 kg、25 kg、50 kg 等多种规格。如企业用量大，还可以制成容量为 1 t、2 t 或更大的储气罐。气瓶最大工作压力 1.6 MPa。气瓶外表面涂银灰色漆，并用红漆标注"液化石油气"字样。

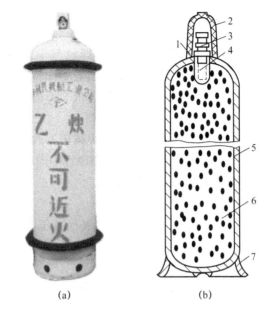

图 5-3 乙炔瓶

(a) 外形；(b) 结构

1-瓶口；2-瓶帽；3-瓶阀；4-石棉

图 5-4 液化石油气瓶

(a) 外形；(b) 结构

1-护罩；2-瓶阀；3-瓶体；4-底座

4. 减压器

减压器又称压力调节器，它是将气瓶内的高压气体降为工作时的低压气体的调节装置。

1) 减压器的作用及分类

减压器的作用是将气瓶内的高压气体(如氧气瓶内的氧气压力最高达 15 MPa,乙炔瓶内的乙炔压力最高达 1.5 MPa)降为工作时所需的压力(氧气的工作压力一般为 0.1~0.4 MPa,乙炔的工作压力最高不超过 0.15 MPa),并保持工作时压力稳定。

减压器按用途不同可分为氧气减压器、乙炔减压器和液化石油气减压器等;按构造不同可分为单级式和双级式两类;按工作原理不同可分为正作用式和反作用式两类。目前常用的是单级反作用式减压器。

2) 氧气减压器

氧气减压器如图 5-5 所示。单级反作用式氧气减压器的构造及工作原理如图 5-6 所示。

图 5-5 氧气减压器外形图

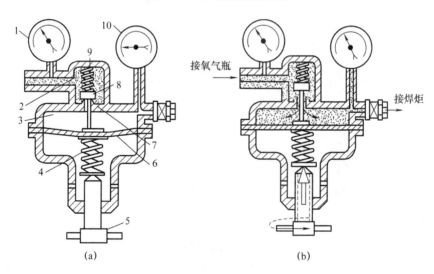

图 5-6 单级反作用式氧气减压器

(a) 非工作状态;(b) 工作状态

1-高压表;2-高压室;3-低压室;4-调压弹簧;5-调压手柄;
6-薄膜;7-通道;8-活门;9-活门弹簧;10-低压表

当减压器在非工作状态时，调压手柄向外旋出，调压弹簧处于松弛状态，使活门被活门弹簧压下，关闭通道，由气瓶流入高压室的高压气体不能从高压室流入低压室。

当减压器工作时，调压手柄向内旋入，调压弹簧受压缩而产生向上的压力，并通过弹性薄膜将活门顶开，高压气体从高压室流入低压室。气体从高压室流入低压室时，由于体积膨胀而使压力降低，起到了减压作用。

气体流入低压室后，对弹性薄膜产生了向下的压力，并传递到活门，影响活门的开启。当低压室的气体输出量降低而压力升高时，活门的开启度缩小，减小了流入低压室的气体，使低压室内气体压力不会增高。同样，当低压室的气体输出量增加而压力降低时，活门的开启度增大，流入低压室的气体增多，使低压室内气体压力增高。这种自动调节作用，使低压室内气体的压力稳定地保持着工作压力，这就是减压器的稳压作用。

3）乙炔减压器

乙炔瓶用减压器的构造、工作原理和使用方法与氧气减压器基本相同，所不同的是乙炔减压器与乙炔瓶的连接是用特殊的夹环并借用紧固螺钉加以固定，如图 5-7 所示。

图 5-7　乙炔减压器

4）液化石油气用的减压器

液化石油气用减压器的作用也是将气瓶内的压力降至工作压力和稳定输出压力，保证供气量均匀。一般民用的减压器稍加改制即可用于切割一般厚度的钢板。另外，液化石油气减压器也可以直接使用丙烷减压器。如果用乙炔瓶灌装液化石油气，则可使用乙炔减压器。

减压器使用时必须注意：减压器上不得沾染油脂，如有油脂必须擦干净后才能使用；减压器在使用过程中如发生冻结，应用热水或蒸汽解冻，严禁用明火烘烤；减压器必须定期检修，压力表必须定期校验；氧气减压器和乙炔减压器不得调换使用。

5. 焊炬

常用射吸式焊炬的构造如图 5-8 所示。

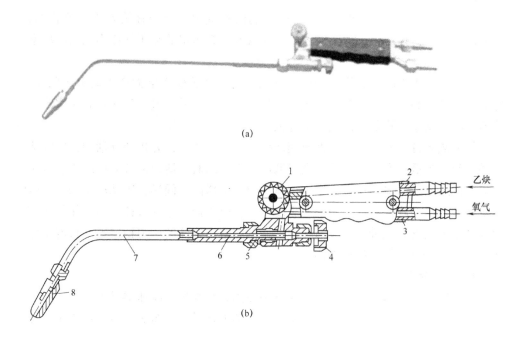

图 5-8 射吸式焊距的构造
(a) 外形；(b) 结构
1-乙炔阀；2-乙炔导管；3-氧气导管；4-氧气阀；
5-喷嘴；6-射吸管；7-混合气管；8-焊嘴

焊炬型号是由汉语拼音字母 H、表示结构形式和操作方式的序号及规格组成。

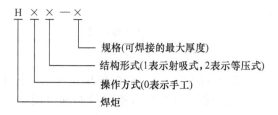

对于新使用的射吸式焊炬，必须检查其射吸能力，即接上氧气胶管，拧开氧气阀和乙炔阀，将手指轻轻按在乙炔进气管接头上，若感到有一股吸力，则表明射吸能力正常，若没有吸力，甚至氧气从乙炔接头上倒流，则表明射吸能力不正常，则禁止使用。

6. 割炬

射吸式割炬的构造原理如图 5-9 所示，它是在射吸式焊炬的基础上，增加了由切割氧调节阀、切割氧气管以及割嘴等组成的切割部分。

割嘴的构造如图 5-10 所示，有环形和梅花形（丙烷专用）两种。

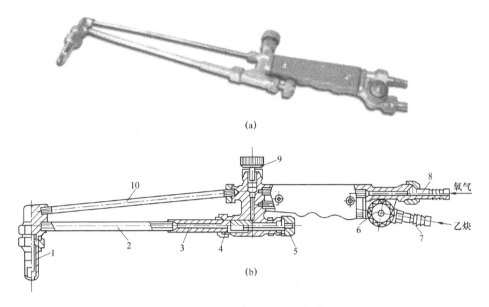

图 5-9 射吸式割距的构造

(a) 外形；(b) 结构

1-割嘴；2-混合气管；3-射吸管；4-喷嘴；5-预热氧调节阀
6-乙炔调节阀；7-乙炔接头；8-氧气接头；9-切割氧调节阀；10-切割氧气管

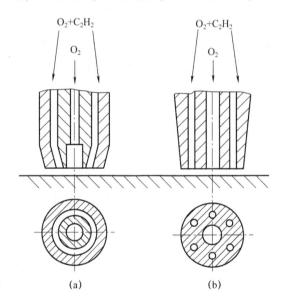

图 5-10 割嘴的形状

(a) 外形；(b) 结构

割炬的型号是由汉语拼音字母 G、表示结构形式和操作方式的序号及规格组成。

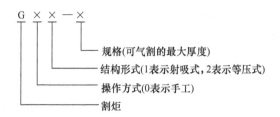

射吸式割炬的型号有 G01-30、G01-100、G01-300 等。如 G01-30 表示手工操作的、可切割的最大厚度为 30 mm 的射吸式割炬。

对于丙烷割炬，由于丙烷与乙炔的燃烧特性不同，因此，不能直接使用乙炔用的射吸式割炬，需要进行改造，应配用丙烷专用割嘴。如 G07-100 割炬就是专供丙烷切割用的割炬。

焊炬和割炬在使用过程中产生的火花和飞溅物会沉积在喷嘴上或喷嘴小孔处，这些沉积物（特别是碳）会使气流受阻，引起气体混合物过早引燃。每天开始焊接工作时，应清洁焊炬和割炬喷嘴。每当发生回火时，火焰爆破会使清晰的内焰焰心消失。为了保持喷嘴清洁，选择与喷嘴相匹配的最大的焊炬喷嘴清洁丝，采用有部分锯齿的清洁丝去除外来杂物，保证现有的孔径不扩大。然后用细砂纸或金刚砂布擦除焊炬喷嘴上的附着物。使用压缩空气或氧气吹出喷嘴中的杂物。一定不要使用梅花钻头清洁喷嘴，这样会造成喷嘴孔径的破坏。

7. 气割机

气割机是代替手工割炬进行气割的机械化设备。它比手工气割的生产效率高，质量好，劳动强度和成本都较低。近年来，随着计算机技术发展，数控气割机也得到广泛应用。

下面简单介绍常用的半自动气割机、仿形气割机、光电跟踪气割机和数控气割机。

1）半自动气割机

半自动气割机是一种最简单的机械化气割设备，一般是由一台小车带动割嘴在专用轨道上自动地移动，但轨道轨迹要人工调整。割嘴可以进行直线气割、进行一定曲率的曲线气割；如果轨道是一根带有磁铁的导轨，小车利用爬行齿轮在导轨上爬行，还可以在倾斜面或垂直面上气割。

CG1-30 型半自动气割机是目前常用的半自动切割机，如图 5-11 所示。是一种结构简单、操作方便的小车式半自动气割机，它能切割直线或圆弧。

2）仿形气割机

仿形气割机是一种高效率的半自动气割机，可方便而精确地切割出各种形状的零件。仿形气割机的结构形式有两种类型：一种是门架式，另一种是摇臂式。其工作原理主要是通过靠轮沿样板仿形带动割嘴运动。靠轮有磁性靠轮和非磁性靠轮两种。

CG2-150型仿形气割机是一种高效率半自动气割机,如图5-12所示。

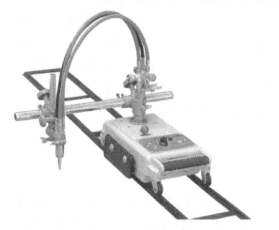
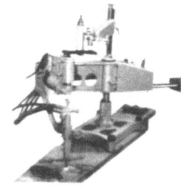

图5-11　CG1-30型半自动气割机　　图5-12　CG2—150型仿行气割机图

3) 数控气割机

所谓数控,就是指用于控制机床或设备的工作指令(或程序)以数字形式给定的一种新的控制方式。将这种指令提供给数控自动气割机的控制装置时,气割机就能按照给定的程序,自动地进行切割。

利用数控自动气割机下料时不仅可省去放样、划线等工序,使焊工劳动强度大大降低,而且切口质量好,生产效率高,因此,这种新技术的应用正在日益扩大。

数控气割机主要由数控程序和气割执行机构两大部分组成。数控气割机如图5-13所示。

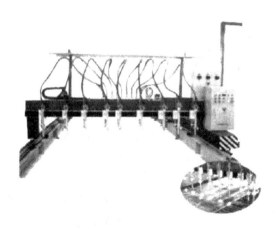

图5-13　数控气割机

8. 输气胶管

氧气瓶和乙炔瓶中的气体，须用橡皮管输送到焊炬或割炬中。根据 GB 9448—1999《焊接与切割安全》标准规定，氧气管为黑色，乙炔管为红色。通常氧气管内径为 8 mm，乙炔管内径为 10 mm，氧气管与乙炔管强度不同，氧气管允许工作压力为 1.5 MPa，乙炔管为 0.3 MPa。连接于焊炬胶管长度不能短于 5 m，但太长了会增加气体流动的阻力，一般在 10~15 m 为宜。焊炬所用的橡皮管禁止油污及漏气，并严禁交换使用。

9. 其他辅助工具

1）护目镜

气焊时使用护目镜，主要是保护焊工的眼睛不受火焰亮光的刺激，以便在焊接过程中能够仔细地观察熔池金属，又可防止飞溅金属微粒溅入眼睛内。护目镜的镜片颜色和深浅，根据焊工的需要和被焊材料性质进行选用。颜色太深太浅都会妨碍对熔池的观察，影响工作效率，一般宜用 3~7 号的黄绿色镜片。

2）点火枪

使用手枪式点火枪点火最为安全方便。当用火柴点火时，必须把划着了的火柴从焊嘴的后面送到焊嘴或割嘴上，以免手被烧伤。

此外还有清理工具，如钢丝刷、手锤、锉刀；连接和启闭气体通路的工具，如钢丝钳、铁丝、皮管夹头、扳手等及清理焊嘴的通针。

【计划】

同项目二任务 1。

【实施】

一、设备、工具的接线的操作练习

（1）检查射吸式焊（割）炬的射吸能力。

（2）将氧气橡皮管的一端与氧气减压器相连，另一端与焊距（或割炬）的氧气导管相连，气焊设备、工具及连接如图 5-14 所示。

（3）将乙炔橡皮管的一端与乙炔减压器相连，另一端与焊距（或割炬）的乙炔导管相连。

（4）打开氧气瓶阀门，旋动调压手柄调节氧气工作压力为 0.4~0.5 MPa。

（5）打开乙炔瓶阀门，旋动调压手柄调节乙炔工作压力为 0.05~0.1 MPa。

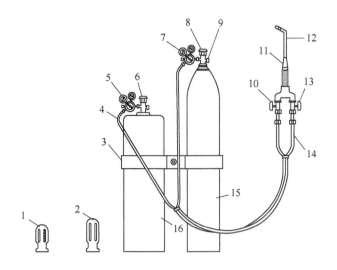

图 5-14　气焊设备、工具及其连接

1-乙炔瓶盖；2-氧气瓶盖；3-气瓶托架；4-乙炔软管；5-乙炔表；
6-乙炔瓶阀；7-氧气表；8-氧气瓶阀；9-氢安全阀；10-焊把上的乙炔阀；
11-焊把；12-喷嘴；13-焊把上的氧气阀；14-氧气软管

二、气焊火焰的点燃、调节和熄灭

1. 焊炬的握法

气焊工右手持焊炬，将拇指位于乙炔阀处，食指位于氧气调节阀处，以便随时调节气体流量，其他三指握住焊炬柄。

2. 火焰的点燃

先逆时针方向旋转乙炔阀放出乙炔，再逆时针微开氧气阀，然后将焊嘴靠近火源点火，开始练习时，可能出现不易点燃或连续的"放炮"声，其原因是因为氧气量过大或乙炔不纯，应调小氧气阀门或放出不纯的乙炔后，重新点火。

气焊工点火时，拿火源的手不要正对焊嘴，如图 5-15 所示，也不要将焊嘴指向他人，以防烧伤。

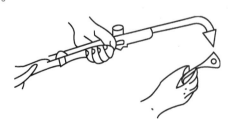

图 5-15　点火姿势

3. 火焰的调节

开始点燃的火焰多为碳化焰，如要调成中性焰，应逐渐增加氧气的供给量，直至火焰内、外焰无明显的界限。如继续增加氧气或减少乙炔，就得到氧化焰；反之，减少氧气或增加乙炔，可得到碳化焰。

调节氧气和乙炔流量的大小，还可得到不同的火焰能率，若先减少氧气，后减少乙炔，可减少火焰能率；若先增加乙炔，后增加氧气，可增大火焰能率。

在气焊、气割工作中有时会发生气体火焰进入喷嘴内逆向燃烧的现象，这种现象称为回火。回火可能烧毁焊（割）炬、管路及引起可燃气体储气罐的爆炸。若发生回火，处理的方法是：迅速关闭乙炔调节阀门和氧气调节阀门，先切断乙炔，后切断氧气来源。

4. 火焰的熄灭

正确的熄灭方法是：先顺时针方向旋转乙炔阀门，直至关闭乙炔，再顺时针方向旋转氧气阀关闭氧气这样可避免黑烟和火焰倒袭，注意闭气阀时，是以不漏气为准，不要关得太紧，以防磨损太快，降低焊炬的使用寿命。

三、实施步骤

（1）通过查找资料，获取有关气焊、气割知识。

（2）正确穿戴防护用品，进行安全文明实训；

（3）向小组成员介绍气焊、气割所用的设备、工具的工作原理、技术参数及操作方法；

（4）连接焊接设备及工具。

（5）点燃火焰并进行火焰的调节练习。

（6）派代表向全体同学展示成果，小组之间进行交流、讨论。

【学生学习工作页】

任务完成后，上交学生学习工作页。

学生学习工作页

班级		姓名		分组号		日期	
任务名称							

你可能需要获得以下资讯才能更好地完成任务

1. 气焊与气割是利用_____气体与_____气体混合燃烧所产生的气体火焰作热源进行金属材料的焊接或切割的工艺方法。

2. 液化石油气的火焰温度比乙炔的火焰温度要_____，故用于气割时，金属预热时间稍_____。

3. 气焊熔剂的作用_____。

4. 氧气瓶外表是_____色，"氧气"字样为_____色；乙炔瓶外表是_____色，"乙炔"字样为_____色；液化石油气瓶外表为_____色，"液化石油气"字样为_____色。

5. 减压器有两个作用，即_____和_____。

6. 在焊炬型号 H01–20 中，H 表示_____，01 表示_____，20 表示_____。

7. 在割炬型号 G01–30 中，G 表示_____，01 表示_____，30 表示_____。

8. 焊炬按可燃气体与氧气混合的方式不同，可以分为_____和_____两类；割炬按可燃气体与氧气混合方式不同，可分为_____和_____，其中_____使用较多。

9. 根据氧与乙炔混合比大小的不同，可得到三种不同性质的火焰，即_____、_____和_____。

10. CG1–30 型半自动切割机是_____式的，它能切割_____或_____。

制订你的任务计划并实施

1. 写出完成任务的步骤。
2. 小组成员向本组同学介绍所在工位的焊条、焊接设备及工具的型号的含义及使用方法。
3. 画出设备、工具连接图

任务完成了，仔细检查，客观评价，及时反馈

1. 向小组成员介绍所在工位的焊条、焊接设备及工具的型号的含义及使用方法，按评分标准小组成员进行自检、互检进行评分，成绩为_____。

2. 各组派代表向全体同学介绍所在工位的焊条、焊接设备及工具的型号的含义及使用方法，请他们为试件评分，成绩为_____。

3. 其他组成员给你们提出哪些意见或建议，请记录在下面：

【总结与评价】

按评分标准由学生自检、互检及教师检查对任务完成情况进行总结和评价。评分标准见项目二任务 1。

任务 2　薄板对接平焊实训

【学习任务】

学习情境工作任务书

工作任务	薄板对接平焊实训		
试件图	（试件图：尺寸 300×300，板厚 1.5，标注 311，150）	技术要求	1. 采用氧气乙炔焰平焊双面焊； 2. 根部间隙 $b = 0.5$ mm、焊缝余高 $h = 1 \sim 2$ mm，焊缝宽度 $c = 8$ mm，单层焊； 3. 焊缝表面清理干净，并保持焊缝原始状态
		名称	对接平焊
		材料	Q235 – A
任务要求	1. 按实训任务技术要求在焊件上进行 I 形坡口对接平焊试件的焊接； 2. 进行焊缝外观检验，分析焊接缺陷产生原因，找出解决方法		
教学目标	能力目标	知识目标	素质目标
	1. 能够识读对接平焊焊接图纸； 2. 能够选择对接平焊焊接工艺参数； 3. 能够正确运用气焊熟练进行对接平焊操作。 4. 解决在对接平焊操作中出现的问题	1. 掌握焊接识图知识； 2. 对接平焊焊接工艺参数的选择； 3. 掌握焊接缺陷有关知识	1. 培养学生吃苦耐劳能力； 2. 培养工作认真负责、踏实细致的意识； 3. 培养学生劳动保护意识； 4. 树立团队合作能力； 5. 培养学生的语言表达能力，增强责任心、自信心

【知识准备】

气焊是利用气体火焰作热源的一种熔焊方法。常用氧气和乙炔混合燃烧的火焰进行焊接，故又称为氧乙炔焊。

一、气焊原理

气焊是利用可燃气体和氧气通过焊炬按一定的比例混合，获得所要求的能率和性质的火焰作为热源，熔化被焊金属和填充金属，使其形成牢固的焊接接头。

气焊时，先将焊件的焊接处金属加热到熔化状态形成熔池，并不断地熔化焊丝向熔池中填充，气体火焰覆盖在熔化金属的表面上起保护作用，随着焊接过程的进行，熔化金属冷却形成焊缝，气焊过程如图 5-16 所示。

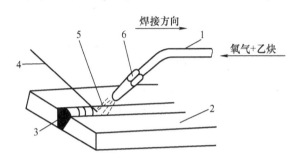

图 5-16 气焊过程示意图

1-混合气管；2-焊件；3-焊缝；4-焊丝；5-气焊火焰；6-焊嘴

二、气焊的焊接材料

1. 气焊丝

气焊用的焊丝在气焊中起填充金属作用，与熔化的母材一起形成焊缝。常用的气焊丝有碳素结构钢焊丝、合金结构钢焊丝、不锈钢焊丝、铜及铜合金焊丝、铝及铝合金焊丝和铸铁气焊丝等。

2. 气焊熔剂

气焊熔剂是气焊时的助熔剂，其作用是与熔池内的金属氧化物或非金属夹杂物相互作用生成熔渣，覆盖在熔池表面，使熔池与空气隔离，因而能有效防止熔池金属的继续氧化，改善了焊缝的质量。所以焊接非铁金属（如铜及铜合金、铝及铝合金）、铸铁及不锈钢等材料时，通常必须采用气焊熔剂。

三、气焊工艺

气焊时，按照焊炬和焊丝的移动的方向，可分为左向焊法和右向焊法两种。

1. 右向焊法

右向焊法如图 5-17（a）所示，焊炬指向焊缝，焊接过程自左向右，焊炬在焊丝面前移动。右向焊法适合焊接厚度较大，熔点及导热性较高的焊件，但不易掌握，一般较少采用。

2. 左向焊法

左向焊法如图 5-17（b）所示，焊炬是指向焊件未焊部分，焊接过程自右向左，而且焊炬是跟着焊丝走。这种方法操作简便，容易掌握，适宜于薄板的焊接，是普遍应用的方法。左向焊法缺点是焊缝易氧化，冷却较快，热量利用率低。

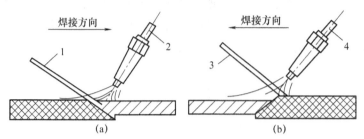

图 5-17 右向焊法和左向焊法
（a）右向焊法；（b）左向焊法
1，3-焊丝；2，4-焊炬

【计划】

同项目二任务 1。

【实施】

一、安全检查

检查同学劳动保护用品穿戴规范且完好无损；清理工作场地，不得有易燃易爆物品；检查气瓶、减压器、橡胶管、焊炬及所使用的电动工具是否连接良好等安全操作规程的执行情况。

二、焊前准备

1. 按图纸要求下料及坡口准备

1）焊接材料

焊丝的牌号 H08MnA，直径为 2 mm。

2）焊接设备及工具

氧气瓶、减压器、乙炔瓶、焊炬（H01-6 型）、橡胶软管。

3）辅助器具

护目镜、点火枪、通针、钢丝刷等。

2. 试件装配及定位

1）焊前清理

焊前应将试件表面的氧化皮、铁锈、油污、脏物等用纱布或抛光的方法进行清理，直至露出金属光泽。

2) 装配及定位焊

将准备好的两块钢板水平整齐地放置在工作台上，预留约 0.5 mm 的间隙。定位焊缝的长度和间距视焊件的厚度和焊缝的长度而定。焊件越薄，定位焊缝的长度和间距越小，反之越大，如图 5 – 18 所示。定位焊缝横截面形状要求如图 5 – 19 所示。

定位焊后，可采用焊件预置反变形法，以防止焊件角变形，即将焊件沿接缝处向下折成 160°左右，如图 5 – 20 所示，然后用胶木锤将接缝处校正齐平。

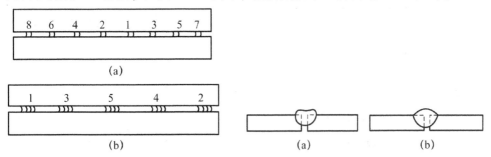

图 5 – 18　对定位焊缝的要求　　　　图 5 – 19　定位焊缝横截面形状要求
(a) 薄焊件的定位焊；(b) 厚焊件的定位焊　　　　(a) 不好；(b) 好

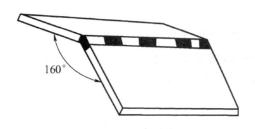

图 5 – 20　预置反变形法

三、操作技术

平焊时多采用左焊法，焊丝、焊件、焊炬与焊件的相对位置如图 5 – 21 所示，火焰焰芯的末端与焊接表面应保持 2 ~ 4 mm 的距离。焊接时如果焊丝在溶池边缘被粘住，不要用力拔，可自然让其脱离。

1. 起头

焊缝的起头操作时，采用中性焰、左焊法。首先将焊炬的倾斜角放大些，然后对准焊件始端，焊炬作往复运动进行预热。在第一个熔池未形成前，应仔细观察熔池的形成，并将焊丝端部置于火焰中进行预热。当焊件由红色熔化成白亮而清晰的熔池时，便可熔化焊丝，将焊丝熔滴滴入熔池，随后立即将焊丝抬起，焊炬向前移动，形成新的熔池，如图 5-22 所示。

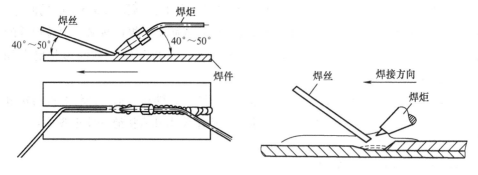

图 5-21　平焊示意图　　　　图 5-22　左焊法时焊距与焊丝端头的位置

2. 焊接

在气焊过程中，必须保证火焰为中性焰，否则易出现熔池不清晰、有气泡、火花飞溅或熔池沸腾等现象。同时，控制熔池的大小非常关键，而熔池大小的控制一般可通过改变焊炬的倾斜角、高度和焊接速度来实现。若发现熔池过小，焊丝和焊件不能充分融合，应增加焊炬倾斜角，减慢焊接速度，以增加热量；若发现熔池过大，且没有流动金属时，表明焊件被烧穿，应迅速提起焊炬或加快气焊速度，减小焊炬倾斜角，并多加焊丝，再继续施焊。

在气焊过程中，为了获得优质而美观的焊缝，焊炬与焊丝应做均匀协调的摆动，通过其摆动既能使焊缝金属熔透、熔匀，又避免了焊缝金属的过热和过烧。在气焊某有色金属时，还要不断地用焊丝搅动熔池，以促使熔池中各种氧化物及有害气体的排出。

焊炬的摆动基本上有三种动作：①焊炬沿焊缝向前移动；②焊炬沿焊缝作横向摆动（或作圆圈摆动）；③焊炬做上下跳动，焊丝末端在高温区和低温区之间做往复跳动，以调节熔池的热量。但必须均匀协调，不然就会造成焊缝高低不平、宽窄不一等现象。

焊炬与焊丝的摆动方向和摆动幅度，与焊件的厚度、性质、空间位置及焊缝尺寸有关。如图 5-23 所示为平焊时焊炬和焊丝常见的几种摆动方法。其中图 5-23(a)、(b)、(c)适用于各种材料的较厚大焊件的气焊及堆焊，图 5-23(d)适用于薄件的气焊。

3. 接头

在焊接中途停顿后又继续施焊时，应用火焰将原熔池重新加热融化，形成新的熔池后再加焊丝，重新开始进行气焊，气焊时，每次续焊应与前一焊道重叠

5~10 mm，重叠焊道可不加焊丝或少加焊丝，以保证焊缝高度合适及均匀光滑过渡。

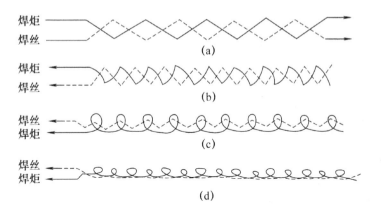

图 5-23 焊距和焊丝的摆动方法
(a) 右焊法；(b)，(c)，(d) 左焊法

4. 收尾

当焊到焊件的终点时，要减小焊炬的倾斜角，增加气焊速度，并多加一些焊丝，避免熔池的扩大、防止烧穿。同时，应用温度较低的外焰保护熔池，直至熔池添满，火焰才能缓慢地离开熔池。在采用直径 3.2 mm 焊条，直线形运条法焊接正面第一层焊道，并填满弧坑，第一层熔深超过 2/3 板厚。清理焊渣后，用直径 3.2 mm 的焊条，并按焊接参数调节焊接电流，采用直线形运条，并稍做摆动，进行盖面焊接。

四、焊接质量评定

按评分标准对焊缝进行检查评定，评分标准参照项目二任务 3。

【学生学习工作页】

任务完成后，上交学生学习工作页。

学生学习工作页

班级		姓名		分组号		日期	
任务名称							

你可能需要获得以下资讯才能更好地完成任务

1. 气焊的工艺参数主要有_____、_____、_____、_____、_____、_____、_____。

2. 焊炬倾斜角度的大小主要取决于_____、_____和_____。

3. 在气焊过程中，焊丝与焊件表面的倾斜角度一般为_____，它与焊炬中心线的角度为_____。

4. 气焊时，按照焊丝和焊炬的移动方向不同，可以分为_____和_____两种，前者适合焊厚板，后者适合焊薄板。

5. 用气焊焊接铝及铝合金时，常采用_____或_____火焰。

6. 焊接铜或铝时，由于这些材料的导热性能很好，因此应采用较大的_____。

7. 定位焊缝的长度和间距视_____而定。焊件越薄，定位焊缝的长度和间距_____，反之越大。如果焊接薄件时，定位焊可由_____进行，定位焊缝长度约为_____mm，间隔_____mm。焊接厚件时，定位焊可由_____进行，定位焊缝长度约为_____mm，间隔_____mm。定位焊点不易_____，但要保证_____。

8. 平焊时多采用_____焊法，焊丝、焊件焊炬一焊件的相对位置，火焰焰芯的末端与焊接表面应保持_____mm的距离。焊接时如果焊丝在溶池边缘被粘住，不要_____。

9. 起头时首先将焊炬的倾斜角放____些，然后对准焊件_____，焊炬做往复运动进行_____。在第一个熔池未形成前，应仔细观察熔池的形成，并将_____。当焊件由红色熔化成_____时，便可熔化焊丝，将_____滴入熔池，随后立即将_____，焊炬向前移动，形成新的熔池。

10. 在气焊过程中，必须保证火焰为_____，否则易出现_____等现象。焊炬的摆动基本上有三种动作：即_____、_____、_____。

制订你的任务计划并实施

1. 写出完成任务的步骤。
2. 完成任务过程中，使用的材料、设备及工具有：
3. 你焊接的试件出现了哪些缺陷，请分析产生的原因并找出防止的方法

任务完成了，仔细检查，客观评价，及时反馈

1. 试件完成后按评分标准小组成员进行自检、互检进行评分，成绩为_____。
2. 将焊接试件展示给本组及其他组的同学，请他们为试件评分，成绩为_____。
3. 其他组成员提出了哪些意见或建议，请记录在下面：

【总结与评价】

按评分标准由学生自检、互检及教师检查对任务完成情况进行总结和评价。评分标准参照项目二任务1。

任务3 厚板气割实训

【学习任务】

学习情境工作任务书

工作任务	厚板气割实训		
试件图	（试件图：300×150，厚度12）	技术要求 1. 采用氧气乙炔焰气割； 2. 沿纵向每隔30 mm切割一条钢板； 3. 切口应与工件平面垂直，割纹均匀整齐，割缝直，挂渣少	
		名称	厚板气割
		材料	Q235-A
任务要求	1. 按实训任务技术要求在工件上进行气割练习； 2. 进行割件外观检验，分析气割缺陷产生原因，找出解决方法		
教学目标	能力目标	知识目标	素质目标
	1. 能够识读对接厚板气割图纸； 2. 能够选择厚板气割工艺参数； 3. 能够正确运用气焊熟练进行对接平焊操作。 4. 解决在厚板气割操作中出现的问题	1. 掌握焊接识图知识； 2. 气割焊接工艺参数的选择； 3. 掌握气割缺陷有关知识	1. 培养学生吃苦耐劳能力； 2. 培养工作认真负责、踏实细致的意识； 3. 培养学生劳动保护意识； 4. 树立团队合作能力； 5. 培养学生的语言表达能力，增强责任心、自信心

【知识准备】

气割是利用气体火焰的能量将金属分离的一种加工方法,是生产中钢材分离的重要手段。气割技术的应用几乎覆盖了机械、造船、军工、石油化工、矿山机械及交通能源等多种工业领域。

一、气割原理

气割是利用气体火焰的热能,将工件切割处预热到燃烧温度后,喷出高速切割氧流,使其燃烧并放出热量实现切割的方法。

氧气切割过程包括下列三个阶段:

(1) 气割开始时,用预热火焰将起割处的金属预热到燃烧温度(燃点)。

(2) 向被加热到燃点的金属喷射切割氧,使金属剧烈地燃烧。

(3) 金属燃烧氧化后生成熔渣,产生反应热,熔渣被切割氧吹除,所产生的热量和预热火焰热量将下层金属加热到燃点,这样继续下去就将金属逐渐地割穿,随着割炬的移动,就切割成所需的形状和尺寸。

因此,氧气切割过程是预热–燃烧–吹渣过程,其实质是铁在纯氧中的燃烧过程,而不是熔化过程。气割过程如图 5–24 所示。

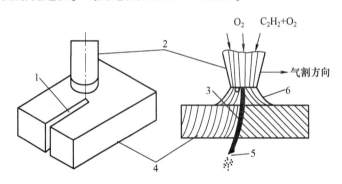

图 5–24 气割过程
1–割缝;2–割嘴;3–氧气流;4–工件;5–氧化物;6–预热火焰

二、气割的条件及金属的气割性

1. 气割的条件

符合下列条件的金属才能进行氧气切割:

(1) 金属在氧气中的燃点应低于熔点,这是氧气切割过程能正常进行的最基本条件。

(2) 金属气割时形成氧化物的熔点应低于金属本身的熔点,且流动性要好,这样的氧化物才能以液体状态从切口处被吹除。

(3) 金属在切割氧流中燃烧应该是放热反应。

(4) 金属的导热性不应太高。

(5) 金属中阻碍气割过程和提高钢的可淬性的杂质要少。才能保证气割过程正常进行，切口表面也不会产生裂纹等缺陷。

2. 常用金属的气割性

(1) 低碳钢和低合金钢能满足上述要求，所以能很顺利地进行气割。钢的气割性能与含碳量有关，钢含碳量增加，熔点降低，燃点升高，气割性能变差。

(2) 铸铁不能用氧气气割，原因是它在氧气中的燃点比熔点高很多，同时产生高熔点的二氧化硅（SiO_2），而且氧化物的黏度也很大，流动性又差，切割氧流不能把它吹除。此外由于铸铁中含碳量高，碳燃烧后产生一氧化碳和二氧化碳冲淡了切割氧射流，降低了氧化效果，使气割发生困难。

(3) 高铬钢和铬镍钢会产生高熔点的氧化铬和氧化镍（约1 990 ℃），遮盖了金属的割缝表面，阻碍下一层金属燃烧，也使气割发生困难。

(4) 铜、铝及其合金燃点比熔点高，导热性好，加之铝在切割过程中产生高熔点二氧化铝（约2 050 ℃），而铜产生的氧化物放出的热量较低，都使气割发生困难。

目前，铸铁、高铬钢、铬镍钢、铜、铝及其合金均采用等离子弧切割。

三、气割工艺

气割工艺参数主要包括气割氧压力、切割速度、预热火焰性质及能率、割嘴与割件的倾斜角度、割嘴离割件表面的距离等。

1. 气割氧压力

气割氧压力主要根据割件厚度来选用。割件越厚，要求气割氧压力越大。氧气压力过大，造成浪费、切口表面粗糙、切口加大。氧气压力过小，气体吹力不足，在切口的背面留下难以清除干净的挂渣，甚至出现割不透现象。氧气压力可参照表5-1选用。

表5-1 钢板气割厚度与切割氧压力、切割速度的关系

钢板厚度/mm	切割速度/（mm/min）	氧气压力/MPa
4	450~500	0.2
5	400~500	0.3
10	340~450	0.35
15	300~375	0.375
20	260~350	0.4
25	240~270	0.425

续表

钢板厚度/mm	切割速度/（mm/min）	氧气压力/MPa
30	210~250	0.45
40	180~230	0.45
60	160~200	0.5
80	150~180	0.6

氧气纯度对切割速度、气体消耗量、切口质量有很大影响。氧气的纯度低，金属氧化缓慢，使气割时间增加，而且气割单位长度割件的氧气消耗量也增加。

2. 切割速度

切割速度与割件厚度和使用的割嘴形状有关割件越厚，切割速度越慢；切割速度太慢，会使切口边缘熔化。割件越薄，切割速度越快；速度过快，则会产生很大的后拖量（沟纹倾斜）或割不透。切割速度的正确与否，主要根据切割后拖量来判断。

所谓后拖量是指切割面上切割氧流轨迹的始点与终点在水平方向的距离。如图 5-25 所示。切割速度可参照表 5-1 选用。

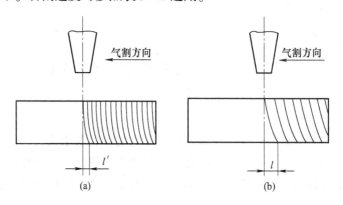

图 5-25　后拖量
(a) 速度正常；(b) 速度过大

3. 预热火焰性质及能率

预热火焰的作用是把金属割件加热，并始终保持能在氧气流中燃烧的温度，同时使钢材表面上的氧化皮剥落和熔化，便于切割氧气流与铁化合。预热火焰对金属割件的加热温度，低碳钢时为 1 100 ℃ ~1 150 ℃。气割时，预热火焰应采用中性焰或轻微氧化焰，不能使用碳化焰，因为碳化焰会使割口边缘产生增碳现象。

预热火焰能率是以每小时可燃气体消耗量来表示的。预热火焰能率应根据割件厚度来选择,一般割件越厚,火焰能率应越大。但火焰能率过大时,会使割缝上缘产生连续珠状钢粒,甚至熔化成圆角,同时造成割件背面粘渣增多而影响气割质量。当火焰能率过小时,割件得不到足够的热量,迫使气割速度减慢,甚至使气割过程发生困难,这在厚板气割时更应注意。

4. 割嘴与割件的倾斜角

割嘴与割件的倾斜角度,直接影响切割速度和后拖量,如图 5-26 所示。当割嘴沿气割相反方向倾斜一定角度时(后倾),能使氧化燃烧而产生的熔渣吹向切割线的前缘,这样可充分利用燃烧反应产生的热量来减少后拖量,从而促使切割速度的提高。进行直线切割时,应充分利用这一特性。割嘴与割件倾斜角大小,主要根据割件厚度而定。割嘴与割件倾斜角的大小,可按表 5-2 选择。

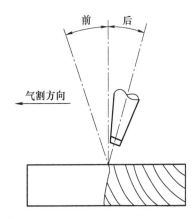

图 5-26 割嘴与割件的倾斜角

表 5-2 割嘴与割件倾斜角的选择

割件厚度/mm	<6	6~30	>30		
			起割	割穿后	停割
倾斜方向	后倾	垂直	前倾	垂直	后倾
倾斜角度	25°~45°	0°	5°~10°	0°	5°~10°

5. 割嘴离割件表面的距离

割嘴离割件表面的距离应根据预热火焰长度和割件厚度来确定,一般为 3~5 mm。优点是加热条件好,切割面渗碳的可能性最小。当割件厚度小于 20 mm 时,火焰可长些,距离可适当加大;当割件厚度大于或等于 20 mm 时,由于切割速度放慢,火焰应短些,距离应适当减小。

【计划】

同项目二任务 1。

【实施】

一、安全检查

检查同学劳动保护用品穿戴规范且完好无损；清理工作场地，不得有易燃易爆物品；检查气瓶、减压器、橡胶管、割炬及所使用的电动工具是否连接良好等安全操作规程的执行情况。

二、焊前准备

1. 按图纸要求下料

1）试件材料

Q235A 低碳钢板。

2）试件尺寸

450 mm×300 mm×30 mm。

3）气割设备及工具

氧气瓶、减压器、乙炔瓶、割炬（G01-30型）、3号环形（或梅花形）割嘴、橡胶软管。

4）辅助器具

护目镜、点火枪、通针、钢丝刷等。

2. 气割前清理

用钢丝刷等工具将试件表面的铁锈、氧化皮和脏物等仔细清理干净，然后将工件垫空，便于切割。

三、操作要点及注意事项

1. 点火

点火前应先检查割炬的射吸能力。将割炬的氧气接通，扭开预热氧气调节阀手轮，气割工用左手拇指轻触乙炔气接头，当手指感到有吸力，则说明割炬射吸性能良好，可以使用。

点火时，先稍打开预热氧气调节阀，再打开乙炔气调节阀，开始点火。手要避开火焰，防止烧伤，将火焰调成中性焰或轻微氧化焰。然后打开割炬上的切割氧开关，并增大氧气流量，使切割氧流的形状（即风线形状）成为笔直而清晰的圆柱体，并有一定的长度。否则应关闭割炬上所有的阀门，用通针进行修整或者调整内外嘴的同轴度。预热火焰和风线调整好后，关闭割炬上的切割氧开关，准备起割。

2. 起割

起割时，操作者要注意起割姿势，一般采用以下操作姿势；双脚呈外"八字"形蹲在工件的一旁，右臂靠住右膝盖，左臂悬空在两脚中间，以便移动割炬，右手握住割炬手柄，并以右手的拇指和食指控制预热氧的调节阀，便于随时调整预热火焰和预热氧气的调节阀，同时起到掌握气割方向的作用，其余三指平稳地托住混合气管，操作时上身不要弯得太低，呼吸要有节奏，眼睛应注视工件、割嘴和切割线。

开始切割时，先预热钢板的边缘，待边缘呈现亮红色时，将火焰局部移出边缘线以外，同时慢慢打开切割气阀。当看到被预热的红点在氧气流中被吹掉时，进一步开大切割氧气阀，看到割件背面飞出鲜红的氧化金属渣时，证明工件已被割透，此时应根据工件的厚度，以适当的速度从右边向左移动进行切割。

对于中厚钢板的切割，应从工件边缘棱角处开始预热，要准确地控制割嘴与工件的垂直度，如图 5-27 所示。将工件预热到切割温度时，逐渐开大切割氧压力，并将割嘴稍向气割方向倾斜 5°~10°，如图 5-28 所示。当工件边缘全部割透时，再加大切割氧流，并使割嘴垂直于工件，进入正常气割过程。

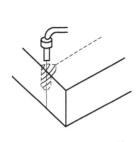
图 5-27 预热位置

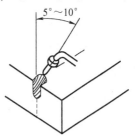
图 5-28 起割

3. 正常气割过程

起割后，为了保证焊缝的质量，在整个气割过程中，割炬的移动速度要均匀，割嘴距工件表面的距离要保持一定。若操作者的身体需要更换位置时，应先关闭切割氧气阀，待身体的位置移好后，再将割嘴对准待割处，适当加热，然后慢慢打开切割氧气阀，可继续向前切割。

在气割过程中，有时因割嘴过热或氧化渣的飞溅，使割嘴堵塞或乙炔供应不足时，会出现鸣爆和回火现象。此时，必须迅速地关闭预热氧气调节阀和切割氧气阀，切断氧气供给，防止出现回火。如果仍然听到割炬里还有"嘶嘶"的响声，则说明火焰没有完全熄灭，此时，应迅速关闭乙炔阀，或者拔下割炬上的乙炔软管，将回火的火焰排出。待正确进行以上处理后，要重新检查割炬的射吸力，然后才允许重新点燃割炬进行切割。在中厚钢板的正常气割过程中，割嘴要始终垂直工件作横向月牙形或"之"字形摆动，如图 5-29 所示。割嘴的移动速度要慢，并且应连续进行，尽

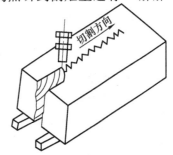
图 5-29 割嘴沿切割方向横向摆动示意图

量不中断气割，避免工件温度下降。

4. 停割

气割过程临近终点时，割嘴应沿气割方向的反方向倾斜一个角度，以便使钢板的下部提前割透，使切口在收尾处整齐美观。当达到终点时，应迅速关闭切割氧气阀并将割炬抬起，再关闭乙炔阀，最后关闭预热调节阀。松开减压器调节螺钉，将氧气放出。停割后，还要仔细清除切口边缘的挂渣，便于以后加工。工作结束时，应将减压器卸下并将乙炔阀关闭。中厚钢板如果遇到割不透时，允许停割，并从切割线的另一端重新起割。

四、操作步骤

（1）熟悉图样并划切割线，安装好气割设备点火调整好火焰，确定气割路线。

（2）按操作要领沿切割线进行切割。

（3）进行切割件的检验。

五、质量要求

切口的位置要准确，无明显挂渣、塌角等缺陷，气割面应垂直，割纹要均匀。按气割评分标准评定气割质量，评分标准件表 5-3。

表 5-3 气割评分标准

序号	考核内容及要求	评分标准	配分
1	正确安装氧气、乙炔、丙烷减压器	符合要求得 15 分，每错误一项扣 5 分	15
2	正确调节氧气、乙炔、丙烷减压器工作压力	符合要求得 15 分，每错误一项扣 4 分	12
3	正确检查割炬射吸能力，判断割炬安全性	符合要求得 15 分，不符合要求不得分	10
4	点燃气割火焰	符合要求得 6 分，不符合要求不得分	6
5	调节气割火焰能率	符合要求得 6 分，不符合要求不得分	5
6	调节并使用正确的火焰性质进行切割	中性焰得 10 分，其他火焰不得分	10
7	起割与预热位置	符合要求得 6 分，不符合要求不得分	6
8	割口宽度	2 mm 以内得 8 分，3 mm 以内得 4 分，大于 3 mm 不得分	8

续表

序号	考核内容及要求	评分标准	配分
9	割口不直度	2 mm 以内得 8 分，3 mm 以内得 4 分，大于 3 mm 不得分	8
10	后拖量	优得 10 分，良得 7 分，中得 4 分，差得 1 分	10
11	个人防护	每缺少 1 项扣 1 分	5
12	安全操作	符合要求得 5 分，不符合要求不得分	5

【学生学习工作页】

任务完成后，上交学生学习工作页。

学生学习工作页

班级		姓名		分组号		日期	
任务名称							

你可能需要获得以下资讯才能更好地完成任务

1. 气割的工艺参数主要有_____、_____、_____、_____、_____等。

2. 气割时割嘴与割件倾斜角的大小主要根据割件厚度而定。当割件厚度小于 6 mm 时，割嘴_____；割件厚度为 6~30 mm 时，割嘴_____；当割件厚度大于 30 mm 时，开始气割时应将割嘴_____，割穿后应将割嘴_____，快割完时应将割嘴_____。

3. 常用割嘴的形状有_____和_____两种。点火时，先稍打开_____调节阀，再打开_____调节阀，开始点火。手要避开火焰，防止烧伤，将火焰调成_____。然后打开割炬上的_____开关，并增大氧气流量，使切割氧流的形状（即风线形状）_____，并有_____。否则应_____，用_____进行修整或者调整内外嘴的同轴度。

4. 开始切割时，先预热钢板的_____，待边缘呈现_____时，将火焰局部移出_____以外，同时慢慢打开_____。当看到被预热的红点在氧气流中被吹掉时，进一步开大_____，看到割件背面飞出_____时，证明工件已被割透，此时应根据工件的厚度，以适当的速度从_____移动进行切割。

5. 在气割过程中，有时出现鸣爆和回火现象。此时，必须迅速地关闭_____，切断氧气供给，防止出现回火。如果仍然听到割炬里还有"嘶嘶"的响声，则说明_____，此时，应迅速关闭_____，或者_____，将回火的火焰排出。

6. 当切割达到终点时，应迅速关闭_____，再_____，最后_____。松开_____，将氧气放出。停割后，还要仔细清除_____，便于以后加工。工作结束时，应将_____。

续表

班级		姓名		分组号		日期	
任务名称							

制订你的任务计划并实施

1. 写出完成任务的步骤。
2. 完成任务过程中，使用的材料、设备及工具有：
3. 你气割的试件出现了哪些缺陷，请分析产生的原因并找出防止的方法

任务完成了，仔细检查，客观评价，及时反馈

1. 试件完成后按评分标准小组成员进行自检、互检进行评分，成绩为_____。
2. 将焊接试件展示给本组及其他组的同学，请他们为试件评分，成绩为_____。
3. 其他组成员提出了哪些意见或建议，请记录在下面：

【总结与评价】

按评分标准由学生自检、互检及教师检查对任务完成情况进行总结和评价。评分标准参照项目二任务1。